Veteranen der Strasse

Udo Paulitz

Veteranen der Strasse

Deutsche Laster im Wirtschaftswunder

Franckh-Kosmos

Mit 124 Farbfotos im 1. Teilband von Udo Paulitz, 7 SW-Fotos aus der Sammlung Krulik sowie 67 Farb- und 34 SW-Prospektfaksimiles aus den Sammlungen Knauf (2), Krings (7), Krulik (64), Paulitz (20) und Wehmeier (8).

Umschlaggestaltung von Atelier Jürgen Reichert, Stuttgart, unter Verwendung von 5 Aufnahmen des Verfassers. Links oben ein Berna-Frontlenker-Schwerlastwagen Typ 5 U 545 H 5-H, Baujahr 1960; rechts oben ein 1954 in Schweden gebauter Scania-Vabis L 355 G-Lkw; unten links der restaurierte Opel-Blitz-3-t-Lkw mit Plane und Spriegel aus dem Jahr 1943; unten rechts ein in der DDR hergestellter Horch-3-A-Pritschenwagen von 1955. Auf dem großen Foto unten ist der Mercedes-Benz L 312/42 mit Stauffen-Aufbau von 1955 als Möbelwagen zu sehen.

Zum Bild auf Seite 2 dieses Buchteils: Ein hervorragend restaurierter Büssing 6000 S, Sechszylinder-Diesel, 120 PS, 7983 ccm Hubraum, 6,5 t Nutzlast, Baujahr 1952.

Gedruckt auf chlorfrei gebleichtem Papier

Bibliografische Information Der Deutschen Bibliothek

Die Deutsche Bibliothek verzeichnet diese Publikation in der Deutschen Nationalbibliografie; detaillierte bibliografische Daten sind im Internet über http://dnb.ddb.de abrufbar.

© 2005, Franckh-Kosmos Verlags-GmbH & Co. KG, Stuttgart
Alle Rechte vorbehalten
ISBN 3-440-10213-0
Lektorat und Herstellung: Siegfried Fischer
Printed in Czech Republic/Imprimé en République Tchèque

Informationen senden wir Ihnen gerne zu

Bücher · Kalender · Experimentierkästen · Kinder- und Erwachsenenspiele
Natur · Garten · Essen & Trinken · Astronomie
Hunde & Heimtiere · Pferde & Reiten · Tauchen · Angeln & Jagd
Golf · Eisenbahn & Nutzfahrzeuge · Kinderbücher

KOSMOS Postfach 10 60 11
D-70049 Stuttgart
TELEFON +49 (0)711-2191-0
FAX +49 (0)711-2191-422
WEB www.kosmos.de
E-MAIL info@kosmos.de

Inhalt

Vorwort	6
Borgward	7
Büssing	15
Daimler-Benz	31
DKW	48
Faun	50
Ford	55
Hanomag	61
Henschel	68
IFA	78
Kaelble	82
Krupp	90
Magirus	102
MAN	112
Opel	127
Phänomen/Robur	133
Tempo	140
Volkswagen	142

Zu dieser Sonderausgabe

Es ist zwar noch gar nicht so lange her, aber trotzdem sind die beiden erst 1996 und 2001 erschienenen populären „Klassiker" über die schönsten und interessantesten Lastwagen und Nutzfahrzeuge aus früheren Tagen bereits vergriffen und – da jeder engagierte Sammler von Lkw-Veteranen froh ist, ein Exemplar sein Eigen nennen zu können – auch antiquarisch kaum mehr zu erhalten.

Die seither nicht endende Nachfrage, besonders nach dem bereits seit Jahren nicht mehr lieferbaren ersten Band „Veteranen der Straße" hat den Verlag veranlasst, auf 479 Farbfotos und Prospektfaksimiles die alten Brummis noch einmal lebendig werden zu lassen und die beiden Bände, in einer äußerst preisgünstigen Sonderausgabe zusammengefasst, als Neuauflage einem noch größeren Publikum zu präsentieren.

Im ersten Teil sind diejenigen Lastwagen vertreten, die noch vor mehr als 30 Jahren das Straßenbild in Deutschland bestimmten. Ohne sie wäre das legendäre Wirtschaftswunder kaum vorstellbar gewesen. Hier findet man alle berühmten Marken – von Büssing über Daimler-Benz, Krupp, Magirus und MAN – bis zu den leichteren Typen von Borgward, Hanomag und Opel, sowie den Dreirädern und den neuen Transportern. Dies nicht nur in brillanten Abbildungen, sondern auch in zeitgenössischen Faksimiledrucken und erläuternden Texten zur Geschichte der vorgestellten Hersteller und Modelle.

Im zweiten Teil findet der Leser und Betrachter ein faszinierendes Kaleidoskop der schönsten und interessantesten Museumslastwagen und Sammlerfahrzeuge, die in steigendem Umfang von engagierten Restaurateuren und Sammlern betriebsfähig und originalgetreu für die Nachwelt erhalten werden. Ausgesuchte und unveröffentlichte Aufnahmen – nicht nur deutscher Fahrzeuge – lassen diese imposanten Zeugen der Technikgeschichte hier noch einmal lebendig werden. Es sind Modelle, die sich eines ständig zunehmenden Publikumsinteresses erfreuen und auf heutigen Veteranenveranstaltungen jedem chromblitzenden neuen Truck die Schau stehlen.

Autor und Verlag Dezember 2004

Vorwort

Viele Leser werden ihnen in natura nur noch auf Veteranenveranstaltungen begegnet sein, den Haubenlastwagen der 50er Jahre und den ersten Frontlenkermodellen, die ungefähr zur gleichen Zeit entstanden.
Letztere, im Gegensatz zu den Haubern weniger spektakulären Fahrzeuge sind heute praktisch ebenso aus dem normalen Alltagsbetrieb verschwunden, wie ihre langhaubigen Vorgänger.
Als sich Ende der 40er Jahre die der Nutzfahrzeugindustrie von den Besatzungsmächten auferlegten Restriktionen zu lockern begannen, bzw. kurze Zeit später ganz fortfielen, konnte bald jeder Hersteller ein mehr oder weniger vollständiges Lastkraftwagenprogramm auf die Beine stellen. Absatzsorgen brauchte sich die Branche damals nicht zu machen, denn der Bedarf an Nutzfahrzeugen für die wiedererstehende Wirtschaft in Deutschland war gewaltig.
Naturgemäß waren es in erster Linie die Schwerlastwagenmodelle dieser Epoche, die sich, sozusagen als Paradepferde eines jeden Herstellers, der besonderen Publikumsgunst erfreuten und auch nach ihrem Verschwinden am nachhaltigsten in aller Gedächtnis verblieben.
Angefangen vom markanten Büssing 8000 sowie den verschiedenen schweren Unterflurmodellen dieses Herstellers, dem grundsoliden Henschel HS 140 über die L 6600- bzw. L 315-Modelle von Daimler-Benz, dem ausdauernden MAN F 8, Magirus mit seinem schweren S 6500-Rundhauber und den nach dem Zweitaktverfahren arbeitenden Krupp-Typen Titan, Tiger und Mustang. Die nachfolgenden Frontlenker hießen beispielsweise bei Büssing LU 11 bzw. Commodore, bei MAN waren es die unter dem Spitznamen „Pausbacke" bekannt gewordenen 10212-Modelle und bei Daimler-Benz die mit dem Kürzel „LP" bezeichneten Pullman-Typen, von denen wohl der unter dem Namen „Tausendfüßler" geläufige LP 333 den größten Bekanntheitsgrad erreichte.
Bei den mittelschweren Modellen dominierten eindeutig die 3,5–4,5 t-Modelle, L 3500/L 4500 bzw. L 311/L 312 von Daimler-Benz, die zu Beginn der 60er Jahre von den Kurzhaubern, einer ebenso gelungenen Lastwagenreihe abgelöst wurden. Aber auch Henschels HS 100, die Magirus-Rundhauber S 3500/S 4500 sowie die Modelle anderer Hersteller waren häufig auf unseren Straßen zu beobachten.
Der Firma MAN gelang es, aus dem mittelschweren Kurzhauben-Modell 415 ab Mitte der 50er Jahre einen bis in unsere Tage erfolgreichen Universaltyp zu entwickeln.
Auf dem Markt der leichten Lastkraftwagen, den sogenannten Schnellastwagen, hatte Opel mit dem Blitz 1,5 t, besonders aber mit dem ab 1953 lieferbaren Nachfolgemuster, dem 1,75-Tonner, anfangs eindeutig die Nase vorn, mit einigem Abstand gefolgt von den Hanomag-L28-Modellen und den verschiedenen Borgward-Typen. Dies änderte sich erst, als Mitte der 50er Jahre Daimler-Benz mit dem Modell L 319 den Einstieg in diese Klasse wagte und allen Mitbewerbern zunehmend das Leben schwer machte. Opel verlor in den 60er Jahren seine Vormachtstellung und Hanomag schied wenig später als Konkurrent aus, als Hanomag-Henschel von Daimler-Benz übernommen wurde.
Nach diesen Betrachtungen sollen aber auch die Zeitumstände und Arbeitsbedingungen des Berufsstandes der Kraftfahrer, insbesondere des Fernfahrers, nicht vergessen werden, eine Zeit der schweren Nachkriegsjahre, aber auch des Wiederaufbaus und des Wirtschaftswunders. Die Zeiten waren, obwohl sie heute manchmal durch den verklärten Blick der Nostalgie gegenteilig gesehen werden, für den Lastwagenfahrer alles andere als leicht und mit den veränderten heutigen Bedingungen nicht vergleichbar. Zugegeben, das Wort „Stress" war damals noch unbekannt und der heute bestehende Termin- und Leistungsdruck scheint – zumindest aus unserer jetzigen Betrachtungsweise – noch nicht so stark durchgeschlagen zu sein, obwohl die damaligen Fernverkehrslastwagen mit im Schnitt nur 60–70 km/h Höchstgeschwindigkeit alles andere als schnell waren. Man hatte eben noch mehr Zeit, war noch bescheiden, mit wenigem zufrieden und nicht Sklave vielfach unnötiger Produkte und Statussymbole.
Zurück zum Thema. Der Arbeitsplatz des damaligen Lkw-Fahrers war eher spartanisch ausgestattet, der Fahrersitz unbequem, das riesige Lenkrad war bei Fernfahrern so gewaltig, daß kleinere Fahrer durch dessen Speichen hindurchsehen mußten.
Die Fahrzeuge verfügten weder über Lenkhilfe noch synchronisierte Getriebe und die Blattfederung war so schlecht, daß Fahrbahnunebenheiten und Schlaglöcher (damals noch sehr verbreitet) voll auf die Besatzung im Innenraum durchschlugen. Muskelkraft war angesagt. Daher wußte der Lkw-Fahrer, was er nach seiner Schicht getan hatte. Die Fahrerhäuser selbst waren unbeheizt, schlecht isoliert und belüftet. Übernachtungen in den oftmals in der sogenannten „Schwalbennestbauweise" ausgebildeten Schlafkabinen waren im Fernverkehr die Regel. Handwerkliche Improvisation und mechanische Kenntnisse waren gefragt, denn Pannenhilfsdienste oder ein engmaschiges Service-Netz der Hersteller gab es noch nicht. Reifenschäden und andere, wesentlich schwerwiegendere Reparaturen, meist durch den schlechten Straßenzustand, aber auch gelegentliche Überladung bedingt, waren an der Tagesordnung.
Auf der anderen Seite waren Fernstraßen und Autobahnen noch so wenig befahren, daß sogar Fotostops auf letzteren eingelegt werden konnten. Ab Beginn der 60er Jahre war aber auch dies, trotz verstärkten Straßenbaus, nicht mehr möglich, denn die Verkehrsbelegung, besonders durch den sprunghaft ansteigenden Pkw-Bestand, nahm ständig zu.
Dieses Werk mit seinen unveröffentlichten Farbabbildungen und größtenteils unbekannten Faksimiledrucken, verbunden mit kurzgefaßten Werks- und Typenchroniken soll die damalige Zeit noch einmal lebendig werden lassen.
An dieser Stelle möchte ich allen denjenigen herzlich danken, die durch ihre Mithilfe zum Gelingen dieses Buches beigetragen haben. Besonders hervorheben möchte ich Herrn Kurt Krulik, der die meisten der hier wiedergegebenen Werksprospekte aus seinem Archiv zur Verfügung stellte.

Ich würde mich freuen, wenn die Zusammenstellung und Veröffentlichung dieses Materials die Zustimmung vieler Leser fände und wünsche viel Spaß bei der Lektüre.

Udo Paulitz
Braunsberger Weg 69
47279 Duisburg

Borgward B 1250, Vierzylinder-Vergasermotor, 48 PS, 1498 cm³ Hubraum, 1,25 t Nutzlast, Baujahr 1950.

Borgward

1931 kauften die Goliath-Werke Borgward und Co. die Hansa-Lloyd-Werke, Bremen, auf. Aus diesem Unternehmen entstanden 1938 die Carl F.W. Borgward Automobil- und Motorenwerke GmbH, Bremen, die trotz kriegsbedingter Zerstörungen bereits im Juli 1945 die Montage des 3-t-Kriegstyps B 3000 S (78-PS-Vergaser- bzw. 75-PS-Dieselmotor) in bescheidenen Stückzahlen aus Rest- bzw. zur Ergänzung gefertigten Neuteilen wieder aufnehmen konnten.

Im Oktober 1947 wurde auch die Produktion des Vorkriegstyps B 1000, bestückt mit einem Vierzylinder-33-PS-Vergasermotor aus 1384 cm³ Hubraum, fortgeführt. Diesen Eintonner produzierte man bis 1949. Nachfolger wurde der Typ 1250 mit auf 48 PS leistungsgesteigertem Triebwerk, äußerlich aber unverändertem Aussehen. Ende 1951 wurde das Fahrerhaus durch Verbreiterung den größeren Typen des Verkaufsprogramms angeglichen. Aus diesem Modell entstand 1952 der 1,5-Tonner B 1500, dessen 60-PS-Vergasermotor bereits 90 km/h Höchstgeschwindigkeit garantierte. Die wirtschaftlichere Dieselausführung mit 42 PS erreichte hingegen nur 75 km/h.

Der ab 1954 angebotene Borgward B 1500 (bzw. B 511, ab 1959) zeichnete sich durch ein von amerikanischen Stileinflüssen geprägtes Fahrerhaus mit modischem Frontgrill aus. Ähnlich gestaltete Schnellastwagen gab es bereits von Hanomag und Opel. Dieser wiederum als Benziner und Diesel lieferbare Typ behauptete sich bis 1960 ohne wesentliche bauliche Änderungen recht erfolgreich im Borgward-Lastwagen-Programm. Bereits ab Herbst 1951 bot auch Borgward den Zweitonner B 2000 mit 60-PS-Diesel- bzw. 82-PS-Vergasertriebwerk an, aus dem 1954 durch Auflastung der 2,5-Tonner B 2500 entwickelt wurde, der – ab 1959 als B 522 – bis 1961 in der Produktion blieb. Dieses vielseitige und beliebte Modell diente u.a. auch als Basisfahrgestell für Feuerwehraufbauten. Auch eine Allradausführung (B 2500/A bzw. B 522 A-O) – ebenfalls häufig für Feuerwehraufbauten verwendet – befand sich im Angebotsprogramm.

Aus dem anfangs weitergebauten B 3000 S entstand 1950 unter der Typenbezeichnung B 4000 ein mittelschwerer 4-t-Lkw, der von einem Sechszylinder-Diesel mit zunächst 85 PS (ab 1952 95 PS und ab 1957 110 PS) angetrieben wurde. 1953 erschien der 4,5-Tonner B 4500, der – ab 1959 als B 555 (für 5,5 t Nutzlast) bezeichnet – bis 1961 gefertigt wurde.

Zur IAA 1957 konnte sich Borgward mit den Typen B 1500 F (B 611) bzw. B 2500 F (B 622) erfolgreich in die Anbieter von Frontlenkerfahrzeugen einreihen. Diese formschönen Lastwagen waren wieder wahlweise mit Diesel- oder auch Vergaserantrieb (Isabella-Motor) erhältlich. Besonders die Ausführung als Kastenwagen wirkte sachlich, aber trotzdem elegant.

Als letztes Borgward-Lkw-Modell kam 1959 der 5,5-t-Frontlenker B 655 F hinzu. Von diesem formal wie technisch sehr fortschrittlichen Lastwagen konnten bis zur Produktionseinstellung allerdings nur 470 Exemplare verkauft werden.

Der Kauf eines Lastkraftwagens ist heute mehr denn je eine Frage, die bis in die letzten Konsequenzen zu Ende gedacht werden muß, um das Beförderungsproblem unter den Vorzeichen der Rationalisierung lösen zu können.
Der Borgward B 522-Diesel hat sich infolge seiner Leistungsfähigkeit, Wirtschaftlichkeit und Sicherheit das Vertrauen größter Unternehmen wie kleinster Betriebe erobert.

Nicht selten verlassen ganze Serien von Fahrzeugen, die für ein Unternehmen bestimmt sind, das Bremer Werk, und immer wieder kommen Bestätigungen aus der Praxis, daß er die hohen Ansprüche, die an ihn gestellt werden, laufend im besten Sinne befriedigt.

Das Fahrgestell zeichnet sich durch Klarheit, Robustheit und eine Unzahl technischer Finessen aus. Insbesondere begeistert der 3,3-Liter-70-PS-Dieselmotor. Seine Elastizität, die in einem max. Drehmoment von 20,3 mkg begründet liegt, verleiht dem Fahrzeug sowohl beim Beschleunigen als auch bei schwerem Betrieb und am Berg vorzügliche Fahreigenschaften.

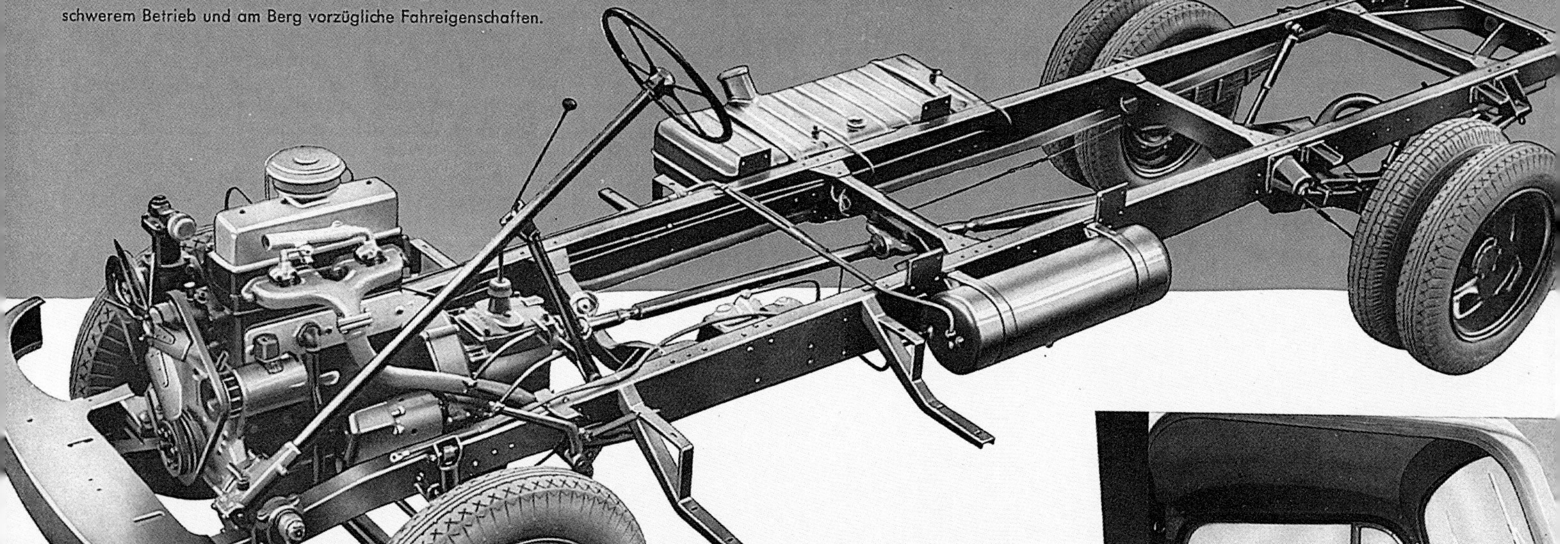

Aus der Praxis für die Praxis wurde auch das Fahrerhaus geschaffen: Großräumig mit tiefen und bequemen Sitzen, einem leicht zu übersehenden und mit allen erforderlichen Instrumenten ausgestatteten Armaturenbrett, einer in den Fahrgängen geräuscharmen Getriebeschaltung und vielen anderen Bequemlichkeiten, die nur den einen Sinn haben, die Leistungsfähigkeit des Fahrers so wenig wie möglich für das Fahren zu beanspruchen. Besonders erfreulich ist die Ausstattung mit serienmäßiger Klima- und Defrosteranlage. Der Druckluftvorspann zu den Vierrad-Öldruckbremsen nimmt dem Fahrer jede Kraftanstrengung für ein sicheres Bremsen ab.

BORGWARD 1½ To Schnell-Lastwagen

Der Lastwagen ist ein reines Nutzfahrzeug und soll ausschließlich dem Zweck dienen, Güter schnell und sicher zu transportieren. Der Aufwand soll gering und der Nutzen möglichst hoch sein. Diese Grundtendenz verfolgt auch der Borgward Schnell-Lastwagen, doch wurde im Zuge der Entwicklung bei diesem Fahrzeug immer mehr Wert auf ein repräsentatives Äußeres und einen Fahrkomfort gelegt, der dem eines Pkw kaum noch nachsteht. Der 1½ Tonner ist der ideale Lieferwagen schlechthin, gleichgültig, ob er sperrige Güter zu befördern hat — man wird hier den Pritschenwagen bevorzugen — oder empfindliches Ladegut zum Zwischenhandel oder Endverbraucher liefern muß, wofür der dazu noch werblich wirkende Kofferaufbau sich besonders eignet. Mit einer Pritschenlänge von 3 m und einer Breite von 1,82 m bei einer Tragfähigkeit von 1600 kg bietet der Pritschenwagen alle Voraussetzungen, die an ihn von Molkereien, Brauereien, Speditionen, Erzeugern, Großhändlern oder Händlern gestellt werden.

Oben: Borgward B 1500 D, Vierzylinder-Dieselmotor, 42 PS, 1758 cm³ Hubraum, 1,6 t Nutzlast, Baujahr 1957. Im Jahre 1984 in Berlin noch im Einsatz.

Borgward B 2500 A, Vierzylinder-Dieselmotor, 70 PS, 3331 cm³ Hubraum, 3 t Nutzlast. Als Abschleppwagen im Mai 1979 in Aachen fotografiert.

Es ist kein Geheimnis

daß insbesondere die sprichwörtliche Wirtschaftlichkeit der Borgward-Diesel-Lastkraftwagen für den Kauf ausschlaggebend ist. Der Borgward-4½-Tonnen-Diesel soll Geld verdienen helfen, deshalb spielen seine Kosten die wichtigste Rolle.

Nutzlast 4500 kg, Ladefläche ca. 10 qm, Motor 95 PS

Das günstige Verhältnis zwischen Eigengewicht und Nutzlast gestattet eine volle Ausnutzung der Ladekapazität.

Borgward B 555 A, Meiller-Kipper, Sechszylinder-Diesel, 110 PS, 4966 cm^3 Hubraum, Nutzlast 4,75 t, Baujahr 1959.

Für die Bundeswehr fertigten die Borgward-Werke den geländegängigen 0,75-t-Typ B 2000 A-O in ansehnlichen Stückzahlen. Das Fahrzeug wurde überwiegend als Kübelwagen mit offenem Aufbau, seltener als geschlossener Fernmeldewagen gebaut. Eine fast baugleiche 1,5-t-Variante als Pritschenwagen baute man nur in 14 Exemplaren.

Zum Borgward-Konzern gehörten auch die Goliath-Werke, die neben Personenwagen auch die schon aus der Vorkriegszeit bekannten Dreiräder im Programm führten.

Im Mai 1949 wurde als erste Nachkriegskonstruktion das aus dem Typ FW 400 entwickelte Modell GD 750 präsentiert, das im Gegensatz zum Mitbewerber Tempo einen Hinterradantrieb besaß. Die Motorleistung des 400-cm^3-Zweizylinder-Aggregats betrug 14 PS. 1954 gab es auch eine 500-cm^3-Ausführung mit 15 Pferdestärken. Die Nutzlast betrug gemäß Typenbezeichnung 750 kg.

1955 ersetzte der weiterentwickelte Typ Goli mit sehr formschönem Fahrerhaus und in die Karosserie integrierten Scheinwerfern das bisherige Modell. Angeboten wurde das Dreirad zunächst mit einem luftgekühlten 500-cm^3-16-PS-Motor, der aber wegen mangelhafter Kühlleistung 1957 durch ein wassergekühltes Aggregat mit 15 PS ersetzt werden mußte. In dieser Ausführung wurde das Goli-Dreirad, als letztes seiner Art in Deutschland, noch bis zur Produktionseinstellung im Jahre 1961 gebaut.

Die Goliath-Werke bauten aber auch Vierradtransporter, um auf diesem heißumkämpften Markt nicht den Anschluß zu verlieren. Es begann 1951 mit dem wenig erfolgreichen Modell GV 800 bzw. 800 A, das bis 1953 hergestellt wurde und über 16 bzw. 21 PS Motorleistung verfügte. Der dann folgende Goliath-Express, ein recht ansehnlicher und fortschrittlicher Transporter mit 90 km/h Höchstgeschwindigkeit – allerdings mit immer noch im Zweitaktverfahren arbeitendem 900 cm^3-29-PS-Motor (später 40 PS) –, kam schon besser an. Erst 1957 wurde mit dem Express 1100, der letzten, bis 1961 gebauten Ausführung dieses Lieferwagens, ein Viertakt-Triebwerk eingeführt und die Nutzlast auf 1 t angehoben. Aber auch er konnte sich auf Dauer nicht gegen starke Konkurrenz durchsetzen und ist heute – nach fast 40 Jahren – schon meistenteils nicht mehr geläufig.

Der Vollständigkeit halber sollen auch die Lloyd-Motorenwerke angeführt werden, die neben dem allseits bekannten Klein-Pkw „Leukoplastbomber" ab 1952 mit den Typen LT 500 und 600 einen vierrädrigen, von einem Zweitakt-Aggregat angetriebenen Kleintransporter anboten, der zuletzt mit 19 PS Motorleistung aufwarten konnte.

Infolge verfehlter und zu breit gestreuter Modellpolitik (vor allem auf dem Pkw-Sektor) geriet die Borgward-Gruppe Ende der 50er Jahre zunehmend unter finanziellen Druck, der für das Unternehmen in dem im September 1961 eröffneten Konkursverfahren endete.

Der robuste, geräuscharme und sparsame Motor leistet 70 PS (max. Drehmoment 20,3 mkg) im Dauerbetrieb. Der Frontlenker läuft ohne Anstrengung eine Höchstgeschwindigkeit von über 80 km/h.

Der Borgward B 622 ist ein Automobil für verwöhnte Kenner, ein Lastwagen für härteste Einsätze, ein Fahrzeug für rationell und wirtschaftlich denkende Unternehmer, ein Wagen, den man gesehen und gefahren haben muß.

Der Zeit voraus . . .

denkt und plant der erfolgreiche Geschäftsmann. Erfolg und Aufstieg sind ihm sicher, wenn er den Zug der Zeit erkannt hat.

Für diesen fortschrittlichen Unternehmer baut Borgward den **Frontlenker B 622**, einen Mittelklassen-Lastwagen für jeden Zweck und jede Branche.

Der hohe Nutzlastfaktor beim Borgward **Frontlenker B 622** beweist, daß hochwertige Materialien verwendet wurden, um das Fahrzeug-Leergewicht zu senken, ohne aber an Widerstandsfähigkeit zu verlieren.

Wer dieses in seinen Formen und Maßen wohlgestaltete Automobil besitzt, offenbart jedem sein Empfinden für moderne Linien und zweckmäßige Proportionen.

Es ist ein Erlebnis, diesen modernen Wagen selber zu fahren. Der gute Vorderradeinschlag und die leichtgängige Lenkung erlauben das Wenden auf kleinsten Straßen und Höfen. Die Voll-Rundsicht-Verglasung gibt dem Fahrer innere Sicherheit und im dichtesten Großstadtverkehr ein überlegenes Fahrgefühl, denn nichts wird ihm verborgen bleiben. Der in 3 Dimensionen zu verstellende und sich den Körperformen anschmiegende Fahrersitz bewahrt den Fahrer nicht nur vor Stößen und Unebenheiten der Straßen, sondern schützt ihn vor körperlichen Schäden und Ermüdungserscheinungen. – Alle Instrumente im Armaturenbrett sind mit einem Blick zu übersehen, ohne daß der Fahrer seine gemütliche Sitzstellung aufgeben muß. In dem großen und übersichtlichen Armaturenbrett sind 2 riesige Ablagefächer eingelassen, wovon eins mit einem Sicherheitsschloß zu verriegeln ist. – Die 3 Bremsen (Druckluftvorspann-Bremsanlage, Stockhandbremse und Motorbremse) sind wichtige Garanten der Sicherheit für Fahrer und Ladung. – Die wohlabgestufte Schaltung des Synchrongetriebes ist bequem und leicht zu bedienen.

Beschreibung

Fahrerhaus

Fahrerhaus aus Stahl, vibrationsfrei in Dreipunkt-Gummilagerung aufgehängt. Große Windschutzscheibe, 1985 mm breit. Große elektr. Scheibenwischanlage mit automatischer Endabstellung. Schwenkfenster für zugfreie Entlüftung. Große Kurbelfenster in Fahrerhaustüren. 2 Eckscheiben und 2 große Heckfenster in der Rückwand. 2 bequeme Auftritte zum Einsteigen. Gummi-Schmutzfänger an den vorderen Kotflügeln. Vorn eine große, breite Stoßstange mit blanken Gummistoßecken. Nummernschildhalter unterhalb der vorderen Stoßstange. Rangierkupplung vorn in der Stoßstange. Schall- und Wärme-Isolierung des gesamten Fahrerhauses und Ausschlag mit Kunstleder einschließlich des Fahrerhaushimmels. Isolierte Motorabdeckhaube mit Kunstlederbezug, außerdem Motorhaube von innen mit Antidröhn gespritzt. (Gute Zugänglichkeit zum Motor und dessen Aggregaten ist gewährleistet). Verstellbarer Fahrer- und Beifahrersitz nach vorn und hinten (Sitzkissenhöhe 3fach verstellbar). Großes Armaturenbrett mit weichem Kunstleder-Sicherheitsbezug, 2 Ablagefächer, eins davon abschließbar. Breiter Handgriff vor Beifahrersitz. Im Fahrer-Blickfeld 2 moderne Kombi-Instrumente (Tachometer, Kilometerzähler, Öldruckmesser, Wasserthermometer, Tankanzeiger, Zündkontrolle, Fernlichtkontrolle, Blinklichtkontrolle, Luftdruckmesser, Ladekontrollampe, Instrumentenbeleuchtung). Blinkschalter unter dem Lenkrad. Große Blinkleuchten. 2 Kleiderhaken. 1 Innenbeleuchtung. 2 Aschenbecher. 1 Steckdose für Handlampe oder Zigarrenanzünder. 1 große Sonnenblende. 2 große Rückblickspiegel. 2 Halte- und Einsteiggriffe. 2 Gummimatten im Fahrerhaus. Sicherungskasten im Fahrerhaus, gut zugänglich. Transportabler Werkzeugkasten mit Bordwerkzeug im Fahrerhaus. Spezialhalter für Warnfackeln und Wagenheber. Frischluftanlage, Scheibenentfroster und regulierbare Heizung mit Gebläse-Standheizung.

Aufbau – Holzpritsche

Pritsche aus Nut- und Federnholz, mit Stahl eingefaßt. Reserverad abschließbar unter der Pritsche. Kombinierte Schluß-, Brems- und Blinkleuchte.

Fahrgestell

Kräftige ungekröpfte U-Profil-Längsträger bilden mit eingenieteten Querträgern eine elastische Leiterrahmengruppe. Am Rahmenende Schlußtraverse zur Anbringung einer Anhängerkupplung. Mittels eines Wagenhebers kann nach Lösen von einigen Schrauben und 2 geschraubten Querträgern der ganze Motor nach vorn leicht ausgefahren werden. Die Antriebsaggregate liegen im Rahmen sehr tief und in Ver- bindung mit der Spezial-Vorderachse, der breiten Spur, den wohlabgestuften langen Federn und den doppeltwirkenden Teleskopstoßdämpfern eine vorzügliche Straßenlage. Lange Halbelliptik-Hinterfedern mit progressiv-wirkenden Zusatzfedern und doppeltwirkenden Teleskopstoßdämpfern. ZF-Gemmer-Lenkung, die sich durch einen großen Lenkeinschlag, leichte erschütterungsfreie Bedienung, schnellen Rücklauf in die Mittellage sowie Spielfreiheit auszeichnet.

Bremsen

Druckluftvorspann-Bremsanlage. Handbremse als Stockbremse ausgebildet auf Hinterräder wirkend. Motorbremse.

Kupplung

Einscheiben-Trockenkupplung mit hydraulischer Fernbetätigung.

Getriebe

4-Gang-Synchron-Schaltgetriebe mit Fernschaltung, außerdem Anschlußmöglichkeit für Nebenantrieb und nachträglichen Einbau eines Schalters für Rückfahrscheinwerfer.

Motor

70-PS-Diesel-Motor mit 3,3 Liter Inhalt und max. Drehmoment von 20,3 mkg, Ölbadluftfilter.

Oben: Borgward B 622 F, Sattelzug mit Kofferaufbau, Vierzylinder-Diesel, 70 PS, 3331 cm³ Hubraum, Baujahr 1961.

Goliath GD 750, Dreirad-Pritschenwagen, Zweizylinder-Zweitaktmotor, 14 PS, 396 cm³ Hubraum, Nutzlast 750 kg, Baujahr 1952.

Das markante Gesicht eines Büssing LS 11 (170 PS, 8 t Nutzlast, Baujahr 1956), restauriert von Gerhard Kohorst, Senden/Westfalen.

Büssing

Die Braunschweiger Büssing-Werke konnten als einer der bedeutendsten Nutzfahrzeughersteller in Deutschland auf eine lange Tradition zurückblicken. Bereits 1903 baute Heinrich Büssing seinen ersten Dreitonner-Lastwagen. Im darauffolgenden Jahr entstand ein Omnibus auf demselben Fahrgestell, und Büssing-Busse eröffneten im gleichen Jahr die erste Kraftpostlinie der Welt. Auf diesem Sektor errang das junge Unternehmen schon bald Weltgeltung. So konnte sich Büssing einen Auftrag über 400 Omnibusse für die Londoner Verkehrsgesellschaft sichern.

Schon vor dem Ersten Weltkrieg stellte Büssing Subventionslastzüge her und war daher auch während der Kriegszeit mit der Herstellung von Nutzfahrzeugen ausgelastet.

In den 20er Jahren machten die Heinrich-Büssing-Automobilwerke durch moderne Fertigungsmethoden in Form von Einführung der Fließbandarbeit von sich reden. Ab 1924 wurde in technischer Hinsicht ein als Sechsradwagen bezeichneter Dreiachser mit zwei angetriebenen Hinterrädern in Serie hergestellt und 1925 auch für die Omnibusfertigung übernommen.

Büssing 8000, Ausführung S 13, Sechszylinder-Diesel, 180 PS, 13 539 cm³ Hubraum, Sattelzugmaschine, Baujahr 1954.

Unten: Büssing 8000, Ausführung S 13, Fernverkehrs-Lastwagen, Baujahr 1952.

Büssing 7500 S, Sechszylinder-Diesel, 150 PS, 9842 cm³ Hubraum, 7,5 t Nutzlast, in der Ausführung als Kipper, Baujahr 1955.

Die Auswirkungen der Weltwirtschaftskrise führten 1931 zum Zusammenschluß mit dem Hersteller NAG (Nationale Automobil-Gesellschaft) zur Büssing-NAG Vereinigte Nutzkraftwagenwerke AG, Braunschweig.

In den 30er Jahren bot Büssing-NAG eine breite Palette von Lastwagen und Omnibussen an, vom 1,5-Tonner bis zum schweren, dreiachsigen Neuntonnen-Modell. Büssing war weiterhin Vorreiter im Omnibusbau. So erschien 1933 der erste Trambus, dessen Folgemodelle in Verbindung mit dem 1935 erstmals vorgestellten Unterflur-Dieselmotor der Entwicklung im Omnibusbau entscheidende Impulse verliehen.

Während des Zweiten Weltkrieges fiel Büssing-NAG die Fertigung des 4,5-Tonners 4500 zu, der im Rahmen des Schell-Planes sowohl mit Hinterrad- als auch mit Allradantrieb gebaut wurde.

Der mit einem 105 PS starken Sechszylinder-Dieselmotor ausgerüstete Typ war auch das erste Modell, mit dem im stark zerstörten Braunschweiger Werk unter britischer Regie bereits am 2. Mai 1945 die Lastwagenfertigung wieder aufgenommen wurde. Bis zum Jahresende konnten immerhin schon 1069 Lastkraftwagen und Trambusse montiert werden. Schon bald wurde die Nutzlast des nun als 5000 S bezeichneten und bis 1950 gebauten Lastwagens auf 5 t gesteigert.

Dieser auch als 105er-Büssing bekannt gewordene Lkw wurde anschließend durch den 120 PS starken Typ 5500 S abgelöst. Die ab 1952 unter der Bezeichnung 6000/6000 S gebauten Sechstonnen-Hauben-Lkw blieben hingegen bis 1957 in der Fertigung.

Anfang der 50er Jahre wurden in schneller Folge Nutzlasten und Motorleistungen bei den Büssing-Modellen angehoben. Der ab 1953 lieferbare 6500 (für 6,5–6,8 t Nutzlast) besaß ein 150-PS-Triebwerk mit 9842 cm³ Hubraum und der Nachfolger 7500 S – ausgerüstet mit dem gleichen Motor – konnte mit fast 8 t Nutzlast aufwarten.

Ab 1949 war Büssing mit dem aus dem Vorkriegslastwagen 650 abgeleiteten Siebentonner 7000 S auch in der schweren Nutzlastklasse wieder vertreten. Dieser Lkw besaß den bewährten 150-PS-Sechszylinder-Diesel GD 6, der schon ein Jahr später in den neuen Typ 8000 S – mit auf 8 t erhöhter Nutzlast bei 16 t Gesamtgewicht überging.

Dieser neue Fernverkehrslastwagen unterschied sich vom Vormodell äußerlich durch die breitere Fahrerkabine und war als Pritschenwagen, Kipper und Sattelzugmaschine lieferbar. Ab 1952 wurde in diesen schwersten Haubenlaster des Büssing-Programms der 180-PS-Diesel S 13 mit 13539 cm³ Rauminhalt eingebaut. Zu diesem Zweck mußte die Motorhaube geringfügig verlängert werden, was das wuchtige Aussehen dieses Modells noch steigerte. Dieser sehr erfolgreiche Lastwagen wurde durch die Seebohmschen Verordnungen für deutsche Abnehmer uninteressant und später nur noch in geringer Stückzahl für den Export gefertigt.

In der Zwischenzeit hatte 1955 der Typ LS 11 das Modell 7500 abgelöst. Der für mehr als 8 t Nutzlast ausgelegte Wagen hatte einen 170-PS-Diesel unter der langen Haube und wurde bis 1959 gebaut. Das ebenfalls auf der IAA 1955

Büssing 8000 S, Sechszylinder-Diesel, 150 PS, 13539 cm³ Hubraum, 8,3 t Nutzlast, Baujahr 1950.

Unten: Büssing 8000, in der Ausführung S 13 als Muldenkipper, Baujahr 1954.

LS 7

Rahmen und Lenkung

Der robuste, widerstandsfähige Rahmen besteht aus gepreßten Stahl-Längs- und Querträgern. Gegen die Verwindungen durch die Unebenheiten der Fahrbahn ist er weitgehend unempfindlich. Der Rahmen ruht über Vorder- und Hinterachse auf langen Halbfedern, die über der Hinterachse durch zusätzliche Stützfedern verstärkt sind.

Die Zentralschmierung versorgt alle wesentlichen Schmierstellen. Sie ist einfach zu betätigen, arbeitet stets sicher und trägt so zur Verbesserung der Wagenpflege und zur Erhöhung der Lebensdauer des Fahrzeuges wesentlich bei.

Die leichtgängige ZF-Gemmer-Schneckenrollenlenkung erlaubt dem Fahrer auch auf schwieriger Fahrbahn und bei langsamsten Geschwindigkeiten ein leichtes, sicheres Fahren.

Allradwagen

Allrad-Wagen sind immer ein wesentlicher Bestandteil des Büssing Fertigungsprogramms gewesen. Auch der LS 7 Allrad, Lkw und Kipper, ausgestattet mit bewährten Vorderrad-Lagerungen, zeichnet sich durch einen besonders robusten Antrieb aus. Selbstverständlich hat das Fahrzeug in jeder einzelnen Achse ein Differential. Das Verteilergetriebe ist mit Zwischengangschaltung ausgerüstet, um die Leistung des Fahrzeugs an jede Anforderung (Steigung, Gelände) anpassen zu können. Vom Fahrersitz kann über das Verteilergetriebe der Vorderradantrieb jederzeit, auch während der Fahrt, ab- oder zugeschaltet werden. Der Hinterradantrieb ist so bemessen, daß auch bei Abschaltung des Vorderradantriebs die volle Motorleistung aufgenommen wird.

präsentierte 130-PS-Modell LS 7 (für über 6 t Nutzlast) wies die gleiche Bauzeit auf. 1957 erhöhte man die Motorleistung des LS 7 auf 145 PS.

Auch die Bauweise mit Unterflurmotor wurde weiterentwickelt. Große Beachtung fand der erste serienmäßige Unterflur-Omnibus, der 1949 auf der Exportmesse Hannover dem Publikum vorgestellt wurde. 1951 erschien das schwere Dreiachs-Frontlenkermodell 12000 U als erster Unterflur-Lastwagen. Das gewaltige Fahrzeug mit 180 PS Motorleistung konnte 12 t Nutzlast befördern, war aber vielen Spediteuren zu schwer und zu teuer. Ein großer Erfolg wurde er daher nicht – noch nicht einmal 50 Stück wurden bis 1954 gebaut.

Ab 1952 gab es den kleineren Frontlenker 8000 U, ein aber immer noch gewichtiges Fahrzeug mit der gleichen Unterflurmaschine, aus dem 1954 der etwas leichtere Typ 7500 U mit auf 150 PS reduzierter Motorleistung entstand.

Zu dem auf der IAA vorgestellten, vollständig neuen Lkw-Programm gehörten auch die Unterflurmodelle LU 7 (130 PS) und LU 11 (170 PS). Letzterer Typ – aus dem 7500 U hervorgegangen – entwickelte sich in den folgenden Jahren zu einem der erfolgreichsten Frontlenker-Fernverkehrslastwagen in Deutschland. 1960 kam eine auf 192 PS Motorleistung gesteigerte Unterflurmaschine zum Einbau.

LU 7 und LU 11 gab es, vor allem für die Verwendung als Sattelzugmaschine und Kipper, auch mit stehenden Motoren (LS 7 F/LS 11 F).

Gleichzeitig mit dem Sechstonnen-Haubentyp LS 55 (ab 1959 LS 55 Burglöwe) wurden ab 1957 auch Unterflurversionen (LU 5/LU 55 Burglöwe) angeboten. Diese leichteren Fahrzeuge waren mit rund 90 km/h Höchstgeschwindigkeit im Straßenverkehr recht zügig zu bewegen. Als letztes Modell dieser Reihe wurde der Typ Burglöwe U (mit 126 PS) bis 1967 produziert.

1961 erschienen die für 14,5 t Gesamtgewicht konzipierten nächstgrößeren Modelle LU 7/14 (mit Unterflurmotor) und LS 7/14 (als Haubenvariante), welche ab 1963 auf den Namen Supercargo U bzw. S umbenannt wurden und nun über 150 PS Motorleistung verfügten. Aus der Allradausführung des Haubenwagens LS 55 entstand 1963 der bevorzugt als Baustellenkipper verwendete und bis 1967 gebaute Typ Burglöwe SAK, der ebenfalls über das Sechszylinder-Triebwerk mit 150 PS Motorleistung verfügte.

1960 traten die 16-Tonnen-Commodore-Typen die Nachfolge von LU- bzw. LS 11 an. Die Ausführung Commodore U, ab 1965 mit einem 11,6-l-210-PS-Direkteinspritzdiesel ausgerüstet, wurde zu einem der zuverlässigsten und, nicht zuletzt wegen der großzügig gestalteten räumlichen Verhältnisse im Fahrerhaus (die nur durch die Unterflurbauweise möglich waren), zu einem der beliebtesten Fernverkehrslastwagen dieser Epoche.

Diesen Frontlenker gab es nicht nur in verschiedenen Fernverkehrsausführungen, sondern auch als Kipper (UK). Darüber hinaus bot man den Commodore wiederum parallel, vor allem für Sattelzugmaschinen, mit stehenden Motoren an.

Büssing 12000 U, Frontlenker-Sechsrad-Schwerlastwagen, Sechszylinder-Unterflur-Diesel, 200 PS, 15025 cm³ Hubraum, 12 t Nutzlast, Baujahr 1953.

Büssing LU 7 mit Fernverkehrskabine und Tankaufbau, Sechszylinder-Diesel, 145 PS, 7148 cm³ Hubraum, 11,9 t zulässiges Gesamtgewicht, Baujahr 1958.

Werbeblatt für die Sattelschlepper aus dem Jahre 1963.

BÜSSING Sattelschlepper errangen in Europa und Übersee durch ihre praxisgerechte Auslegung und die solide Bauweise das Vertrauen zum Löwen aus Braunschweig. Heute dient ein Programm bewährter Grundtypen allen Aufgaben des modernen Güterverkehrs mit einer Vielzahl von Ausrüstungsvarianten: Kreiselpumpen für Flüssigkeiten, Kompressoren zum Entladen staubförmiger Güter, Kältemaschinen und Kühlaggregate, besondere Schutzvorrichtungen für den Transport von explosiven Gasen. Die notwendige Ergänzung dieser Möglichkeiten sind die verschiedenen Fahrerhaustypen, die allen Betriebsbedingungen gerecht werden.

SATTELSCHLEPPER

Wir haben Ihnen einiges über die Vorteile des Commodore erzählt. Es war nur das Wichtigste. Sie werden sicher mehr entdecken, wenn Sie ihn selbst gefahren haben. Unser Vertreter vermittelt Ihnen gern eine Probefahrt. Sprechen Sie mit ihm — oder kommen Sie zu uns nach Braunschweig. Wir zeigen Ihnen gern, wo Ihr Commodore gebaut wird.

BÜSSING AUTOMOBILWERKE AKTIENGESELLSCHAFT BRAUNSCHWEIG

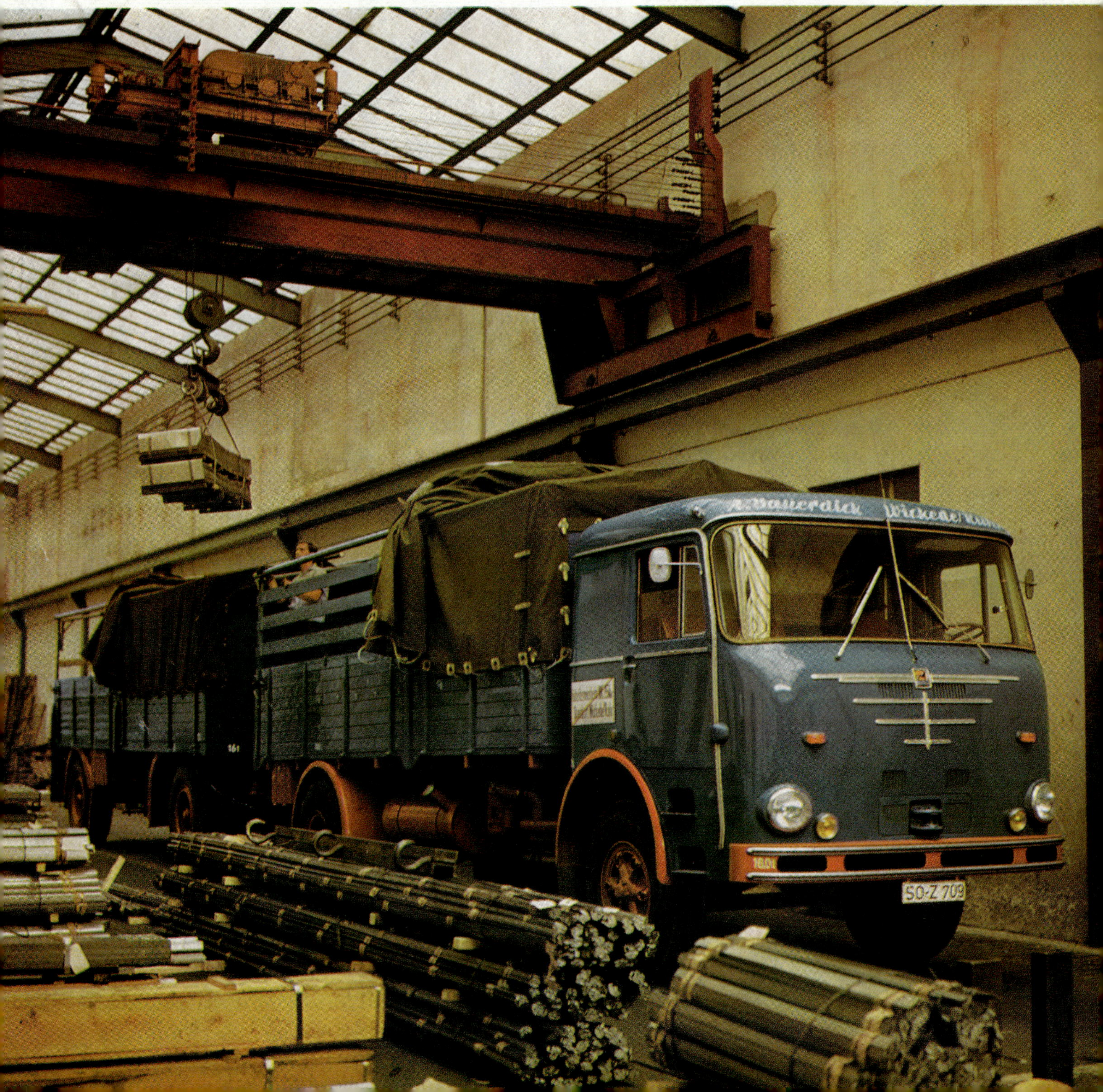

Büssing LU 11/16 F „Commodore", Sechszylinder-Unterflur-Diesel, 192 PS, 11 413 cm³ Hubraum, 8,4 t zulässiges Gesamtgewicht, Baujahr 1962.

Die schwere Haubenausführung dieser Nutzlastklasse hieß Commodore LS 11/16 und ab 1963 Commodore S. Diese Modelle entsprachen bereits den zu Beginn der 60er Jahre in Kraft getretenen neuen Gesetzesvorschriften. Die Fahrzeuge wurden mit dem Einheitsfahrerhaus, das auch für Burglöwe und Supercargo verwendet wurde, ausgerüstet.

Auf der IAA 1965 konnte Büssing mit einer Reihe ungewöhnlicher Konstruktionen aufwarten, die sich bei der überwiegend konservativen Abnehmerschaft nicht durchsetzen konnten. So der Decklaster Supercargo 22-150, dessen gesamte Grundfläche als Ladefläche zur Verfügung stand, indem das Fahrerhaus vor die Vorderachse und unter die nach vorne verlängerte Pritsche verlegt worden war. Diese für den Transport genormter Behälter vorgesehenen Fahrzeuge setzten sich aber nicht durch, da für den wirtschaftlichen Einsatz ein völlig neues Transportsystem hätte eingeführt werden müssen.

Eine unübliche Konstruktion wies auch der für den innerstädtischen Verteilerverkehr vorgesehene Neuntonnentyp Burglöwe 09-110 (ab 1967 BS 09 LT) mit seinem vorverlegten Fahrerhaus auf. Dieses Modell, wie auch seine ähnlich gestalteten Nachfolgevarianten, blieb aber eher eine Ausnahmeerscheinung im Straßenbild.

Auch der Supercargo erhielt 1965 ein neugestaltetes, zweckmäßiges Einheitsfahrerhaus. Das letzte Modell dieser Reihe, bis 1971 gebaut, war der Typ BS 15 mit 210-PS-Sechszylinder-Unterflurdiesel. Auch eine Allrad-Version – BS 14 bzw. 15 AK mit stehendem Motor – war erhältlich.

Als letzte Neuigkeit wurde der Commodore 16-210 mit vor der Vorderachse liegendem Unterflurmotor vorgestellt, von dessen Ausführungen aber nur die Bauweise als Sattelzugmaschine eine geringe Bedeutung erlangte.

1967 schließlich wurde auch der Commodore U auf das neue Einheitsfrontlenkerfahrerhaus umgestellt. Der neue 16-Tonner besaß nun einen 240 PS starken Direkteinspritzdiesel und wurde als BS 16 L bezeichnet. Die Motorleistungen wurden in den nächsten Jahren derart gesteigert, daß der Typ BS 22 ab Ende 1971 mit bis zu 320 PS erhältlich war.

Ende der 60er Jahre geriet die Firma Büssing zunehmend in wirtschaftliche Schwierigkeiten, was dazu führte, daß die MAN ab 1969 die Firma übernahm. 1971 schließlich endete die wirtschaftliche Selbständigkeit des traditionsreichen Braunschweiger Nutzfahrzeugherstellers.

Burglöwe
mit 126-PS-Unterflurmotor
Verlängertes Fahrerhaus, einachsiger
Ackermann-Sattelanhänger mit
Leichtmetall-Kastenaufbau,
Rauminhalt 52,4 cbm entsprechend
10,5 Möbelwagenmeter, lichte Höhe
2350 mm, lichte Ladelänge 10 500 mm

Commodore mit 192-PS-Dieselmotor
in Haubenbauart, verlängertes Fahrerhaus mit zwei Schlafliegen.
Sattelanhänger mit zwei Kippkästen
zum Transport von Schüttgut.
Der vordere Laderaum ist nach zwei
Seiten, der hintere nach drei Seiten
kippbar.

Commodore mit 192-PS-Dieselmotor
in Frontlenkerbauart, Trambusfahrerhaus A. Vidal-Kohlentrimmer-
Sattelanhänger, selbsttragend,
Förderband unter dem trichterförmigen
Aufbau, zweites Förderband horizontal
und vertikal schwenkbar, beide motorhydraulisch angetrieben.
Ladekapazität 24 cbm gestrichen,
27 cbm gehäuft.

Commodore mit 192-PS-Dieselmotor
in Frontlenkerbauart. Selbsttragender
Aurepa-Tank-Sattelanhänger für
Benzin, Diesel oder Heizöl,
Heckschrank-Ausführung,
hydraulischer Pumpenantrieb.
Nenngröße 26 000 Liter,
effektiv 27 000 Liter.

Commodore mit 192-PS-Dieselmotor
in Frontlenkerbauart, Trambusfahrerhaus A. Selbsttragender Silo-Sattelanhänger für staubförmige Güter,
pneumatische Entleerung,
Fassungsvermögen bis 40 cbm.

Alle Angaben gelten mit den üblichen Toleranzen
Änderung in Ausrüstung und Konstruktion vorbehalten.

BÜSSING AUTOMOBILWERKE AG BRAUNSCHWEIG

Oben: Büssing LS 11 F (mit stehendem Motor) als Pritschensattelzug, Sechszylinder-Diesel, 192 PS, 11 413 cm^3 Hubraum, Baujahr 1963. 1985 noch im Einsatz.

Büssing „Burglöwe" SAK mit aufgeprotztem Nachläufer für Langholz, 132 PS, 7420 cm^3 Hubraum, 11,7 t zulässiges Gesamtgewicht, Baujahr 1964. Befand sich 1984 noch im Einsatz.

Büssing LU 11/16 „Commodore" in der Ausführung als Kipper, Baujahr 1963.

Supercargo U

Ein Pritschenwagen
der 14-Tonnen-Klasse mit Unterflur-Dieselmotor

Der ungewöhnliche Name kennzeichnet einen besonderen Wagentyp: Fahrzeuge der SUPERCARGO-Klasse haben ein extrem gutes Verhältnis zwischen Eigengewicht und Nutzlast. Der serienmäßig ausgerüstete Pritschenwagen SUPERCARGO U schleppt bei einem zulässigen Gesamtgewicht von 14 Tonnen bis zu 8,65 Tonnen Nutzlast. Das entspricht einem Nutzlastfaktor von 1,61:1.
Der Motor liegt zwischen den Achsen. Deshalb hat der SUPERCARGO viel Nutzlänge für Ihre Ladung. Trotzdem ist genug Platz auf dem Fahrgestell für ein bequemes Fahrerhaus, in dem auch drei gewichtige Männer sehr viel Platz haben.

Oben: Büssing LU 5/10 „Burglöwe", Möbelwagen mit Eylert-Aufbau, Sechszylinder-Unterflur-Diesel, 126 PS, 5890 cm³ Hubraum, Baujahr 1963. Die Aufnahme entstand 1983 in Brüssel.

Büssing BS 11 L, zum Lkw umgebautes Postfahrzeug, Sechszylinder-Diesel in Unterflurbauweise, 126 PS, 5850 cm³ Hubraum, Baujahr 1967.

Büssing BS 16 S 12 D, Lkw mit 16 t zulässigem Gesamtgewicht, Sechszylinder-Unterflur-Dieselmotor mit Direkteinspritzung, 240 PS, 12231 cm³ Hubraum, Baujahr 1970.

Büssing BS 16 L, Schwerlast-Lkw, 240 PS, 12316 cm³ Hubraum, 8,3 t Nutzlast, Baujahr 1970. Das Fahrzeug befand sich 1990 noch im Nahverkehr im Einsatzdienst.

MERCEDES-BENZ Diesel L-5000

Daimler-Benz

Die Daimler-Benz AG (erst ab 1989 firmierte das Unternehmen unter dem Namen Mercedes-Benz), hervorgegangen aus dem 1926 erfolgten Zusammenschluß der beiden Pionierfirmen des Automobilbaus, der Daimler-Motoren-Gesellschaft (DMG), Stuttgart-Untertürkheim, und der Benz & Cie Rheinische Automobil- u. Motorenfabrik AG, Mannheim, verfügte naturgemäß über eine lange Tradition auf dem Gebiet der Lastwagenfertigung, die schon bis in die Zeit vor der Jahrhundertwende zurückging.

Bereits 1896 stellte Gottlieb Daimler in Bad Cannstatt die ersten Lastwagen her, während Carl Benz zwei Jahre später einen 6-PS-Lieferungswagen auf den Markt brachte.

Schon kurze Zeit nach der erfolgten Fusion konnte Daimler-Benz Ende Oktober 1926 ein grundsätzlich auf den früheren Benz-Modellen basierendes neues Nutzfahrzeugprogramm offerieren, das leichte, mittlere und Schwerlastwagen – von 1–5 t Nutzlast (letztere auch mit Niederrahmenfahrgestell für Omnibusse) – umfaßte und dessen Fertigung schon Anfang 1927 anlief. Hinzu kam ein Jahr später der Dreiachser N 56 für 8,5 t Nutzlast, der entweder mit einem 100-PS-Vergasertriebwerk oder mit 70 PS starkem Dieselmotor erhältlich war.

Die gesamte Lkw-Fertigung wurde im ehemaligen Benz-Werk Gaggenau zusammengezogen. Kapazitätsüberlastungen zwangen hingegen in den 30er Jahren zur Aktivierung von Fertigungsanlagen in den ehemaligen Daimler-Werken Mannheim und Berlin-Marienfelde, wenngleich die Ende der 20er Jahre einsetzende Weltwirtschaftskrise zunächst katastrophale Verkaufseinbußen bescherte.

Anfang 1932 überraschte Daimler-Benz die Fachwelt, indem man mit dem Zweitonnentyp L 2000 – als erstem Glied einer ganz neuen Nutzfahrzeuggeneration – den ersten leichten Diesellastwagen der Welt vorstellte. Wirtschaftliche Erwägungen der Spediteure hatten schon ab Mitte der 20er Jahre zur Entwicklung von Dieselmotoren (bei Daimler-Benz bezeichnete man diese als Rohölmotoren, davon abgeleitet die bis heute verwendete Bezeichnung „OM" = Ölmotor für Dieseltriebwerke) geführt. Besonders im Schwerlastwagenbereich wurden allgemein verstärkt Dieselmotoren angeboten, die den verbrauchsintensiven Vergasermotor bald ins Hintertreffen führten.

Mit dem Schritt des Einbaus von Dieselmotoren auch in mittlere und schwere Lastwagenmodelle hatte Daimler-Benz einen Vorgriff auf den ab 1935 von der Staatsführung „verordneten" Dieselantrieb für Lastwagen ab 3 t Nutzlast begangen.

In den kommenden Jahren wurde Daimler-Benz sehr stark in die Herstellung von Militärfahrzeugen einbezogen. Der Bau von Zivillastwagen erreichte in den 30er Jahren mit der großen Programmbreite, die alle Nutzlastklassen von 1–10 t (Typen L 1100 – L 10000) umfaßte, einen Höhepunkt, welcher mit dem Inkrafttreten des Typenbegrenzungsplanes der Reichsregierung (Schell-Plan) beendet wurde. Diesen Bestimmungen zufolge waren für das Unternehmen nur noch Nutzlasten von 3, 4,5 und 6 t zulässig.

Mit der Entwicklung des 1,5-Tonners L 1500, und vor allem

Mercedes-Benz L 4500 S, Pritschenwagen, 112 PS, 7270 cm³ Hubraum, 4,5 t Nutzlast, Baujahr 1947.

Mercedes-Benz L 5000 mit niederländischem Aufbau, 5 t Nutzlast, Radstand 4,60 m, Baujahr 1951.

Restaurierter Mercedes-Benz L-5000-Anhängerzug der Fuldaer Spedition H.G. Dröder, Baujahr 1950.

Mercedes-Benz LAS 315 mit Strüver-Tankauflieger, Baujahr 1957. Dieser Sattelzug wurde nach umfangreichen Restaurierungsarbeiten im Sommer 1990 fertiggestellt.

Mercedes-Benz L 6600-Lkw als Kipper mit Winterdienstausrüstung, 145 PS, 8280 cm³ Hubraum, Sechszylinder-Diesel, Baujahr 1953.

Mercedes-Benz-O-6600-Möbelferntransporter mit Anhänger, Baujahr 1955. Das Fahrzeug stand bis Anfang der 80er Jahre im regulären Einsatz.

Mercedes-Benz-LS-6600-Sattelzug von 1954 einer Weinheimer Spedition. Bemerkenswert der dekorative verchromte Kühlergrill dieses restaurierten Fahrzeugs.

Mercedes-Benz L 334 als Spezialtransporter für Getreideschüttgut mit Dreiachsanhänger, Baujahr 1960. Sechszylinder-Diesel, 200 PS, 10810 cm³ Hubraum. Aufnahmedatum Dezember 1978.

auch seines Nachfolgers L 1500 S, der später in sehr großen Stückzahlen sowohl als allradgetriebener Mannschaftswagen für die Wehrmacht als auch für Feuerwehraufbauten (LF 8) verwendet wurde, hatte sich das Unternehmen auf eigenes Risiko über die staatliche Anordnung bewußt hinweggesetzt.

Der 75 PS starke Vierzylinder-Dreitonner L 3000 erwies sich in der Geländeausführung dem Hauptkonkurrenten Opel-Blitz unterlegen, weshalb am 4. Juni 1942 verfügt wurde, anstelle dieses Typs den Dreitonner-Blitz im Werk Mannheim herzustellen. Dieser Opel-Nachbau wurde von Daimler-Benz als L 701 bezeichnet und auch in den ersten Nachkriegsjahren, bis zum Erscheinen des Mercedes-Benz L 3250 im Jahre 1949, ohne äußerliche Kennzeichnung durch den Mercedes-Stern gebaut.

Der 4,5-Tonner dagegen zeichnete sich allgemein durch Solidität und Zuverlässigkeit aus.

Neben dem bereits erwähnten Opel-Lizenzbau war es vor allem dieser 4,5-Tonner, mit dem die Daimler-Benz-Lastwagenproduktion nach dem Zusammenbruch in den schwer zerstörten Werken wieder zum Laufen kam. Bis 1949 konnten – trotz der wie überall heute nicht mehr vorstellbaren Schwierigkeiten – insgesamt 10300 Dreitonner L 701 und 3202 4,5-Tonner L 4500 gefertigt werden.

Mitte 1949 stand das neuentwickelte L-3250-Fahrgestell zur Verfügung, das bereits Anfang 1950 durch Nutzlasterhöhung zum 3,5-Tonner aufgewertet wurde. Dieser mittelschwere Lkw wurde, im wesentlichen unverändert, bis 1961 in sehr großen Stückzahlen – von allen Ausführungen wurden 135000 Stück gefertigt – verkauft, Produktionsziffern, die kein anderer deutscher Lastwagen der 50er Jahre erreichte!

Zum L 3500 gesellte sich ab Juli 1953 eine 4,5-t-Ausführung, die, mit verstärkter Blattfederung und Bereifung ausgerüstet, als L 4500 angeboten wurde. Diese Variante verkaufte sich in der Folgezeit noch besser als der 3,5-Tonner.

1955 wurden die Typenbezeichnungen geändert. Aus dem L 3500 wurde der L 311, und der 4,5-Tonner wurde in L 312 umbenannt. Von 1957 bis 1959 wurde das 5,5-t-Modell L 321 angeboten, das, als sich die Verkaufserfolge in Grenzen hielten, schnell aus dem Angebot verschwand. Alle aufgeführten Modelle gab es auch mit Allradantrieb.

Die Typen L 3250, L 3500 und L 4500 waren einheitlich mit dem Sechszylinder-Vorkammer-Diesel OM 312, mit 90 PS Leistung aus 4580 cm³ Hubraum, ausgerüstet. Im Jahre 1955 wurde die Motorleistung bei unverändertem Hubraum auf 100 PS angehoben. Ab 1954 gab es den OM 312 wahlweise auch mit 115 PS leistender Turboaufladung.

In der nächstschwereren Nutzlastklasse wurde der bereits erwähnte L 4500 1949 zum 5-t-Lkw L 5000 verstärkt, nun mit Ganzstahlkabine und auf 120 PS gesteigerter Motorleistung versehen. Bis 1953 wurde der Typ mit der noch aus der Vorkriegszeit stammenden, eckigen Motorhaube gebaut, ehe das Modell durch den L 5500 (ab 1954 als L 325 bezeichnet) ersetzt wurde. Dieser schwere Mittelklasse-Lkw wurde (ab 1957 unter der Bezeichnung L 330), zuletzt überwiegend für den Export, bis 1961 gebaut.

Mit dem 1950 vorgestellten neuen 6,6-t-Typ L 6600 hatte Daimler-Benz auch wieder ein Schwerlastwagenmodell im Programm. Obwohl im Vergleich zur Konkurrenz bei wei-

MERCEDES-BENZ — 8 to-Klasse

L 315 · TYP LA 315 · LP 315

TYP LA 315

Dort, wo die Straße aufhört, ist der LA 315 in seinem bevorzugten Arbeitsbereich. Mit diesem Fahrzeug lassen sich in vollbeladenem Zustand Steigungen bis zu 65% überwinden. Auch stark unebenes Gelände ist bei seiner großen Bodenfreiheit kein Hindernis, denn der elastische Rahmen verträgt starke Verwindungen, ohne daß die kräftig abgefederten Räder die Bodenhaftung verlieren. Bewußt wurde bei diesem robusten und geländegängigen Wagen das Differential zwischen Vorder- und Hinterachse weggelassen, damit unter allen Bedingungen die vier Räder ihre Durchzugskraft behalten. Selbst auf glatten, vereisten Straßen, wenn alle anderen gleichstarken Fahrzeuge mit Hinterachsantrieb steckenbleiben, fährt der LA 315 gleichmäßig und sicher seinen Weg. Besonders im Anhängerbetrieb gewährleistet dieses Fahrzeug neben allen anderen Vorteilen eine hohe Zuverlässigkeit und Fahrsicherheit, die gleichermaßen Fahrer und Unternehmer zugute kommen.

Die großdimensionierten Antriebskardangelenke an der Vorderachse laufen in geschlossenen, staub- und wasserdichten Kugelräumen. Zusammen mit Rollenlagern und gehärteten Drehzapfen sichern sie einen Antrieb ohne Kraftverlust und leichtgängige Lenkung. Mit Ausnahme dieser Teile entspricht die Konstruktion der Vorderachse der der Hinterachse. Beiden Aggregaten gemeinsam ist daher die lange Lebensdauer, auch bei dauernder Beanspruchung im Geländebetrieb.

Steigfähigkeit*) LA 315 – LAK 315

	normal		verstärkt	
	Ohne Anhänger 13 800 kg zul. Ges.-Gew.	Mit Anhänger 37 800 kg zul. Ges.-Gew.	Ohne Anhänger 14 700 kg zul. Ges.-Gew.	Mit Anhänger 38 700 kg zul. Ges.-Gew.
mit Geländegang				
1. Gang	65 %	19%	1. Gang 59,5%	18,5%
2. Gang	33 %		2. Gang 30 %	
3. Gang	21 %		3. Gang 19,5%	
4. Gang	13 %		4. Gang 12 %	
5. Gang	7,5%		5. Gang 7 %	
6. Gang	4 %		6. Gang 4 %	
ohne				
1. Gang	41 %	13%	1. Gang 37 %	12,5%
2. Gang	22 %		2. Gang 20 %	
3. Gang	14 %		3. Gang 13 %	
4. Gang	8,5%		4. Gang 8 %	
5. Gang	5 %		5. Gang 4,5%	
6. Gang	2,5%		6. Gang 2 %	

Ein Schwerlaster für schwere Strecken

Das niedrige Eigengewicht des Wagens, die Lebendigkeit und Kraft des Diesel-Motors wirken sich selbst bei voller Beladung in einer erstaunlichen Bergfreudigkeit aus.

Die spielend gehende Lenkung, der günstige Einschlag der Räder ergeben eine überraschende Wendigkeit und schnelle Überwindung ungünstiger Verkehrslagen.

Die Federung ist ungewöhnlich weich. Selbst auf schlechten Straßen kann auch empfindliches Ladegut mit hoher Geschwindigkeit sicher befördert werden.

Die Verwindungsfähigkeit des Fahrgestells ermöglicht eine Anfahrt in schwierigstem Gelände. Fahrerhaus-Befestigung und Pritschenunterbau passen sich den Bewegungen des Rahmens mühelos an.

Ein mittelschwerer Lastwagen mit außerordentlichen Leistungen.

Das für Diesel-Fahrzeuge ungewöhnlich niedrige Steuer-Gewicht wurde erzielt durch sorgfältige Materialauswahl und durchdachte Formgebung aller einzelnen Konstruktionsteile nach dem jeweiligen Kräfteflusß. Der geschweißte Rahmen weist auch nach 100 000 Fahrtkilometern die gleiche Festigkeit auf wie am ersten Tag. Nirgends befindet sich totes Material, andererseits wird kein Konstruktionsteil über Gebühr beansprucht. Auf diese Weise gelang es, ein ungewöhnlich günstiges Verhältnis zwischen Eigengewicht und Nutzlast mit unbedingter Zuverlässigkeit, Wendigkeit und maximaler Lebensdauer zu vereinen. Das bequem schaltbare Getriebe besitzt 5 Vorwärtsgänge, davon 4 geräuscharm. Die Fußbremse wirkt hydraulisch auf alle 4 Laufräder, die Stockhandbremse mechanisch auf die Hinterräder.

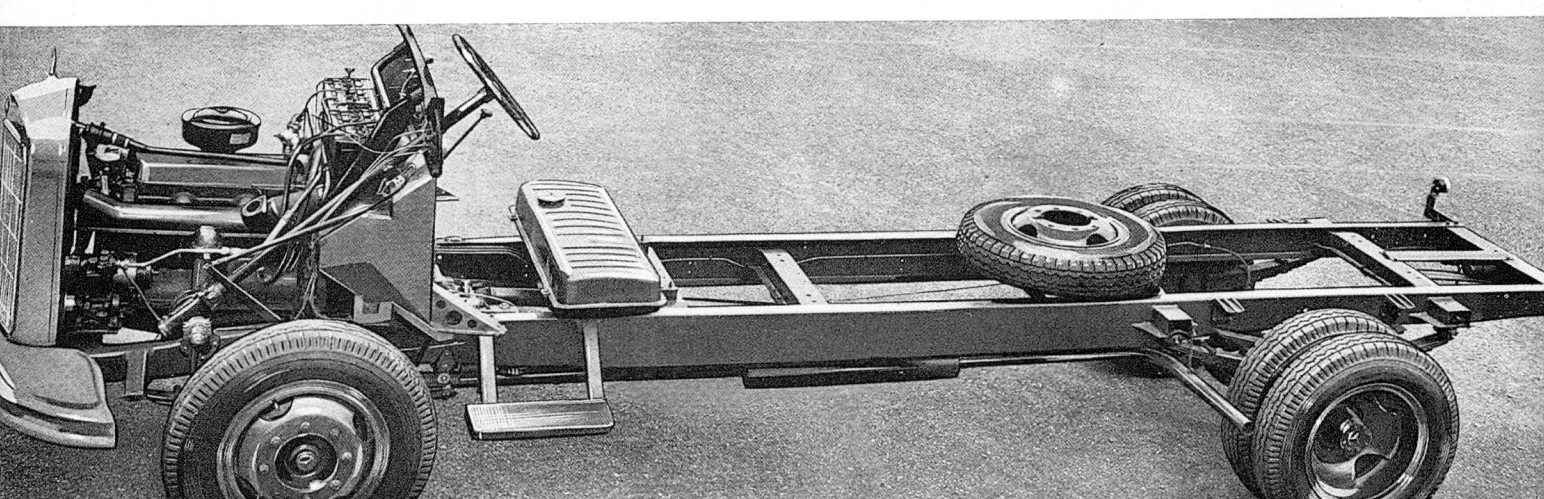

Der Motor

Wie beim Fahrgestell wurde auch beim Motor jeder unnötige Gewichtsaufwand konsequent vermieden, selbstverständlich aber ohne irgendwelche Konzessionen in bezug auf Zuverlässigkeit, Wirtschaftlichkeit und Lebensdauer. Tatsächlich wiegt der Sechszylinder-Dieselmotor des Mercedes-Benz „Typ L 3500" nur knapp 4 kg pro PS, hält also ohne weiteres den Vergleich mit einem gleichstarken Benzinmotor aus, ebenso hinsichtlich Laufruhe, Temperament und Elastizität. Trotz der an der Kupplung zur Verfügung stehenden hohen Antriebsleistung von 90 PS beträgt der Kraftstoff-Normverbrauch nur 14.4 Liter = 12.2 kg Dieselöl auf 100 km. Der 92 Liter fassende Kraftstofftank reicht also für eine Fahrstrecke von über 600 km. Die Spitzengeschwindigkeit liegt bei 80 km/std. – Besondere Sorgfalt ist darauf verwandt worden, die Kühlwasser- und Schmieröl-Temperatur des Motors während des Betriebes stets auf der günstigsten Höhe zu halten, da dies für Leistung, Verbrauch und Abnutzung von entscheidender Wichtigkeit ist. Durch poröse Verchromung der obersten Kolbenringe ist es gelungen, den Zylinderverschleiß auf die Hälfte bis ein Drittel des bisher Üblichen herabzusetzen und die Laufzeit des Motors bis zur Generalüberholung entsprechend zu erhöhen. Der Motor saugt seine Frischluft nicht unter der Haube, sondern direkt aus dem Freien an, was besonders an heißen Hochsommertagen eine wesentliche Leistungssteigerung und Verbrauchsminderung ergibt.

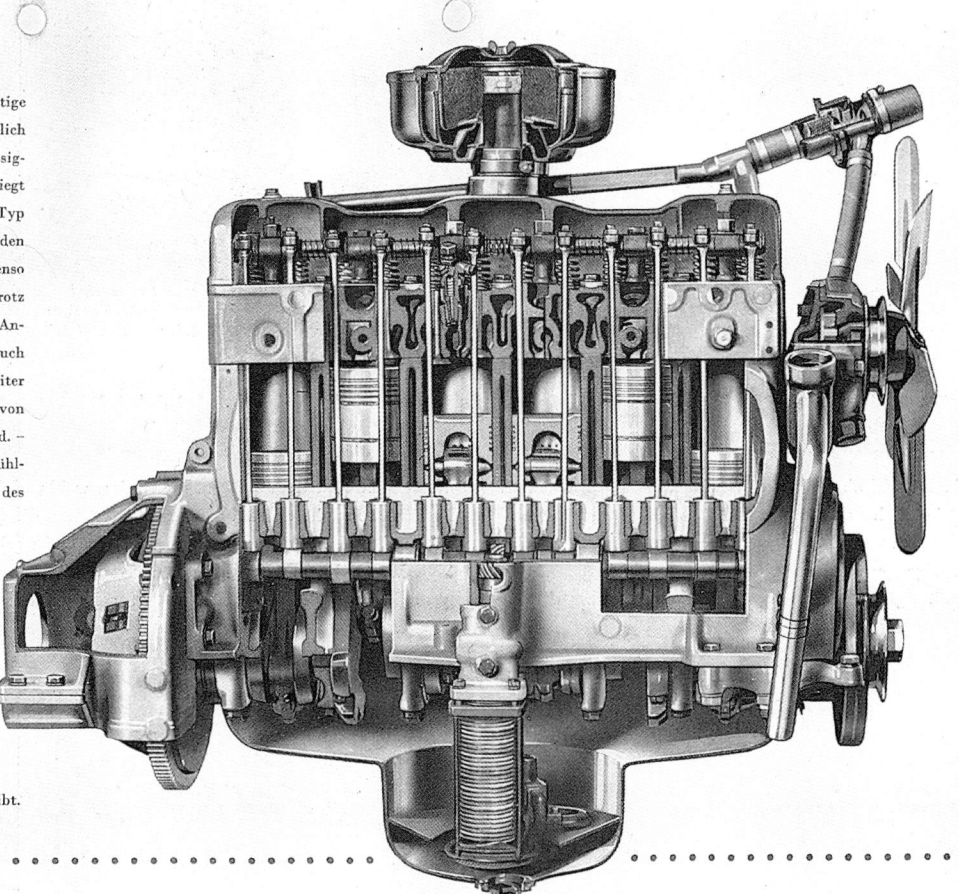

SCHNITT DURCH DEN STARKEN, ELASTISCHEN SECHSZYLINDER-DIESELMOTOR
Arbeitsweise nach dem bewährten Vorkammer-Prinzip · Kurbelwelle 7fach gelagert in Bleibronzelager mit Stahlstützschalen
Öl- und Kühlwasser-Temperaturregler · Motor im Fahrgestell pendelnd in Gummi gelagert

Mercedes-Benz L 311/36 als Lkw mit Plane/Spriegel aus dem Jahre 1960. Das Fahrzeug befand sich 1983 noch im Einsatz.

Mercedes-Benz L 311/42 Lkw, 100 PS, 4580 cm³ Hubraum, Baujahr 1960.

MERCEDES-BENZ L/LK 311

3,5-TONNEN-KLASSE · 100 P

„In jeder Hinsicht wirtschaftlich"

— das ist das Urteil der Praxis über den Mercedes-Benz 3,5-Tonner L 311. Für die günstigen Betriebskosten des Fahrzeuges ist der niedrige Anschaffungspreis ebenso maßgeblich wie der geringe Kraftstoffverbrauch, seine Anspruchslosigkeit in der Pflege und seine unübertroffen lange Lebensdauer. Mit der Leistung seines robusten 100 PS-Motors, einer Nutzlast von 3,3 bis 3,8 to und mit seiner Ladefläche von 6,7 bis 11,5 qm beweist der L 311 bei allen Transporteinsätzen eine echte Rentabilität. Aber dieser Wagen ist nicht allein auf Wirtschaftlichkeit gebaut: Die leichtgängige Lenkung, das gut zu schaltende Getriebe, die zuverlässige Öldruckbremse und das zweckmäßig ausgestattete Fahrerhaus verleihen dem Wagen hohe Fahrsicherheit. Diese Vorzüge machten die Fahrzeuge dieser Baureihe in kurzer Zeit zu den meistgekauften deutschen Lastwagen der Mittelklasse. Im In- und Ausland beweisen mehr als 100000 Wagen dieser Typenreihe unter allen klimatischen Verhältnissen ihre vielseitigen guten Eigenschaften.

tem nicht der schwerste Lastwagen, war das Modell an der sehr wuchtigen langen Motorhaube erkennbar, unter der der neukonstruierte Sechszylinder-Diesel OM 315 mit 145 PS Leistung und 8280 cm³ Hubraum arbeitete. 1954 wurde der L 6600, den es auch als Kipper, Sattelzugmaschine und mit Allradantrieb gab, in L 315 umbenannt und war – mit verstärkter Bereifung – nun auch als Achttonner zu betreiben.

1956 folgte der im Aussehen gleiche 8,5-Tonner L 326, ausgerüstet mit einem 200-PS-Motor, der ursprünglich nur, durch die Seebohmschen Gesetze bedingt, für den Export, schließlich nach Anpassung aber auch in der Bundesrepublik zugelassen werden konnte. Aus diesem Typ ging 1961 – als letzter Ableger dieser Haubengeneration – der L 334 hervor, der zuletzt als Kipper und Sattelzugmaschine im Programm stand.

Zu Beginn der 50er Jahre tauchten auch die ersten Daimler-Benz-Fahrzeuge der mittelschweren und schweren Nutzlastklasse als Frontlenker auf, die merkwürdigerweise als LP (Lastwagen in Pullman-Ausführung) bezeichnet wurden. Da die Unternehmensleitung diese Bauart für eine eher kurzlebige Modeerscheinung hielt, überließ man den Umbau der Fahrzeuge zunächst Karosseriebetrieben, in erster Linie den Firmen Kässbohrer, Wackenhut und Binz, aber auch anderen. Um der steigenden Nachfrage Rechnung zu tragen, entschloß sich Daimler-Benz aber, ab Mitte 1954 werksseitig eigene, auf dem Wackenhut-Entwurf basierende Frontlenkerkabinen anzubieten.

Die ab Anfang 1958 in der Bundesrepublik für Neufahrzeuge in Kraft tretenden Maß- und Gewichtsbeschränkungen hatten große Auswirkungen auf alle Neukonstruktionen für den Fernverkehr. Sie förderten allgemein den Leichtbau und verhalfen schließlich den Frontlenkern und Sattelzügen zum Durchbruch. Der 1958 erstmals gebaute Mercedes-Benz LP 333, auch „Tausendfüßler" genannt, war ein typisches Produkt dieses für die Nutzfahrzeugindustrie unsicheren Zeitabschnitts. Das Besondere an diesem 9-t-Lkw waren zwei gelenkte Vorderachsen. Motorisiert war der LP 333 mit einem 200-PS-Triebwerk mit 10810 cm³ Hubraum. Das gleiche Triebwerk arbeitete auch in dem davon abgeleiteten Typ L 334, der sich, auch als Sattelzugversion, bis 1963 in der Fertigung befand. Vor allem letztere Modelle und auch die mit modernisierten Kabinen versehenen späteren Typen LP 338 und LP 1418 hielten sich recht lange und zuverlässig im schweren Fernverkehr.

1956 gelang Daimler-Benz mit dem auf der Frankfurter IAA 1955 vorgestellten kleinen Frontlenkertyp L 319 der erfolgreiche Einstieg in die leichte Nutzlastklasse bis 2 t, die bisher vor allem von Hanomag und Opel beherrscht wurde. Dieses in vielen unterschiedlichen Ausführungen bis Ende 1967 im wesentlichen unverändert weitergebaute Modell (zuletzt L 406/L 408) verhalf Daimler-Benz zu einem weiteren, wichtigen Standbein gegenüber den konkurrierenden Anbietern.

Zumindest erwähnt werden soll an dieser Stelle der seit 1952 aus der Produktion der Firma Boehringer übernom-

MERCEDES-BENZ

4,5-TONNEN-KLASSE · 100 P

LA / LAK / LAS 312

Geländegängig und wirtschaftlich

bei ausgewogener Gesamtkonstruktion sind die Vorzüge der Allrad-Lastwagen der Baureihe 312.

- Der Sechszylinder-Dieselmotor leistet 100 PS und gibt die notwendigen Kraftreserven, die bei hoher Belastung und im Gelände benötigt werden.
- Mit dem Allrad-Antrieb und den günstigen Getriebeabstufungen werden starke Steigungen ebenso sicher wie andere schwierige Geländestrecken überwunden.
- Das Verhältnis zwischen 3,55 to Eigengewicht und 4,95 to Nutzlast ist außerordentlich günstig.
- Der Rahmen aus U-Profilträgern ist stabil und elastisch, dabei aber leicht an Gewicht.
- Für absolute Sicherheit in jeder Situation sorgen drei voneinander unabhängige Bremsen: Die hydraulische Vierradfußbremse mit Druckluftverstärkung, die Daimler-Benz-Motorbremse auf Sonderwunsch und die mechanische Stockhandbremse.
- Das auf Wunsch lieferbare vollsynchronisierte Fünfganggetriebe verkürzt die Schaltzeiten, ergibt leichtere Bedienung, noch bessere Fahrleistungen und erhöht die Verkehrssicherheit.

Diese Allrad-Lastwagen der Typenreihe 312 gehören zu der erfolgreichen Mannheimer Baureihe der Daimler-Benz AG, von der bisher über hunderttausend Fahrzeuge verkauft wurden.

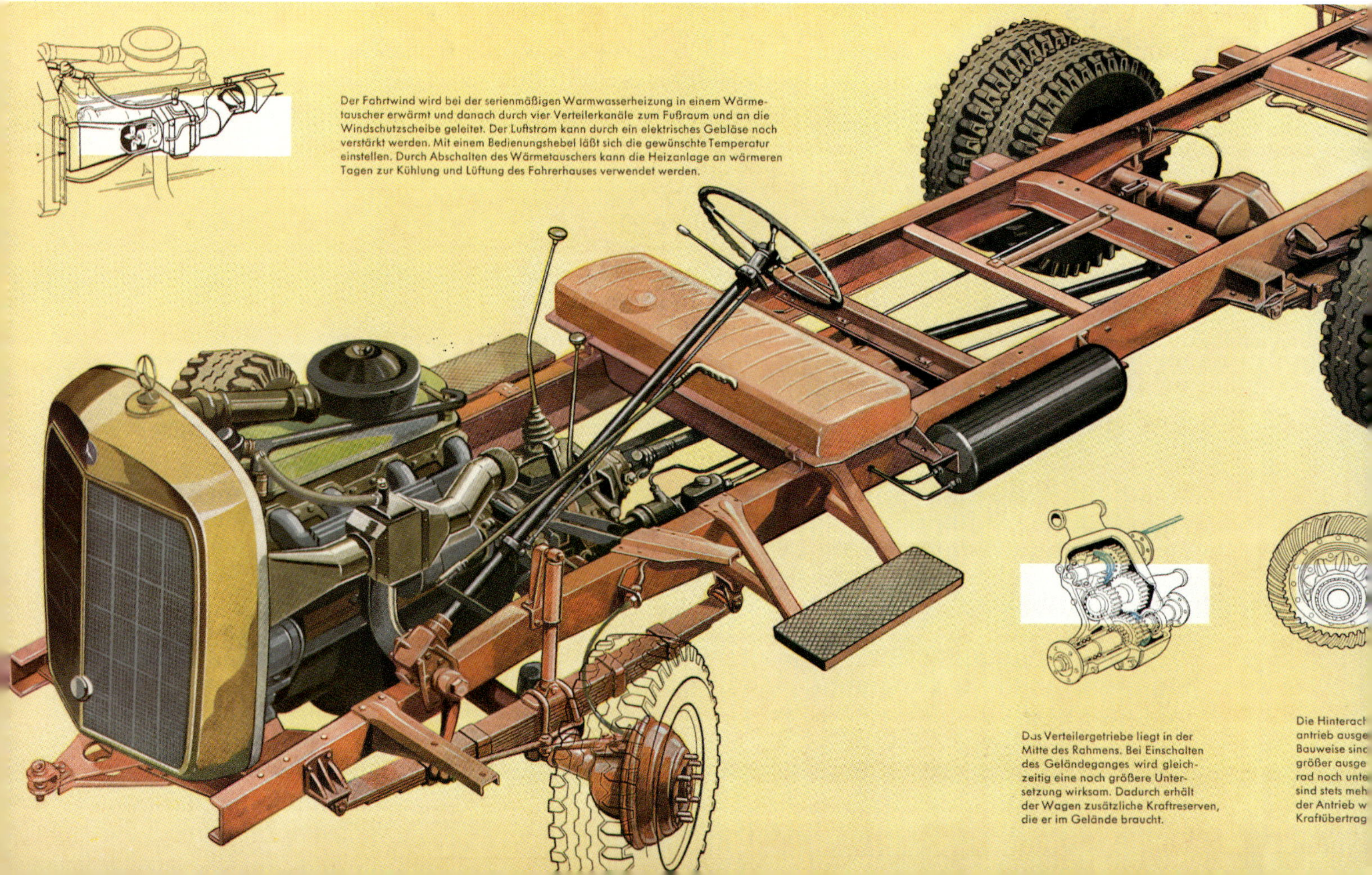

Der Fahrtwind wird bei der serienmäßigen Warmwasserheizung in einem Wärmetauscher erwärmt und danach durch vier Verteilerkanäle zum Fußraum und an die Windschutzscheibe geleitet. Der Luftstrom kann durch ein elektrisches Gebläse noch verstärkt werden. Mit einem Bedienungshebel läßt sich die gewünschte Temperatur einstellen. Durch Abschalten des Wärmetauschers kann die Heizanlage an wärmeren Tagen zur Kühlung und Lüftung des Fahrerhauses verwendet werden.

Das Verteilergetriebe liegt in der Mitte des Rahmens. Bei Einschalten des Geländeganges wird gleichzeitig eine noch größere Untersetzung wirksam. Dadurch erhält der Wagen zusätzliche Kraftreserven, die er im Gelände braucht.

Die Hinterachsantrieb ist ausge Bauweise sine größer ausge rad noch unte sind stets meh der Antrieb w Kraftübertrag

Mercedes-Benz L 312/42, Möbelwagen, 100 PS, Sechszylinder-Diesel, 4580 cm³ Hubraum, Baujahr 1960.

Mercedes-Benz L 312/36 Kipper, Baujahr 1960.

Rechts unten: Mercedes-Benz LA 311/36, Kanalsaugwagen, Baujahr 1960. Aufgenommen im August 1981.

einem Hypoid-
ie Vorzüge dieser
triebsritzel kann
n, weil es am Teller-
zt ist. Dadurch
ne im Eingriff –
standsfähiger, die
frei und ruhig.

Das Fünfgang-Vollsynchrongetriebe, das auf Wunsch geliefert wird, verkürzt die Schaltpausen, entlastet den Fahrer und erhöht die Fahrsicherheit. Es läßt sich so leicht und geräuschlos schalten wie bei einem PKW.

LPS 334 – noch weiter verbessert

Noch besserer Fahrkomfort — Sicherheit für Fahrer und Ladung. Die breiten, tiefliegenden Scheinwerfer verbessern die Sicht bei Nacht und die beiden, bedeutend vergrößerten vorderen Belüftungsklappen ergänzen das Heizungs- und Lüftungssystem wirkungsvoll. Wie beim Kurzhauber besteht zusätzlich die Möglichkeit, die große Belüftungsklappe im Dach des Fahrerhauses und den hydraulisch gedämpften Fahrersitz — System Brendel — einzubauen.

Die Grundlage der Typenreihe 334 sind die bewährten und seit vielen Jahren unter härtesten Bedingungen der Praxis erprobten Aggregate. Der Motor OM 326 leistet 200 PS bei 2200 U/min; er arbeitet nach dem patentierten Vorkammer-Gleichstrom-Brennverfahren. Ein automatischer Spritzversteller regelt abhängig von der Drehzahl den Einspritzzeitpunkt des Kraftstoffes. Daraus ergibt sich beste Ausnutzung der Kraftstoffenergie über den gesamten Drehzahlbereich. Die ZF-Hydrospindel-Lenkung ermöglicht auch bei voller Belastung ein müheloses Lenken. Lange Halbelliptik-Blattfedern an der Vorderachse und an der Hinterachse, durch progressiv wirkende Zusatzblattfedern unterstützt, geben dem Fahrzeug gute Federungseigenschaften. Das geräuscharme 6-Gang-Allklauen-Getriebe ist gut auf die Motorcharakteristik abgestimmt und läßt sich leicht schalten. Das dreifache Bremssystem gibt Sicherheit bei hohen Fahrdurchschnitten und in jeder Verkehrssituation. Die Fußbremse ist eine lastabhängige Druckluftbremse, mit der sicher und feinfühlig gebremst werden kann. Serienmäßig ist auch eine druckluftbetätigte Motorbremse mit elektrischer Steuerung der Bremse des Sattelaufliegers eingebaut. Die als Ratschenbremse ausgebildete Handbremse wirkt mechanisch auf die Hinterräder und über Druckluft auf den Auflieger.

Der LS 334 ist mit dem Radstand 3600 mm (normales Fahrerhaus) und mit dem Radstand 4200 mm (langes Fahrerhaus) lieferbar. Der LPS 334 wird mit Radstand 3500 mm (normales oder langes Fahrerhaus) geliefert.

MERCEDES-BENZ

LP 334
16 to Gesamtgewicht
192 PS

Mercedes-Benz LP 334/46, Abschlepp-Kranwagen, Sechszylinder-Diesel, 200 PS, Baujahr 1958.

Mercedes-Benz LPS 331 (Exportmodell), Satteltankzug mit Strüver-Tankauflieger mit 26000 l Inhalt. 172 PS, Baujahr 1958. Noch im Jahre 1984 auf dem Flughafen Osnabrück/Münster im Dienst.

Sicher und wirtschaftlich transportieren
Mit dem **LP 338**

Sattelschlepper für alle Transportaufgaben
LS 338

Mercedes-Benz LP 710/32, Frontlenker-Lkw mit 100-PS-Motor und 4580 cm³ Hubraum, 3,5 t Nutzlast, Baujahr 1965.

Mercedes-Benz L 710, mittelschwerer Kurzhauben-Lkw, 100 PS, 5675 cm³ Hubraum, 7,4 t zulässiges Gesamtgewicht, Baujahr 1968.

MERCEDES-BENZ

LAK 329
14,6 to Gesamtgewicht
172 PS

mene Typ Unimog, der, ständig weiterentwickelt, bis zum heutigen Tage große Verkaufserfolge zu verzeichnen hat.
Mit der Vorstellung des Mercedes-Benz 6,5-Tonners L 322 im Jahre 1959 wurde eine neue Fahrzeuggeneration in der Kurzhaubenbauweise eingeführt. Diese Bauform, auch Halbfrontlenker genannt, die die Vorteile der guten Sichtverhältnisse des Frontlenkers mit guter Motorzugänglichkeit des Haubenwagens vereinte, bewährte sich so gut, daß Kurzhauber auch heute noch, vornehmlich für den Export, gebaut werden.
In den folgenden Jahren wurden nach und nach auch die schweren Haubenmodelle, zuerst mit dem 7,3-Tonner L 337, auf die neue Karosserieform umgestellt. Im Laufe der 60er Jahre entstanden – unter einer geradezu verwirrenden Vielzahl unterschiedlicher Bezeichnungen – Kurzhaubenmodelle in nahezu allen Gewichtsklassen mit unterschiedlichen Motorausstattungen. Diese gab es für fast jeden denkbaren Verwendungszweck, auch mit Allradantrieb, der als Militärmodell für den Export bis zum heutigen Tage große Bedeutung erlangte.
Gleichzeitig entwickelte man für die Frontlenkerlastwagen nun mit durchgehender Panoramascheibe gestaltete mo-

dernisierte, aber weiterhin abgerundete Fahrerhäuser. Besonders verbreitet war z.B. der mit 7,5 t zulässigem Gesamtgewicht noch mit dem Führerschein der Klasse 3 zu fahrende 100-PS-Typ LP 323, der von 1963–1968 als LP 710 angeboten wurde. Fahrzeuge dieser Frontlenkergeneration hielten sich teilweise bis weit in die 80er Jahre.
Im September 1963 stellte Daimler-Benz, beginnend mit dem 202 PS starken Neuntonnentyp LP 1620, zunächst für die schweren Frontlenker, ein völlig neukonstruiertes, kubisches, aber noch nicht kippbares Fahrerhaus vor, das auf Anhieb großen Anklang fand und in den folgenden Jahren auch bei den leichten und mittelschweren Modellen eingeführt wurde. Ein kippbares Fahrerhaus wurde erst ab 1969 verwendet.
1964 war bereits die Umstellung der Dieselmotoren auf direkte Einspritzung erfolgt.
Mit der Übernahme der Krupp-Vertriebsorganisation im Jahre 1968 und vor allem der Hanomag-Henschel-Werke 1972 konnte Daimler-Benz seine mittlerweile marktbeherrschende Stellung weiter festigen und ausbauen, so daß sich für das Bestehen des Unternehmens die Zukunftsaussichten weiterhin günstig darstellen.

Oben: Mercedes-Benz LP 710/36 in der Ausführung als Getränke-Lastwagen, Baujahr 1968.

Mercedes-Benz LAK 2220 6×6, Abschlepp-Kranwagen, Sechszylinder-Diesel, 210 PS, 10810 cm³ Hubraum, Baujahr 1970.

Mercedes-Benz L 1620, schwerer Frontlenker-Lkw mit kubischer Kabinenform, 9,1 t Nutzlast, 200 PS, 10810 cm³ Hubraum, Baujahr 1963.

DKW

Die 1932 entstandene Auto-Union AG war führend in der Entwicklung von Zweitaktmotoren, die in den von diesem Unternehmen hergestellten Motorrädern und Personenkraftwagen verwendet wurden.

Der auf dieser Konzeption basierende, 1949 vorgestellte DKW-Schnell-Laster, war das erste Nutzfahrzeug nach dem Kriege, das dieser nun in Ingolstadt ansässige Hersteller produzierte.

Dieser als Typ F 89 L bezeichnete Frontlenkertyp war mit einem zunächst 20 PS starken (ab 1952 22 PS) Zweizylinder-Zweitaktaggregat motorisiert.

Zunehmende Konkurrenz, vor allem durch den VW-Transporter, führten zu weiteren Überarbeitungen. So wurde das Modell Typ 30 ab 1954 mit einem 30-PS-Motor und auf 800 kg erhöhter Zuladung ausgeliefert.

Im August 1955 erschien das Dreizylinder-Zweitaktmodell 3=6 (F 800/3) mit 32-PS-Maschine und 896 cm³ Hubraum. Dieser 90 km/h schnelle Transporter blieb mit ab dem Jahre 1957 kontinuierlich sinkenden Verkaufszahlen bis 1962 im Programm.

Durch das Festhalten am Zweitaktverfahren war das Ende der Auto-Union durch die 1968 erfolgte Übernahme in die Daimler-Benz AG besiegelt.

Rechte Seite unten: DKW-3=6-Kastenwagen, 32 PS bei 896 cm³ Hubraum, Baujahr 1959.

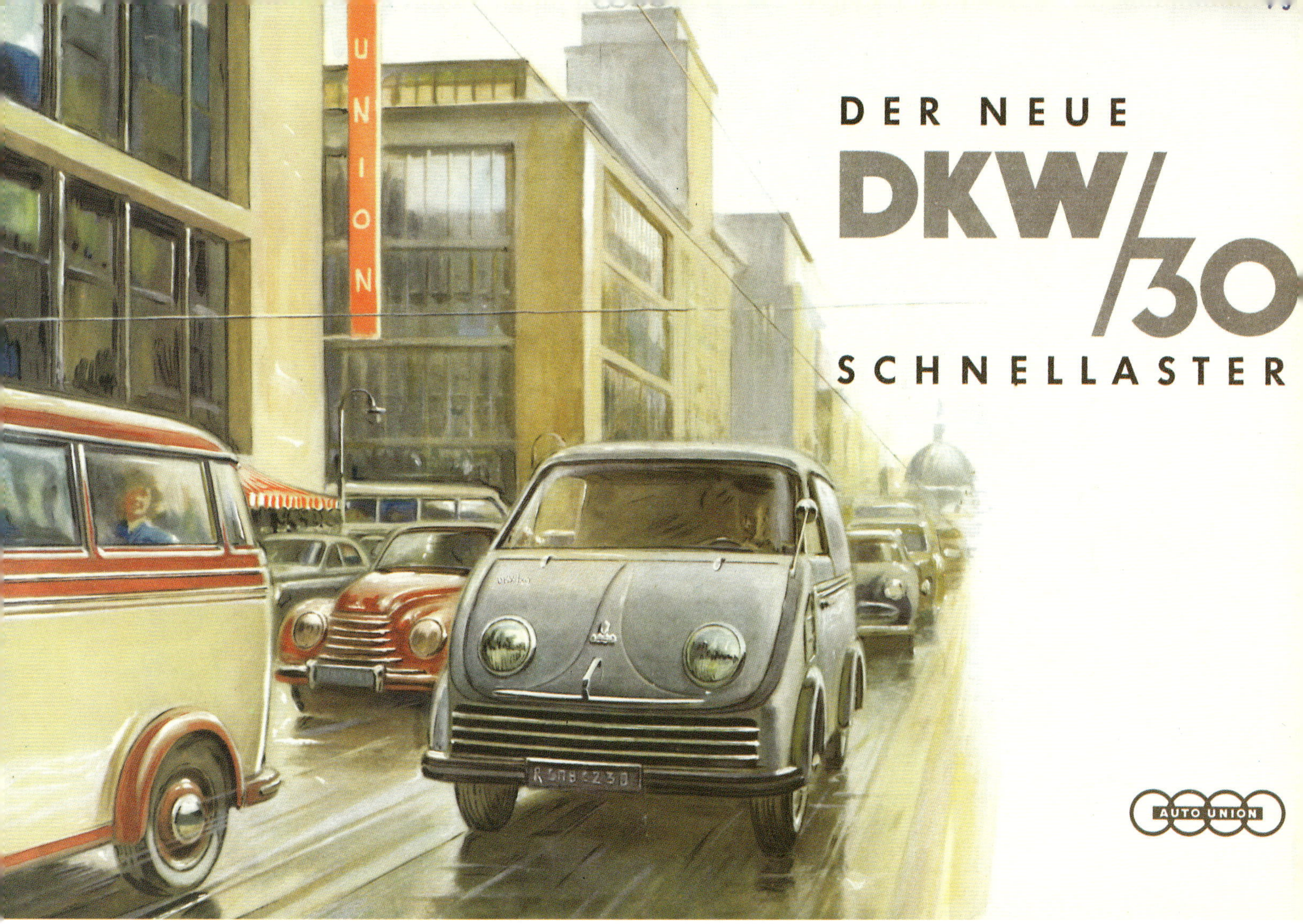
UNION
DER NEUE
DKW/30
SCHNELLASTER
AUTO UNION

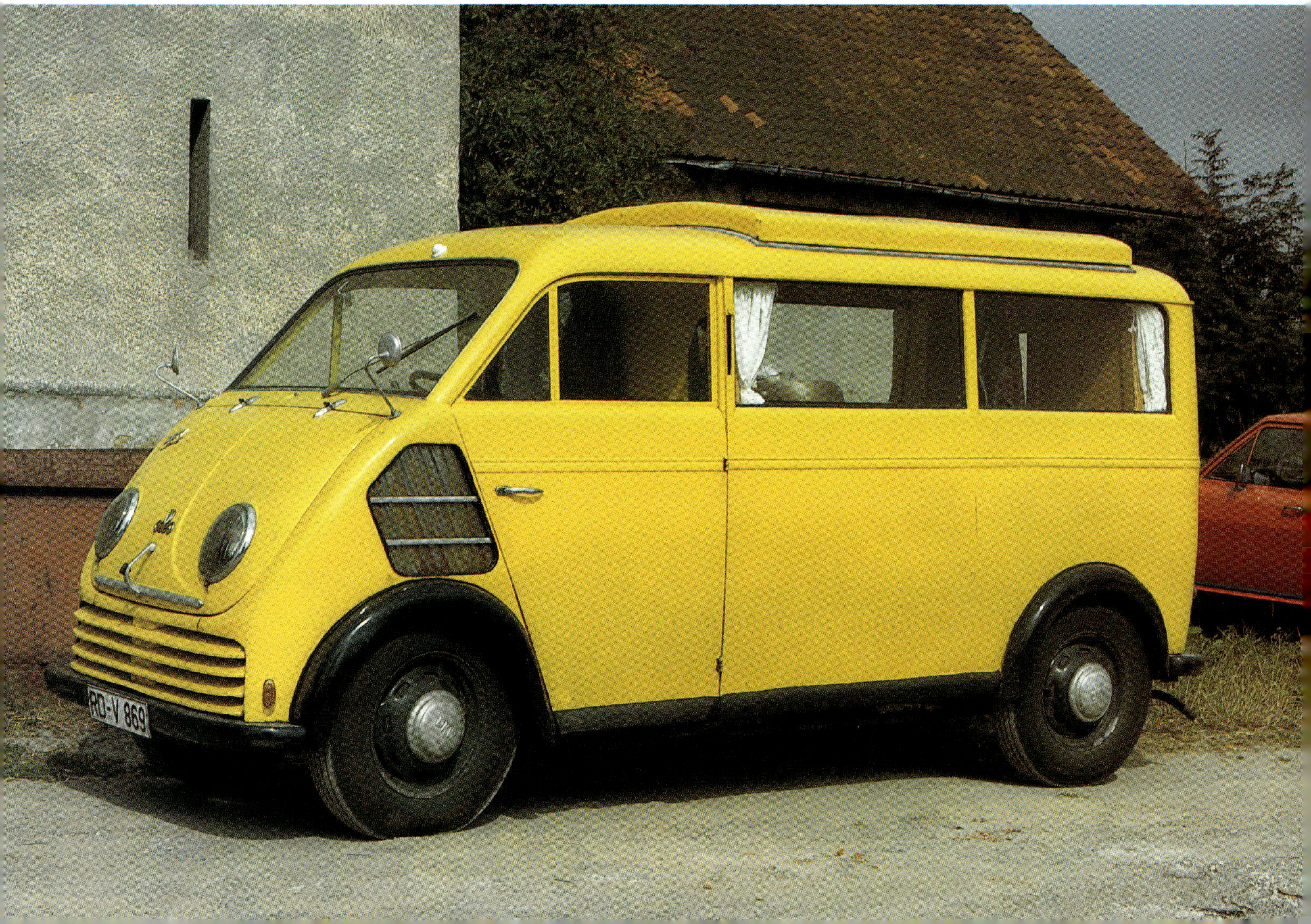
RD-V 869

Faun L7Z in einer Frontansicht aus den 80er Jahren.

Faun

Die 1918 entstandenen Faun-Werke (Fahrzeugwerke Ansbach und Nürnberg) konzentrierten sich bereits in den 30er Jahren, neben dem Bau von Spezialfahrzeugen für den Kommunalbereich (Müllwagen), auf Schwerlastwagen mit bis zu 15 t Nutzlast und Zugmaschinen.

Nachdem man 1946 in den weitgehend zerstörten Werksanlagen mit der Herstellung von Müllwagen der Vorkriegsbauart begonnen hatte, erschien 1948 ein 4,5-t-Lkw mit 90- bzw. 100-PS-Motor, der in kleiner Stückzahl gebaut wurde. Im Mai 1949 konnte der 6,5-t-Typ L7 mit 150-PS-Deutz-Motor vorgestellt werden, dessen Tragfähigkeit man ab 1950 auf 7,5–8 t erhöhte. Den L7 gab es auch als Frontlenker L7V und als mit L7S bezeichneter Sattelschlepperausführung.

Bereits 1951 ersetzte der mit wassergekühltem 180-PS-Diesel bestückte Schwerlastwagentyp L8 die bisherigen Modelle. Dieser neue Achttonner war neben der Pritschen-, Kipper- und Sattelschlepperausführung wiederum als Frontlenkerwagen L8V erhältlich, dessen auf einem Schlitten montierter Motor zur Wartung nach vorn herausgezogen werden konnte. L7 und L8 waren solide und ausdauernde Lastwagen im Fernverkehr, wobei der L7 mit zwei Anhängern als sog. „Güterzug der Landstraße" eingesetzt werden konnte.

Speziell für Baustellen- und Erdbewegungsarbeiten wurde 1953 der Dreiachser Faun L900 entwickelt, der bis zu 16 t Nutzlast befördern konnte. L8 und L900 blieben bis 1962 – in kleinen Stückzahlen – in der Fertigung.

Der ab 1950 erhältliche Typ F60 „Sepp", ein mit 130-PS-Sechszylinder-Deutz-Diesel mit Luftkühlung entwickeltes 6,5–7 t-Modell, hatte eine tiefliegende Ladekante und war für den Güter-Schnellverkehr ausgelegt und daher recht wendig.

1951 war auch die für das Baugewerbe entwickelte, als Faun F60KF bezeichnete Version als Allradkipper für 7,5 t Nutzlast lieferbar.

Zunächst mit den Modellen F55, F56 und F64, mit Nutzlasten zwischen 4,5 und 5,6 t, begann Faun 1955, eine neue Typenreihe einzuführen, die modernisierte Fahrerhäuser mit ungeteilter Frontscheibe, abgerundeter Motorhaube und in die Kotflügel integrierte Scheinwerfer besaß.

Im gleichen Jahr lösten die ähnlich gestalteten 7,2- bis 8,4-t-Modelle F66 und F68, mit Motorleistungen von 125 und 170 PS, den früheren Typ „Sepp" ab.

Darüber hinaus befanden sich einige vorzugsweise für schweren Baustellenbetrieb oder militärische Verwendung besonders geeignete Schwerlastwagen und Zugmaschinen, die vielfach über Allradantrieb verfügten, im Programm. Die Bundeswehr bezog ab 1956 vor allem Zug-

FAUN-WERKE · NÜRNBERG
KOMMUNALFAHRZEUGE   LASTWAGEN · KARL SCHMIDT

180 PS
FAUN-SCHWERLASTWAGEN
TYP L 8 L

Motor:
6-Zylinder-Deutz-Dieselmotor
Bauart F 6 M 617
Leistung 180 PS
Bohrung 130 mm
Hub 170 mm
Hubraum 13 538 ccm
Wasserkühlung
Druck-Umlaufschmierung
Kolbenpumpe für Kraftstoffzufuhr

Kupplung:
Zweischeiben-Trockenkupplung

Getriebe:
6-Gang-Allklauengetriebe mit 1 Rückwärtsgang

Kraftübertragung:
Gelenkwellen

Hinterachse:
Kegelrad-Stirnrad-Vorgelege

Lenkung:
System „ROSS", mit rollengelagertem Lenkfinger

Fahrgestellrahmen:
Träger in U-Profil, 10 mm stark

Federung:
durch Halbelliptikfedern,
Zusatzfedern für Schwerlastbetrieb an der Hinterachse,
Stoßdämpfer an der Vorderachse

Bremsen:
Fuß: Druckluft-Vierrad-Vierzylinderbremse
Hand: feststellbare Getriebebremse

Räder:
Trilex-Räder

Bereifung:
12.00—22 eHD

Kraftstoffbehälter:
200 Liter

FAUN

Der neue 5 TONNER
TYPE F 56/44

FAUN-WERKE · NÜRNBERG

Der neue FAUN 8 TONNER GROSSRAUM-TRANSPORTER

TYPE L 8 V
180 PS
DIESEL

in Frontlenkerbauweise mit herausziehbarem, von allen Seiten zugänglichen Frontmotor und „Fernfahrer-Kombüse"

TYPE L 8 L
180 PS
DIESEL

„Der Güterzug der Landstraße"

DER SCHWERLASTWAGEN FÜR DEN FERNVERKEHR

Faun F 60 „Sepp", Sechszylinder-Diesel, 125 PS, 7983 cm³, 7,5 t Nutzlast, Baujahr 1954.

Faun F 60 „Sepp", Kipper mit Anhänger, Baujahr 1952.

Faun L 7 V, Sechszylinder-Diesel, 165 PS, 13540 cm³, 8,2 t Nutzlast, ehemaliger zum Kranwagen umgebauter Fernlaster, Baujahr 1954.

Faun F 610 Zugmaschine, 250 PS, 14550 cm³ Hubraum, Zehnzylinder-Diesel, Baujahr 1968.

15 to Hebe-Leistung
bei 5,05 m Ausladung
360° schwenkbar

BERGUNGS-KRANWAGEN LK 212/VA
mit Allrad-Antrieb

maschinen und Tankwagen als Dreiachser der 10- bis 12-t-Klasse von Faun.

Um den neuen Maß- und Gewichtsvorschriften im Lkw-Verkehr zu entsprechen, wurden die F-68-Modelle 1960 durch den Typ F687 mit 195-PS-Achtzylinder-Deutz-Dieselmotor ersetzt. Diese Reihe blieb als Haubenwagen oder Frontlenker-Lkw bis 1969, zuletzt mit bis zu 250 PS Leistung, im Verkaufsprogramm. Im Bereich der schweren Fernverkehrswagen hatte Faun in den 60er Jahren – ähnlich wie Kaelble – nur noch geringe Verkaufserfolge.

Aus der Konkursmasse der Ostner-Werke konnte Faun 1955 die Konstruktion eines Frontlenker-Schnellastwagens übernehmen, der sich in überarbeiteter Form als 1,7-t-Typ F24, mit Vierzylinder-70-PS-Diesel ausgerüstet, ab 1957 im Programm befand. Dieses neben vielen anderen Ausführungen auch für Feuerwehraufbauten verwendete Fahrgestell blieb in überarbeiteter Ausführung bis 1968 im Angebot. Danach konzentrierte sich Faun fast ausschließlich auf Einzelanfertigungen oder kleine Serien von meist schweren Spezialfahrzeugen.

Ford

In dem von Kriegszerstörungen kaum betroffenen Ford-Werk in Köln-Niehl konnte bereits am 8. Mai 1945, nur zwei Monate nach der durch Besetzung durch US-Truppen beendeten Lastwagenproduktion, der erste Lkw – ein Dreitonner vom Typ B3000 – die Fertigungshallen verlassen. Dieses Modell war mit einem Vierzylinder-Vergasertriebwerk ausgerüstet.

1946 wurde auch das mit einem V-8-Triebwerk bestückte 3-t-Modell V3000 wieder aufgelegt.

Diese beiden Lastkraftwagen hießen ab 1948 „Ruhr" (B3000) und „Rhein" (V3000). Letzteres Modell war anfangs nur den Besatzungsmächten vorbehalten.

Zusätzlich gab es ab 1949 – ebenfalls unter der Typenbezeichnung „Ruhr" – den 1,5- bis 2-t-Schnellastwagen G38T mit 52-PS-Vergasermaschine.

Bereits 1948 erschienen die Typen G790 und 798B als Frontlenkermodelle im Ford-Verkaufsprogramm. Sie wurden für Omnibus- und Feuerwehraufbauten (Löschfahrzeugsonderserie für die US-Streitkräfte) verwendet.

Im Jahre 1951 wurde die Nutzlast der Ford-Lastwagen erhöht und gleichzeitig das äußere Erscheinungsbild der Modelle mit waagerechten Chromzierleisten in der Front aktualisiert. Die Verkaufsbezeichnungen wurden so geändert, daß man aus ihnen die Nutzlast in Kilogramm bestimmen konnte. Folgende Typen befanden sich nun im Angebot:

– FK2000 mit 2 t Nutzlast und 52-PS-Vierzylinder-BB-Motor (Die Bezeichnung „BB" ging auf das 1932 erstmals gebaute Lkw-Modell gleichen Namens zurück)
– FK3000 BB mit 3 t Nutzlast und leistungsgesteigertem 57-PS-BB-Motor
– FK3500 V8 mit 3,5 t Nutzlast und 95-PS-Achtzylindermotor (ab 1952 mit 100 PS)
– FK3500 D mit 3,5 t Nutzlast und anfangs 94 PS (später 90 bzw. 95 PS) Sechszylinder-Hercules-Dieselmotor

Ford 3t „Ruhr", Vierzylinder-Vergasermotor, 52 PS, 3285 cm³ Hubraum.

Besondere Merkmale des FK 3000 BB

MOTOR
1. Jahrzehntelang bewährte Konstruktion
2. Vergaser mit Beschleunigerpumpe
3. Ölbad-Luftfilter
4. 4-Punkt-Motoraufhängung in Gummi mit 3-Punkt-Wirkung

KRAFTÜBERTRAGUNG
9. Schwingungsfreie Kardanwelle mit 3 Kreuzgelenken
10. Hinterachse 6,66 : 1
11. Hotchkiss-Kraftübertragung auf das Fahrgestell über vorn festgelagerte Hinterfedern

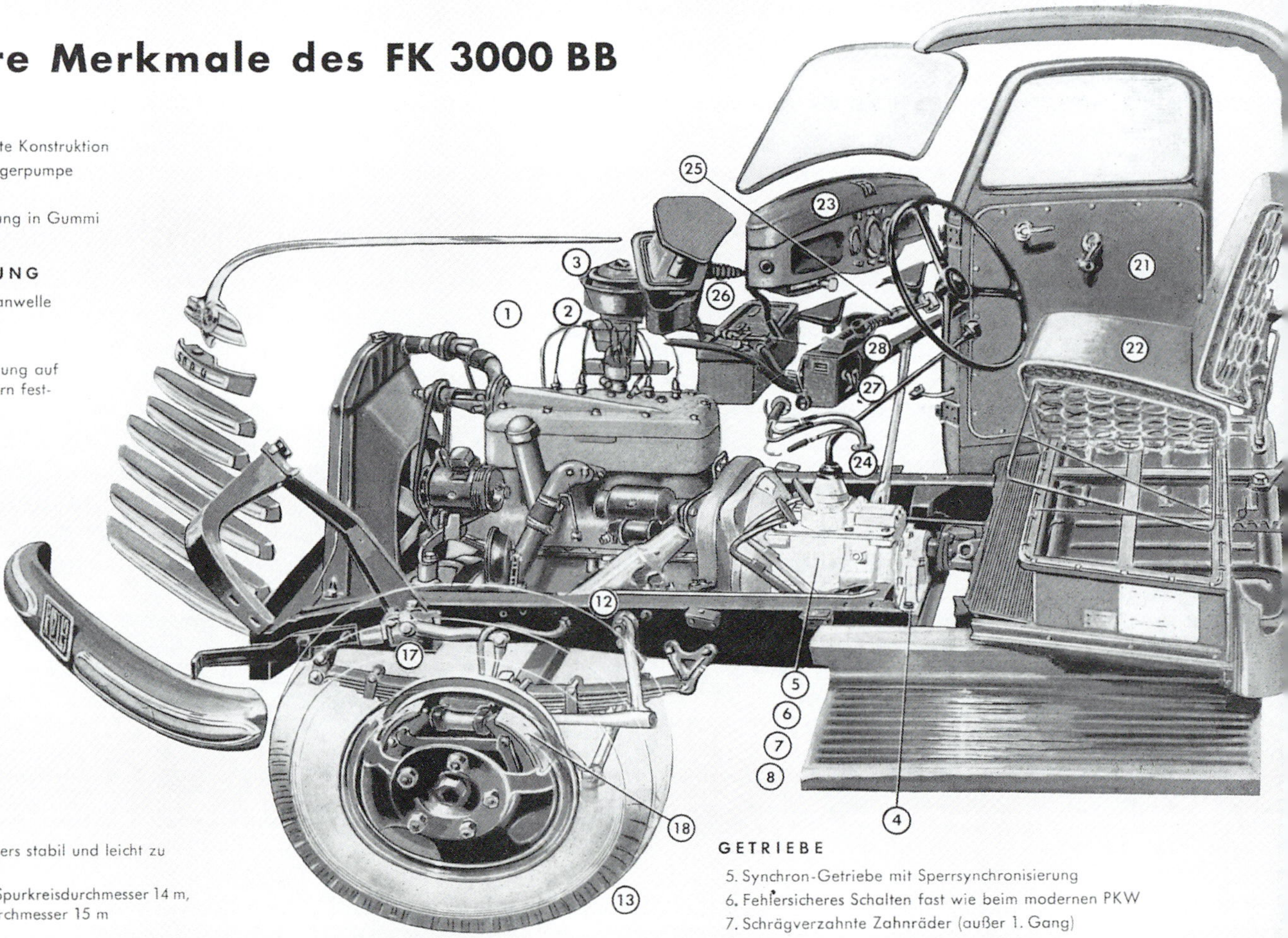

LENKUNG
12. ZF-Rosslenkung besonders stabil und leicht zu betätigen
13. Sehr wendig: Kleinster Spurkreisdurchmesser 14 m, kleinster Wendekreisdurchmesser 15 m

GETRIEBE
5. Synchron-Getriebe mit Sperrsynchronisierung
6. Fehlersicheres Schalten fast wie beim modernen PKW
7. Schrägverzahnte Zahnräder (außer 1. Gang)
8. Einbau eines Nebengetriebes möglich

Neu war der Typ FK 3500 D, mit dem bei Ford erstmalig ein Diesellastwagen in Deutschland vertreten war. Hier gelangte ein Fremdfabrikat, ein in Lizenz gefertigtes Dieselaggregat des amerikanischen Herstellers Hercules, zum Einbau. Obwohl nun auch die für den deutschen Markt wichtige Dieselversion angeboten wurde, konnte dieses Verkaufsprogramm auf Dauer einen ausreichenden Absatz nicht sicherstellen. Nur durch die gesicherten Großaufträge durch Bundeswehr und Besatzungsmächte, die immer noch Vergasermotoren bevorzugten, ließen sich akzeptable Verkaufszahlen erzielen.

Ab 1953 war auch das erste Transportermodell, der Typ FK 1000, zu haben. Dieser Schnellieferwagen, der später unter der Bezeichnung FK 1250 bzw. Transit verkauft wurde, blieb das erfolgreichste Ford-Nutzfahrzeugmodell, das – ständig verbessert – auch heute noch eine starke Position am Markt behauptet. Für die Bundeswehr war der Dreitonner G 398 SAM mit 92-PS-V-8-Vergasermotor (bekannt geworden unter dem Spitznamen „Nato-Ziege") bedeutsam.

Im September 1953 brachte Ford ein neues Lastwagenmodell, den Typ FK 4000-S, auf den Markt, der sich durch eine auf 4,3 t erhöhte Tragfähigkeit auszeichnete. Zum Antrieb standen die bisherigen Motorvarianten zur Wahl. Dieses Modell aber hatte kein sehr langes Leben. Es verschwand – ebenso wie die übrigen Modelle (bis auf den Transporter FK 1000) – 1955 aus dem Verkaufsprogramm.

Auf der Frankfurter Automobilausstellung im Herbst 1955 stellte Ford daher eine völlig neue Lastwagenreihe mit Nutzlasten zwischen 2,5 und 4,5 t vor, die schon äußerlich durch die ansprechend gestaltete Form des Einheitsfahrerhauses mit dem verchromten Lufteinlaßgitter („Haifischmaul") positiv ins Auge fiel.

Anfang 1956 befanden sich folgende Ford-Typen im Verkaufsprogramm:
– FK 2500 mit 2,5 t Nutzlast und 80-PS-Vierzylinder-V-Dieselmotor bzw. 100-PS-V-8-Vergasermotor
– FK 3500 mit 3,5 t Nutzlast und 120-PS-Sechszylinder-V-Dieselmotor bzw. 100-PS-V-8-Vergasermotor
– FK 4500 mit 4,5 t Nutzlast mit Triebwerk des Typs 3500. Dieser Typ war auch mit Allradantrieb erhältlich.

In motortechnischer Hinsicht basierten diese Modelle auf den vom Grazer Professor List gerade neu entworfenen, ventillosen Zweitakt-Dieselmotoren mit verlustfreier Gebläse-Umkehrspülung, die pro Zylindereinheit nur drei bewegliche Teile (Kolben, Pleuelstange und Kurbelwelle) besaßen und somit günstige Voraussetzungen für geringen Verschleiß boten.

Leider aber war die Technik noch ungenügend erprobt und ausgereift und konnte, trotz aller Bemühungen, auch in der Folgezeit die Kinderkrankheiten nie ganz ablegen.

Dadurch geriet die Marke Ford als Lastwagenhersteller mit der Zeit so sehr in Verruf, daß sich die US-amerikanische Unternehmensführung im Hinblick auf die immer stärker zurückgehenden Absatzzahlen 1961 entschloß, auf die eigenständige Lkw-Produktion in Köln zu verzichten und nur noch den Transit als Transporter herzustellen.

Die seit den 70er Jahren erneut unternommenen Versuche, auf dem deutschen Markt wieder Fuß zu fassen, blieben weitgehend erfolglos.

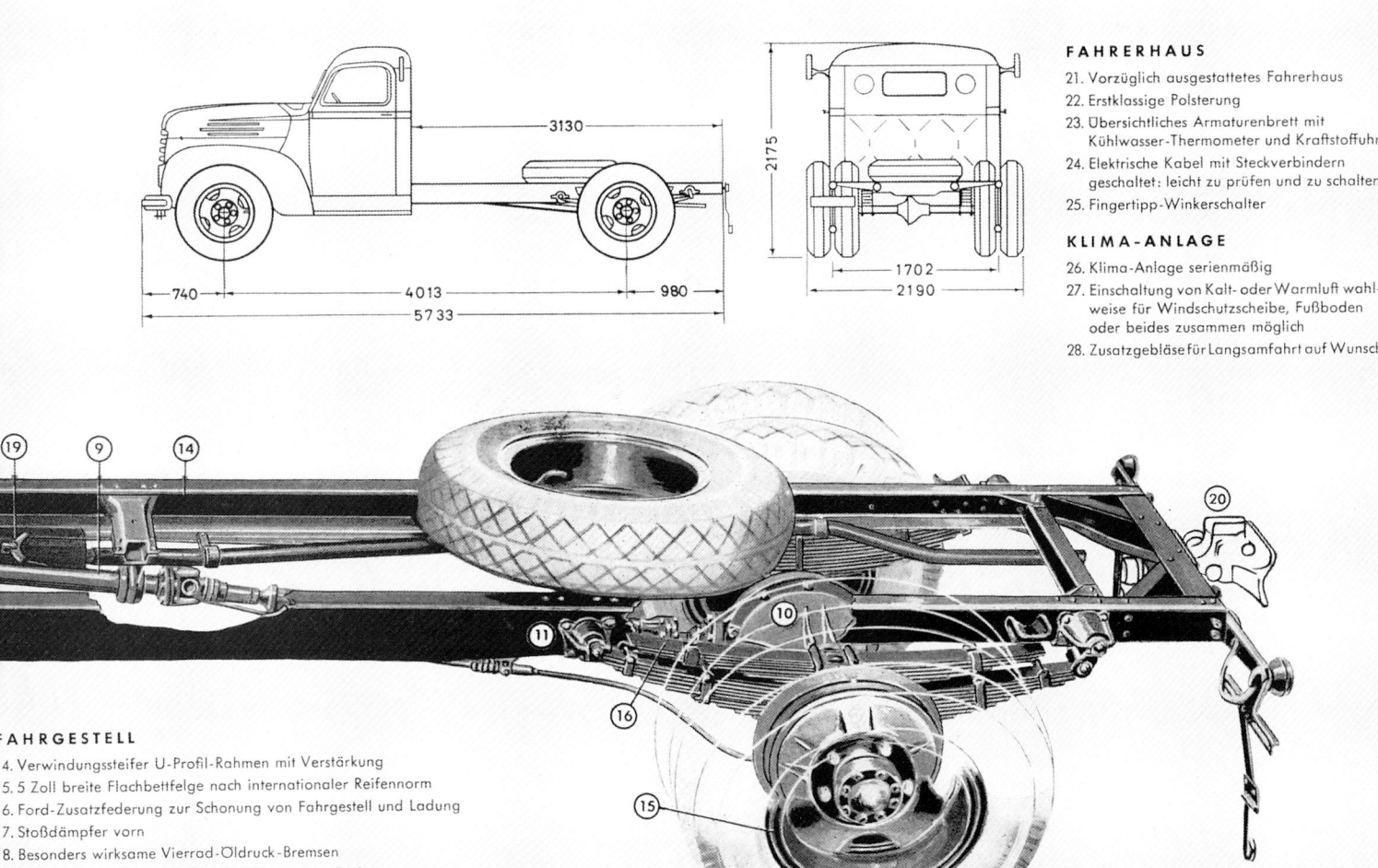

FAHRERHAUS
21. Vorzüglich ausgestattetes Fahrerhaus
22. Erstklassige Polsterung
23. Übersichtliches Armaturenbrett mit Kühlwasser-Thermometer und Kraftstoffuhr
24. Elektrische Kabel mit Steckverbindern geschaltet: leicht zu prüfen und zu schalten
25. Fingertipp-Winkerschalter

KLIMA-ANLAGE
26. Klima-Anlage serienmäßig
27. Einschaltung von Kalt- oder Warmluft wahlweise für Windschutzscheibe, Fußboden oder beides zusammen möglich
28. Zusatzgebläse für Langsamfahrt auf Wunsch

FAHRGESTELL
14. Verwindungssteifer U-Profil-Rahmen mit Verstärkung
15. 5 Zoll breite Flachbettfelge nach internationaler Reifennorm
16. Ford-Zusatzfederung zur Schonung von Fahrgestell und Ladung
17. Stoßdämpfer vorn
18. Besonders wirksame Vierrad-Öldruck-Bremsen
19. Seilzug-Feststellbremse mit selbsttätigem Ausgleich
20. Höchstzulässiges Gesamtgewicht für einen gebremsten Anhänger 4800 kg (Anhängekupplung auf Wunsch)

Höchste Wirtschaftlichkeit auch durch den richtigen Aufbau

Bild 1: Lastwagenfahrgestell mit 5,30 m Radstand
Bild 2: Langmaterialwagen mit Normal-Radstand
Bild 3: Langmaterialwagen mit langem Radstand

Wir schrieben einmal, daß es oberster Grundsatz der Ford-Ingenieure sei, wirtschaftliche Fahrzeuge zu konstruieren und zu bauen. Dieses Prinzip hat ohne Zweifel wesentlichen Anteil daran, daß die Lastwagen auf Fahrgestellen von Ford Weltruf erlangt haben. Bei seiner konsequenten Anwendung auf die Gestaltung der Aufbauten führte es zu neuen Wegen. Es gibt eine Fülle von Branchen, die sich der Ford-Lastwagen bedienen und die fast alle völlig andere Forderungen an den Laderaum stellen. Mit einer einheitlichen Form des Aufbaus kann also die höchste Wirtschaftlichkeit für alle Zwecke nicht erreicht werden.

Die Kölner Ford-Werke kamen so zu der Überzeugung, daß jeder Kunde seinen Aufbau „nach Maß" erhalten muß; denn nur so kann die Wirtschaftlichkeit der Lastwagenfahrgestelle von Ford voll zur Geltung kommen. In Zusammenarbeit mit Experten der

einzelnen Branchen wurde eine Fülle von Aufbauten entwickelt, die sich in der Praxis sehr gut bewährt haben. Sie sehen in diesem Heft, wie mannigfaltig die Auswahl ist, welche dem Fordfreund zur Verfügung steht. Darüber hinaus können auch anders geartete Sonderwünsche erfüllt werden. Der Ford-Händler, der Ihnen diese Schrift überreicht, steht Ihnen mit seinem fachgeschulten Personal jederzeit gern zur Verfügung. Er wird Sie so beraten, daß auch Ihre Transportprobleme wirtschaftlich gelöst werden.

Bild 4: Sattelschlepper mit großem Laderaum
Bild 5: Sattelschlepper mit Kofferaufbau
Bild 6: Lastwagen mit Einachs-Nachläufer für Mastentransport

Der Kipper auf Ford-Fahrgestell

Überall am richtigen Platz, wenn es sich um den Transport von Erde, Schutt, Baumaterial und ähnlichen Massengütern handelt. Für schweres Gelände mit Allrad-Antrieb lieferbar.

Bild 28 und 29: Ein unentbehrlicher Helfer für den Straßenbau und die Bau-Industrie

Ford-FK-3500-BB-Sattelzug mit Stabholzaufbau, 100 PS, 3924 cm³ Hubraum, Achtzylinder-Vergasermotor.

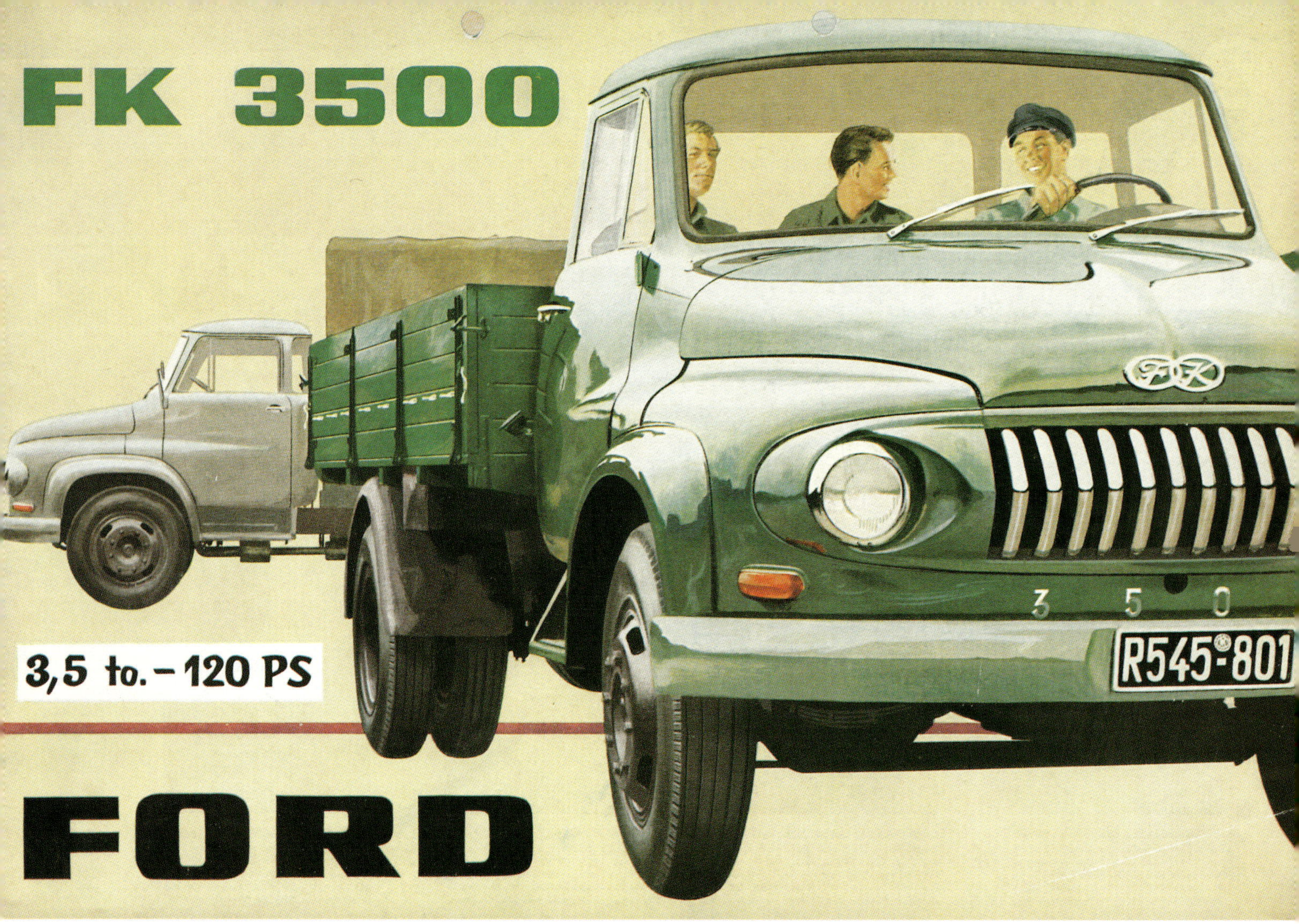
FK 3500
3,5 to. – 120 PS
FORD
R545-801

Ford V8 (Allradantrieb), ehemaliger Meßwagen, Vierzylindermotor, 95 PS, Baujahr 1955.

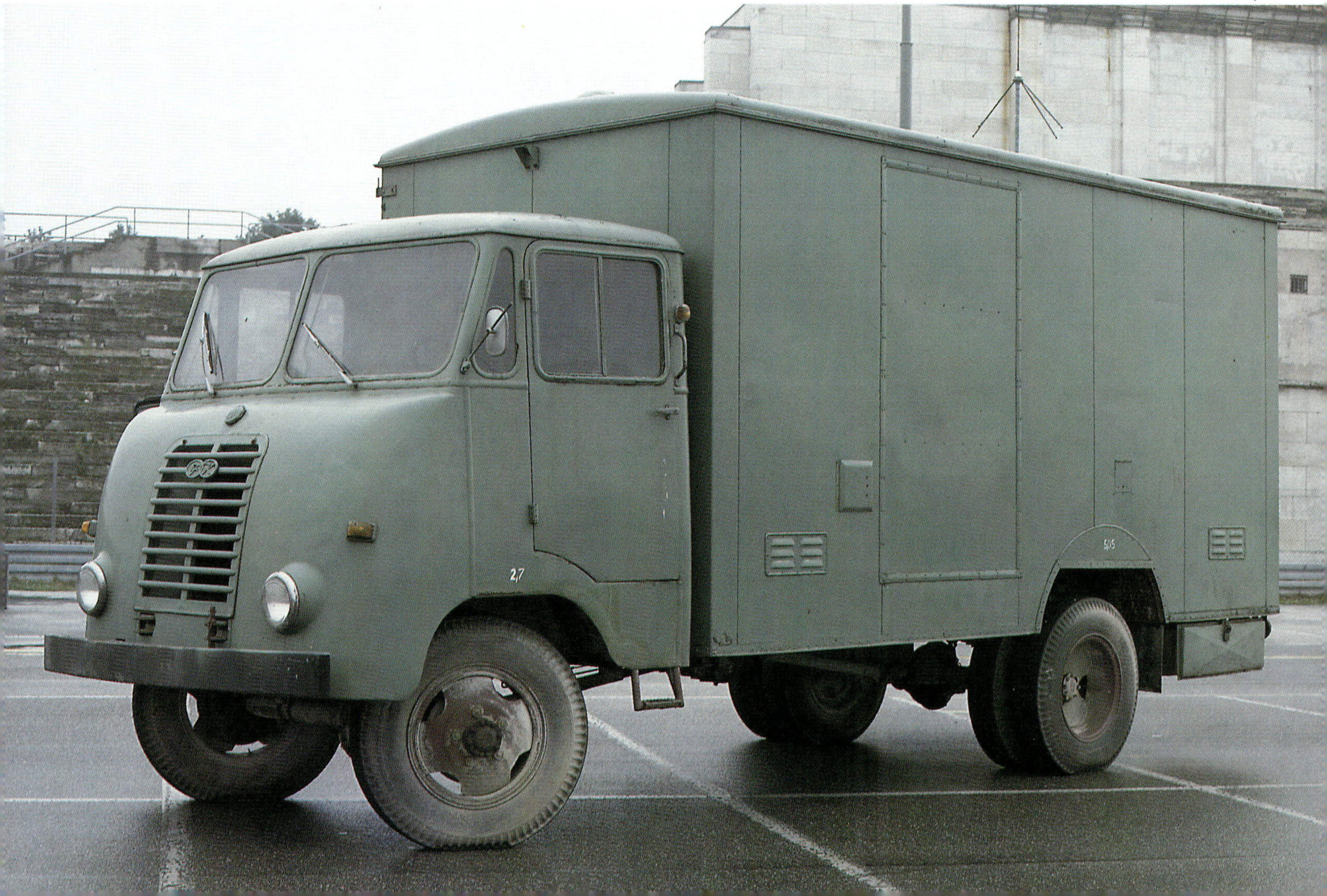

Hanomag-L-28-Pritschenwagen, Vierzylinder-Diesel, 50 PS, 2799 cm^3 Hubraum, Baujahr 1954.

Hanomag

Bereits 1835 wurde in Linden bei Hannover von Georg Egestorff eine Eisengießerei und Maschinenfabrik gegründet, die sich in erster Linie mit stationären Dampfmaschinen beschäftigte und schon bald die Produktion auf Lokomotiven ausweitete, die, in großen Stückzahlen gebaut, für die nächsten Jahrzehnte zum wichtigsten Standbein des Unternehmens wurden.
1905 stellte man den ersten Lastwagen mit Koksfeuerung vor, dessen Herstellung aber schon bald zugunsten des Motorpflugbaus und der vermehrten Produktion von Lokomotiven aufgegeben wurde.
Mitte der 20er Jahre erschien der erfolgreiche Einzylinder-Kleinwagen mit dem Spitznamen „Kommißbrot", dessen Name selbst heute noch vielen Autofreunden geläufig ist.
Nach Aufgabe der Lokomotivfertigung, zu Beginn der 30er Jahre, wandte man sich verstärkt dem Bau von Personenkraftwagen, aber auch von Lkw und Straßenzugmaschinen zu, die man in unterschiedlichen Größen anbot.
Ein besonders starkes und berühmtes Zugpferd war die unverwüstliche schwere 100-PS-Zugmaschine Gigant SS 100 (Nachkriegsbezeichnung ST 100), die von 1936–1952 in über 6000 Stück mit verschiedenen Fahrerhausvarianten gebaut wurde. Der wassergekühlte Sechszylinder-Diesel dieses Modells mit 8553 cm^3 Hubraum leistete 100 PS bei 1500 U/min. Dieses Modell wurde während des Krieges in großen Stückzahlen von der Wehrmacht eingesetzt; in Friedenszeiten hatten vor allem Schausteller und Zirkusunternehmen vielfältige Verwendungsmöglichkeit für diese Zugmaschinen.
Nach Kriegsende widmete sich Hanomag neben der Herstellung von Traktoren vor allem der Produktion der nun unter der Bezeichnung ST 100 laufenden Zugmaschinen, von denen es auch eine Lkw-Ausführung gab.
Auf dem Brüsseler Autosalon des Jahres 1950 präsentierte das Hannoveraner Unternehmen das 1,5-t-Schnellastwagenmodell L 28, das mit einem Vierzylinder-45-PS-Dieselmotor (ab 1951 mit 50 PS Leistung) und mit dem amerikanischer Machart nachempfundenen breiten Frontgrill sowie Kotflügeln versehen war. Bemerkenswert war der Einbau eines Dieselaggregats in einen Lastwagen dieser Nutzlastklasse, die erste Entwicklung dieser Art nach dem Krieg. Die Höchstgeschwindigkeit lag bei 75 km/h.

Die hier abgebildeten sechs Seiten aus einem Hanomag-Katalog von 1955 geben einen Überblick über das umfangreiche Lastwagen-Bauprogramm.

1,5 t

HANOMAG
1,5 Tonner Pritschenwagen

Motorleistung	50 PS
Länge	5660 mm
Breite	1934 mm
Höhe, unbel.	2030 mm
Nutzlast	1740 kg
Zul. Gesamtgew.	3800 kg
Radstand	3400 mm
Pritschenmaße, innen	3000×1800×400 mm

2,5 t

HANOMAG
2,5 Tonner Pritschenwagen

Motorleistung	65 PS
Länge	6260 mm
Breite	2130 mm
Höhe, unbel.	2110 mm
Nutzlast	2648 kg
Zul. Gesamtgew.	5200 kg
Radstand	4000 mm
Pritschenmaße, innen	3600×2000×400 mm

3,0 t

HANOMAG
3,0 Tonner Pritschenwagen

Motorleistung	70 PS
Länge	6260 mm
Breite	2130 mm
Höhe, unbel.	2125 mm
Nutzlast	ca. 3250 kg
Zul. Gesamtgew.	5875 kg
Radstand	4000 mm
Pritschenmaße, innen	3600×2000×400 mm

1,5 t

Motorleistung	50 PS
Länge	5500 mm
Breite	1920 mm
Höhe, unbel.	2360 mm
Nutzlast	1570 kg
Zul. Gesamtgew.	3800 kg
Radstand	3400 mm
Koffermaße, innen	2780 × 1750 × 1450 mm

HANOMAG
1,5 Tonner Kofferwagen

2,5 t

Motorleistung	65 PS
Länge	6060 mm
Breite	2020 mm
Höhe, unbel.	2425 mm
Nutzlast	2510 kg
Zul. Gesamtgew.	5200 kg
Radstand	4000 mm
Koffermaße, innen	3390 × 1780 × 1450 mm

HANOMAG
2,5 Tonner Kofferwagen

3,0 t

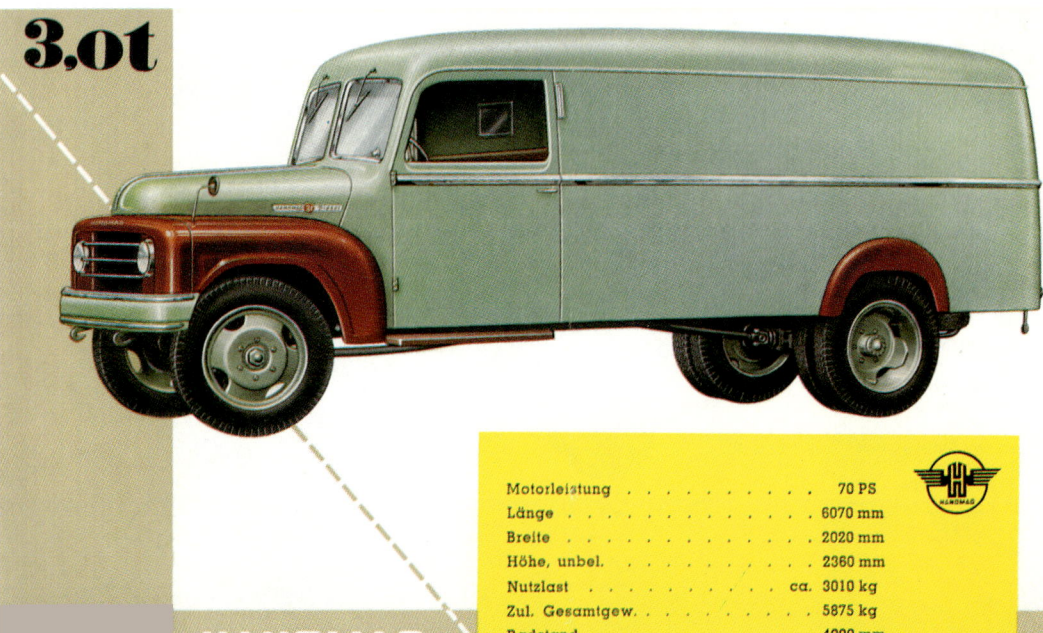

Motorleistung	70 PS
Länge	6070 mm
Breite	2020 mm
Höhe, unbel.	2360 mm
Nutzlast	ca. 3010 kg
Zul. Gesamtgew.	5875 kg
Radstand	4000 mm
Kastenmaße, innen	3430 × 1720 × 1420 mm

HANOMAG
3,0 Tonner Kastenwagen

Hanomag-L-28-Abschleppwagen mit 2,5 t-Kran, Baujahr 1959.

Hanomag AL 28, Abschlepp-Kranwagen mit 2,8 t Krananlage, Vierzylinder-Diesel, 70 PS, 2799 cm³ Hubraum, Baujahr 1964.

In den folgenden Jahren entwickelte sich aus diesem Grundtyp eine ganze Fahrzeugpalette – bei äußerlich nahezu identischem Erscheinungsbild – mit Nutzlasten bis zu drei Tonnen, wobei die Motorleistung der schwereren Typen mittels eines Roots-Gebläses auf 65 bzw. 70 PS gesteigert werden konnte.

Vom L 28 abgeleitet, gab es ab April 1955 auch das 1,5-t-Allradmodell AL 28 mit aufgeladenem Triebwerk. Dieser Typ wurde überwiegend bei Bundesgrenzschutz, Bereitschaftspolizei und THW eingesetzt. 1957 erhielt die L-28-Baureihe überarbeitete Fahrerhäuser mit durchgehenden Frontscheiben und seitlichen Ausstellfenstern.

Diese Baureihe blieb mit annähernd 65000 verkauften Lastwagen aller Ausführungen bis 1960 das wichtigste Produkt der Firma Hanomag. Mit diesen Erfolgen konnte Hanomag – nach Opel – den zweiten Platz im Verkauf in der leichten Klasse der Lastkraftwagen einnehmen.

Mit dem 1958 präsentierten Frontlenker-Typ „Kurier", mit der 50-PS-Maschine des L28, wurde die Ablösung der Haubenmodelle eingeleitet. 1959 folgte der 2,5-t-Typ „Garant" und 1960 mit dem 3,2-Tonner „Markant" das schwerste Modell dieser Klasse. Diese neue Reihe konnte ebenfalls gute Verkaufserfolge erzielen und blieb bis 1967 in der Fertigung.

Hanomag „Kurier", Pritschenwagen, Vierzylinder-Diesel, 60 PS, 2799 cm^3 Hubraum, Baujahr 1965.

Da auf Dauer aber die Formgebung des Fahrerhauses und die mittlerweile fast 20 Jahre alten L-28-Motoren nicht befriedigten, warteten die nunmehr zum Rheinstahl-Konzern gehörenden Hanomag-Werke 1967 mit der völlig neuen, nach dem Baukastenprinzip konstruierten F-Frontlenkerreihe auf. Es entstanden Typen von 2 t Nutzlast (F 45) bis zum 5,3-Tonner F 86 mit Motorleistungen von 65 bis 115 PS. Auch für diese formal sehr gelungene und auch erfolgreiche Reihe war aber schon bald das Ende programmiert, denn bereits ab 1968 wurde der Einfluß von Daimler-Benz immer mehr spürbar, was schließlich 1972 zu einer vollständigen Übernahme der Hanomag-Henschel-Fahrzeugwerke durch das Stuttgarter Unternehmen führte. 1973 liefen die letzten Lastwagen der F-Reihe vom Band und beendeten damit die Geschichte eines traditionsreichen Nutzfahrzeugherstellers.

HANOMAG *Kurier*

Hanomag-F-45-Zugmaschine mit Tankauflieger, 65 PS, 5,5 t zulässiges Gesamtgewicht, Baujahr ca. 1970.

Hanomag-F-65-Pritschenwagen, Vierzylinder-Diesel, 80 PS, 3,3 t Nutzlast, Baujahr 1968.

Henschel

Der Kasseler Lokomotivproduzent Henschel & Sohn sah sich nach dem Ersten Weltkrieg aus wirtschaftlichen Gründen genötigt, sich nach einem neuen Produktionszweig umzusehen. 1925 begann daher die Lastwagenfertigung mit dem Lizenzbau des Schweizer FBW-Lkw vom Typ „Rex", der bereits über einen Kardanantrieb verfügte. 1928 folgte der erste eigenständig konstruierte 85-PS-Vergasermotor. 1932 lief die Fertigung des neuentwickelten und im Luftspeicherverfahren arbeitenden „Lanova"-Dieselmotors als Lizenzfertigung an, der schon bald als Antriebsaggregat mit Motorstärken von 65, 110 und 135 PS für das folgende umfangreiche Lastwagenprogramm verwendet wurde. Dabei standen Nutzlasten zwischen 2,5 und 10 t zur Wahl. Große Bedeutung erlangte Henschel auch als Produzent von geländegängigen Lastwagen. Die Dreiachser 33 D 1 und 33 G 1 wurden mit 100-PS-Vergaser- bzw. Dieselmotoren an die Wehrmacht geliefert. Nutznießer dieser Fahrgestelle waren aber auch die Fliegerhorste der neuen Luftwaffe, denn es wurden Flugplatz-Tankspritzen in ansehnlichen Stückzahlen hergestellt.

Der Schell-Typenbereinigungsplan verfügte, daß ab 1939 nur noch ein 4,5-Tonner – der neue 125-PS-Lkw Mercur 4500 – gebaut werden durfte.

Der Zweite Weltkrieg hinterließ bei Henschel Zerstörungen von über 80 Prozent. Dazu kam, daß das Werk, weil während des Dritten Reiches mit der Rüstungsproduktion zu stark verknüpft, bis zum Jahre 1949 mit einem Produktionsverbot für Lastwagen belegt wurde. Man hielt sich in der Zwischenzeit mit der Reparatur von Nutzfahrzeugen und ab 1948 mit der Umrüstung von US-amerikanischen Armeelastwagen auf verbrauchsgünstigere Dieselmotoren über Wasser, die man an zivile Kunden weiterveräußerte.

Erst 1950 konnte das Unternehmen mit dem neuen Sechstonnen-Schwerlastwagen vom Typ HS 6 die erste Nachkriegsentwicklung vorstellen. Dieser Lkw wurde von dem Sechszylinder-Lanova-Diesel 513 DC mit 140 PS Leistung angetrieben. Für die Serienfertigung wurde das noch etwas hausbacken und plump wirkende Fahrerhaus gefälliger gestaltet und das Modell – nun als 6,5-Tonner angeboten – der Leistung entsprechend als HS 140 bezeichnet.

Dieser solide Lastwagen fand am Markt recht guten Anklang und blieb bis Anfang 1962 – zuletzt nur noch als Allradkipper im Export – in der Fertigung. 1955 wurde die Fahrerkabine geringfügig aktualisiert und die Motorleistung auf 145, drei Jahre später auf 165 PS gesteigert. Die HS-140-Baureihe war ab Werk in den Versionen als Pritschenwagen, Kipper und Sattelzugmaschine erhältlich.

Große Beachtung fand der 1950 vorgestellte doppelmotorige Frontlenker vom Typ HS 190 S, auch als Bimot bezeichnet, der – in Ermangelung eines ausreichend leistungsfähigen Antriebsaggregats – mit zwei bewährten Sechszylinder-95-PS-Motoren bestückt war. Ein Erfolg konnte allerdings nicht verbucht werden, denn nur zwei Sattelschlepper-Dreiachszugmaschinen für 21 000-l-Tankauflieger und einige Omnibusse wurden gebaut.

Wesentlich erfolgreicher hingegen wurde der auf der Frankfurter IAA 1951 erstmals präsentierte mittelschwere 4,5-Tonner HS 100, dessen zeitlos-modernes Fahrerhaus über eine – im Vergleich zur Konkurrenz – nur kurze Motor-

Kühlerattrappe des Henschel HS 100 ab Baujahr 1957.

haube – verfügte. Gemäß Typenbezeichnung wies das Sechszylinder-Lanova-Triebwerk anfangs 100 PS auf. Der HS 100 und seine vielen Nachfolge- und Parallelmodelle wurde zum Dauerbrenner im Angebot und blieb – äußerlich nahezu unverändert – bis Anfang der 70er Jahre im Programm. Motorleistung und Nutzlasten hingegen wurden stetig aufgestockt. So stieg die Leistung 1955 auf 105 und 1959 auf 132 PS bei rund 6,5 t Nutzlast.

Darüber hinaus gab es von 1955–1961 auf gleicher Basis den Sechstonner HS 120, ab 1958 mit 150 PS motorisiert, und ab 1957 den HS 95 mit 110 bzw. später 115 PS, der ein sehr günstiges Verhältnis von Leergewicht zu Nutzlast aufwies.

Speziell für die Verwendung als Baustellenkipper und Betonmischer erschien im gleichen Look der Dreiachser HS 3-125, der ab 1957 mit 125-PS-Maschine gebaut wurde. Ende 1958 ersetzte man bei der gesamten Baureihe die zweigeteilte Frontscheibe durch eine einteilige Panoramascheibe.

Nach dem glücklosen HS 190 S bot Henschel erstmals wieder 1953 auf der Basis des schweren Typs HS 170 einen Frontlenker an: den HS 170 T, dessen Motor – wie damals bei den meisten Frontlenkermodellen üblich – weit in den Fahrerraum hineinragte und trotz wattierter Kunstlederverkleidung einen beachtlichen Geräuschpegel entwickelte. Dieses Modell wurde 1955 durch den bis 1960 gebauten HS 165 T ersetzt. Darüber hinaus gab es – auch als Folge der Unsicherheit bezüglich der neuen Maße und Gewichte – bis zum Beginn der 60er Jahre eine Reihe weiterer, leistungsschwächerer Frontlenkervarianten mit geringerer

Henschel-HS-100-Zugmaschine, Sechszylinder-Diesel, 105 PS, 5430 cm³ Hubraum, Baujahr 1956.

Henschel HS 11 HK, Sechszylinder-Diesel, 132 PS, 6126 cm³ Hubraum, 11,5 t zulässiges Gesamtgewicht, Baujahr 1962, 1984 noch täglich im Einsatz.

Henschel HS 3-125 K mit Wibau-Betonpumpe, Sechszylinder-Diesel, 160 PS, 7790 cm³ Hubraum, Baujahr 1960.

HS 100

Wendig wirtschaftlich und schnell

Hohe Wirtschaftlichkeit und niedrige Betriebskosten sind die hervorragenden Merkmale dieses 6,5 Tonners. Mit Anhänger beträgt die Nutzlast 14,3 Tonnen bei 22 Tonnen zulässigem Gesamtgewicht. In seiner Konstruktion ist der HS 100 so robust, daß selbst im härtesten Anhängerbetrieb kein Antriebsteil überlastet wird; hieraus resultieren die lange Lebensdauer bei geringer Reparaturanfälligkeit und damit die ständige Betriebsbereitschaft des Fahrzeugs.

Die Gesamt-Ausführung und die einzelnen Bauelemente des Fahrzeugs sind mit großer Sorgfalt durchkonstruiert und erprobt, so daß der HS 100 bei einem Minimum an Unterhaltungskosten und Wartung ein Maximum an Transportleistung und Zuverlässigkeit bietet. Vorzüge, die jedem HENSCHEL-Kunden zugute kommen.

Zwei Radstände, 4480 mm und 5200 mm, sowie die Möglichkeit, das Fahrzeug speziellen Anforderungen durch Sonderaufbauten anzupassen, machen den HS 100 für vielseitige Einsatzmöglichkeiten geeignet.

◄ HS 100, Radstand 4480 mm, mit Plane und Spriegel.

Das Bild oben und auf der Seite gegenüber zeigt den HS 100 mit Radstand 5200 mm. Für den Fernverkehr kann das Fahrzeug mit einer Schlafeinrichtung ausgestattet werden.

Nutzlast. Bekannt geworden als robuster Baustellenkipper für nahezu jedes Gelände wurde der erstmals 1955 vorgestellte 16-t-Allradkipper HS 3-180 TAK, der das gleiche Frontlenkerfahrerhaus wie der HS 165 T aufwies. 1957 wurde die Nutzlast des 180 PS starken Wagens auf 20 t erhöht und ein zulässiges Gesamtgewicht von 34 t erlaubt. HS 3-180 und HS 3-125 genossen zu jener Zeit einen so guten Ruf, daß sie auf sehr vielen Großbaustellen, in Steinbrüchen usw. – auch im Export – eingesetzt werden konnten. Die Resonanz war so positiv, daß selbst noch 1961, als das Henschel-Lkw-Programm bereits auf neue Typen umgestellt worden war, dieses Modell unter der Bezeichnung HS 34 TAK, nunmehr mit 192 PS Motorleistung, bis 1965 weiter gefertigt wurde.

Zur IAA 1961 wurde ein großer Teil des Henschel-Lastwagenprogramms auf neue, im Design zeitgemäßere Modelle umgestellt. Die bisherigen rundlichen Fahrerhäuser wichen nun solchen mit klarem, kantigem Stil, die sich – sowohl Frontlenker als auch Hauber – durch eine geriffelte Front, auf der der Henschel-Stern prangte, auszeichneten. Diese Fahrerhäuser waren in ihren Bestandteilen größtenteils austauschbar.

Die ersten Modelle waren die Typen HS 14 und HS 16, für 14 bzw. 16 t Gesamtgewicht. Diese Haubenausführungen waren vor allem als Kipper sehr verbreitet. Gleichzeitig erschienen die beiden Typen als HS 14 T bzw. 16 T auch als Frontlenker.

Aus diesen Anfängen entwickelte sich bei Henschel im

Motor 6 R 1013 JF

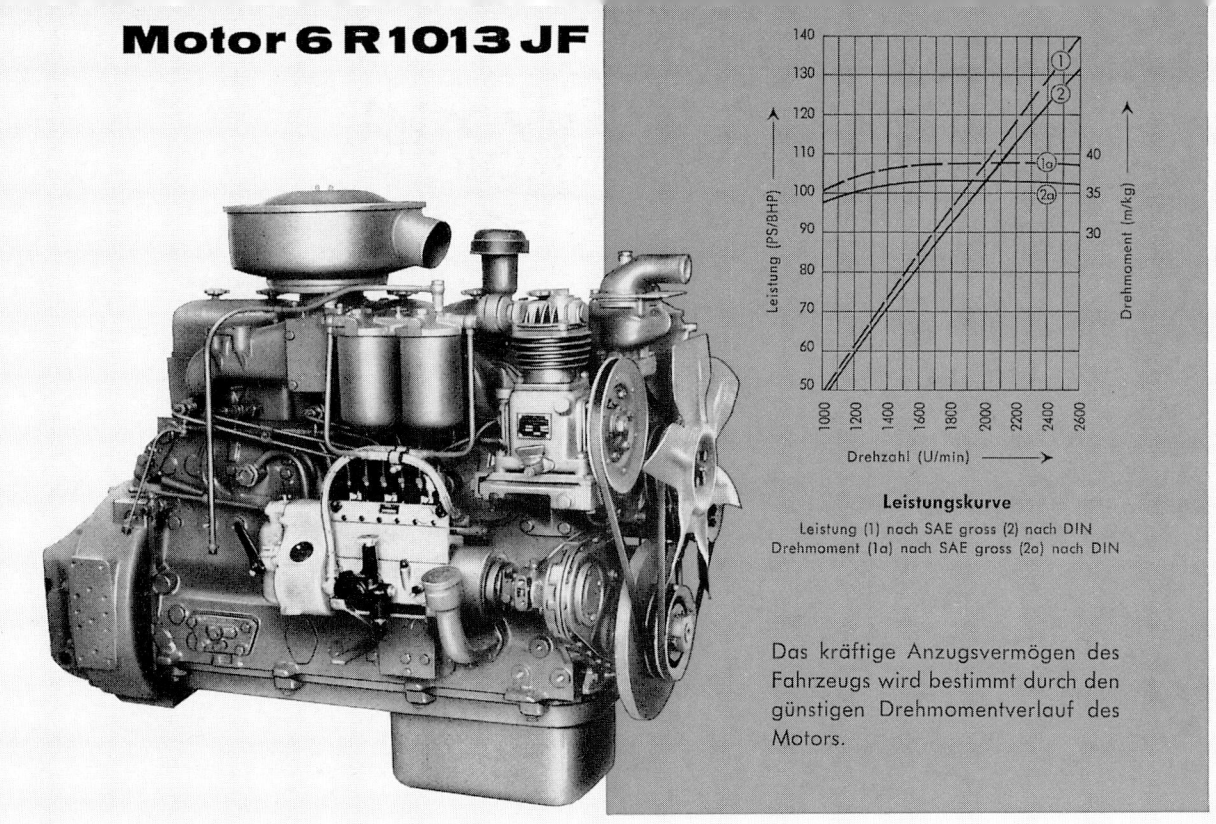

Leistungskurve
Leistung (1) nach SAE gross (2) nach DIN
Drehmoment (1a) nach SAE gross (2a) nach DIN

Das kräftige Anzugsvermögen des Fahrzeugs wird bestimmt durch den günstigen Drehmomentverlauf des Motors.

Die Fahrleistungen des HS 100 wurden verbessert. Die Elastizität des 6-Zylinder-HENSCHEL-Energiespeichermotors in Verbindung mit dem günstig abgestuften Wechsel- und dem Stufengetriebe erlauben zügiges Fahren und hohe Durchschnittsgeschwindigkeiten. Dabei sind die leichtgängige Lenkung und die kräftigen Bremsen wesentliche Sicherheitsfaktoren.

132 DIN PS (140 BHP) bei 2600 U/min leistet der Motor. Bestimmend für die Bergfreudigkeit und das Anzugsvermögen ist der günstige Drehmomentverlauf, vor allem im mittleren Drehzahlbereich. Das maximale Drehmoment von 36 m/kg wird bei 1600 U/min erreicht. Getriebe- und Achsuntersetzungen sind so aufeinander abgestimmt, daß der Motor immer im wirtschaftlichsten Drehzahlbereich betrieben werden kann.

Äußerst angenehm ist der leise und ruhige Lauf des Motors, weil das HENSCHEL-Energiespeicherverfahren keine schlagartige Verbrennung, sondern eine gestreckte Verbrennung mit stetigem Druckverlauf hat. Die Triebwerksteile werden dadurch geschont und die Lebensdauer verlängert.

HENSCHEL-Motoren, die über 300 000 – 400 000 km ohne nennenswerte Reparatur gefahren wurden, sind deshalb keine Seltenheit.

Auch das große Ölbad-Luftfilter wirkt sich vorteilhaft auf die Lebensdauer aus. Der Motor hat Druckumlauf-Schmierung durch eine Zahnradölpumpe. Fremdteile scheidet ein Feinstfilter im Nebenstrom zuverlässig aus. Ein Thermostat regelt selbsttätig die Kühlwassertemperatur, zusätzlich ist eine verstellbare Kühlerjalousie eingebaut. Heizflansche in der Ansaugleitung gewährleisten selbst bei niedrigen Temperaturen sofortiges Anspringen.

Im Aufbau ist der Motor klar und einfach. Zylinderblock und Kurbelgehäuse sind in einem Stück gegossen, die Kurbelwelle hat Gegengewichte und einen Schwingungsdämpfer, die verschleißfesten Zylinder-Laufbuchsen sind auswechselbar, 3 abnehmbare Zylinderköpfe erleichtern Pflege und Wartung. Alle Nebenaggregate, wie Einspritzpumpe, Kraftstoff-Filter, Lichtmaschine, Ölmeßstab usw. sind leicht zugänglich.

Der Motor ist an 3 Punkten im Rahmen in Gummi aufgehängt.

Laufe der Zeit ein umfangreiches Angebot von im Baukastensystem gefertigten Lastwagen für unterschiedliche Verwendungszwecke mit verschiedenen Motorleistungen und Nutzlasten. So gab es ab 1963 mit dem Modell HS 22 T auch einen Frontlenker-Dreiachser, dessen Hauben-Pendant – HS 22 H – auch mit Allradantrieb angeboten wurde. Mit Detailverbesserungen blieben diese Typen im Prinzip bis zur Einstellung der Fertigung im Angebot.

Darüber hinaus wurden, obwohl im äußeren Design nicht mehr ganz neu, auch die auf dem HS 100 der 50er Jahre basierenden Haubenwagen wegen ihrer Unverwüstlichkeit gut verkauft. Das letzte ab 1967 gebaute Modell, der HS 140, war in seiner Motorleistung auf 160 PS gesteigert worden.

Nachdem sich bereits im Jahre 1957 ernsthafte Liquiditätsprobleme bei Henschel gezeigt hatten und die zu Beginn der 60er Jahre begonnene Kooperation mit dem französischen Hersteller Saviem wenig Erfolg aufweisen konnte, wurde das Unternehmen 1964 an die Essener Rheinstahl AG veräußert, welche sich wiederum 1969 – unter Daimler-Benz-Beteiligung – zu den Hanomag-Henschel-Fahrzeugwerken zusammenschloß. Nachdem noch 1968 die Fahrerhäuser der Henschel-Modelle überarbeitet worden waren, erfolgten die folgenden Neuvorstellungen bereits mit Daimler-Benz-Motoren. 1971 übernahm Daimler-Benz den gesamten Lkw-Fertigungsbereich von Hanomag-Henschel. Damit wurde stufenweise – bis zum Jahre 1974 – die Herstellung von Henschel-Lastwagen beendet.

Die Phantomzeichnung läßt den klaren und übersichtlichen Aufbau des HS 100 erkennen. Hier wirkt sich die jahrzehntelange Erfahrung der HENSCHEL-Konstrukteure vorteilhaft aus.

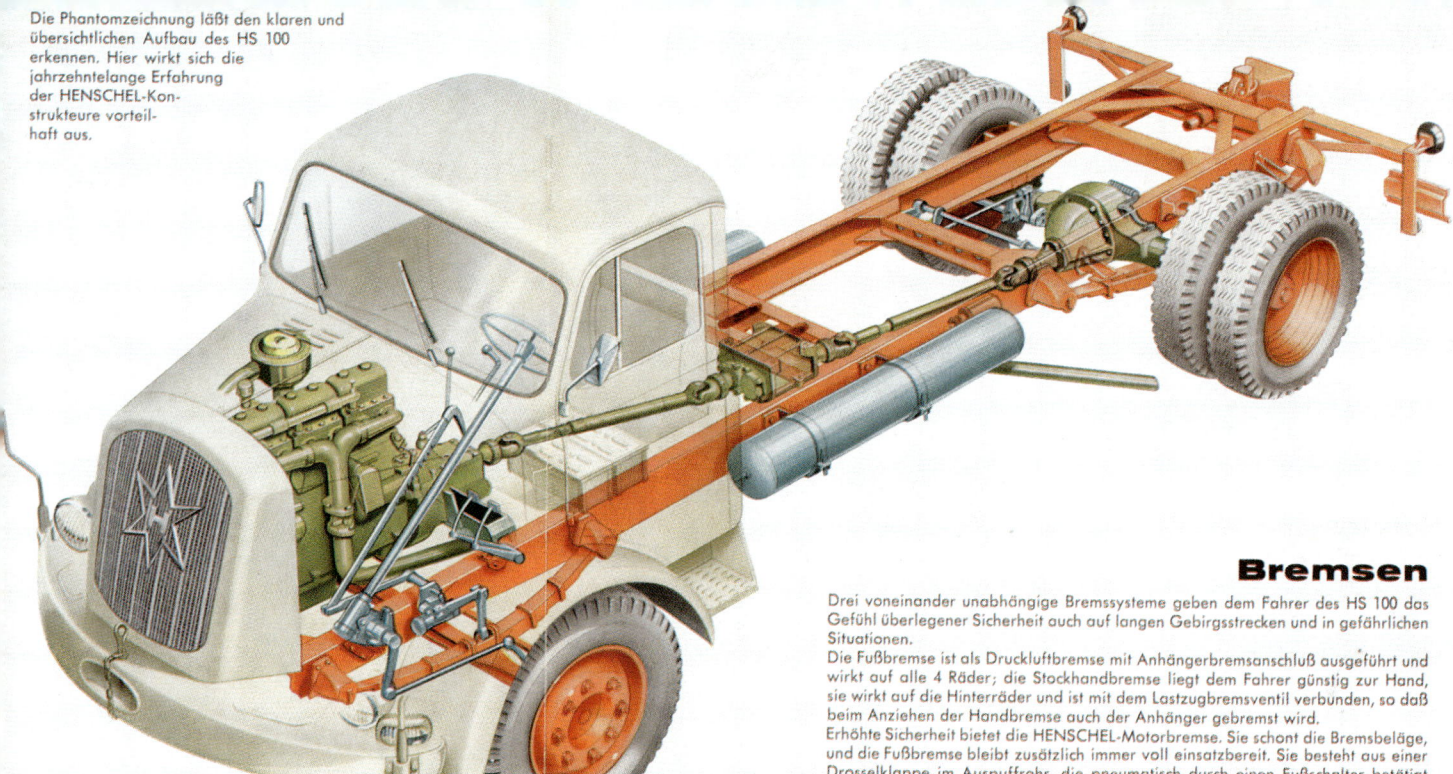

Bremsen

Drei voneinander unabhängige Bremssysteme geben dem Fahrer des HS 100 das Gefühl überlegener Sicherheit auch auf langen Gebirgsstrecken und in gefährlichen Situationen.

Die Fußbremse ist als Druckluftbremse mit Anhängerbremsanschluß ausgeführt und wirkt auf alle 4 Räder; die Stockhandbremse liegt dem Fahrer günstig zur Hand, sie wirkt auf die Hinterräder und ist mit dem Lastzugbremsventil verbunden, so daß beim Anziehen der Handbremse auch der Anhänger gebremst wird.

Erhöhte Sicherheit bietet die HENSCHEL-Motorbremse. Sie schont die Bremsbeläge, und die Fußbremse bleibt zusätzlich immer voll einsatzbereit. Sie besteht aus einer Drosselklappe im Auspuffrohr, die pneumatisch durch einen Fußschalter betätigt wird. Beim Einschalten wird gleichzeitiges Kuppeln unmöglich gemacht und die Kraftstoffzufuhr unterbrochen.

Achsen

Vorn hat der HS 100 eine stabile im Gesenk geschmiedete Faustachse. Die kräftige Hinterachse ist als Banjo-Achse ausgeführt.

Beide Achsen sind mittels progressiv wirkenden Halbelliptik-Blattfedern am Rahmen aufgehängt. Doppelt wirkende Stoßdämpfer an der Vorderachse und Zusatzfedern an der Hinterachse fangen die Fahrbahnstöße auf und verleihen dem HS 100 – beladen und leer – angenehme Fahreigenschaften. Auch die leichtgängige ZF-Schneckenrollen-Lenkung (System Gemmer) trägt wesentlich zum Fahrkomfort und zur Sicherheit bei. Radstöße werden von ihr nicht auf das Lenkrad übertragen.

Ein Kegelradgetriebe mit Differentialausgleich überträgt die Antriebskraft über die Hinterachswellen auf die Räder. Die Achswellen werden nur zur Übertragung der Antriebskräfte beansprucht. Für schmierige und glatte Straßen ist eine Differentialsperre vorhanden.

Die Schnittzeichnung läßt den Aufbau des Ausgleichgetriebes und die Wirkungsweise der Differentialsperre erkennen.

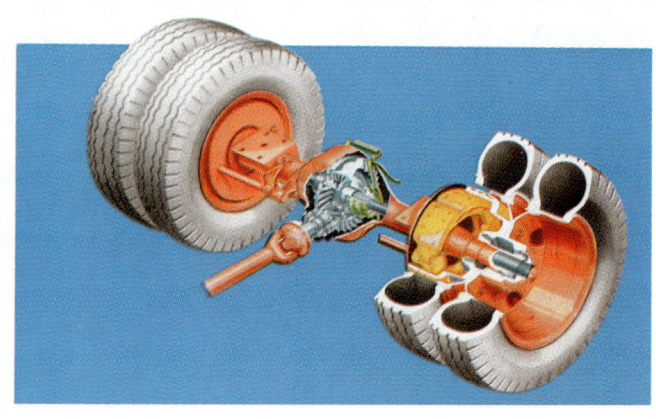

Das Schnittbild zeigt anschaulich den klaren Aufbau des Motors

Henschel H 140 AK mit Atlas-Ladekran, Sechszylinder-Direkteinspritz-Diesel, 160 PS, 7788 cm³ Hubraum, Baujahr 1969.

Henschel 140 AK, Sechszylinder-Diesel, 192 PS, 11045 cm³ Hubraum, 16 t zulässiges Gesamtgewicht, Baujahr 1961, 1984 noch im Einsatz.

HENSCHEL KIPPER · HS 120 K

Der HS 120 K ist eine Weiterentwicklung des Typs HS 100 K. Er ist mit einem 150-PS-6-Zylinder-Diesel-Motor ausgerüstet. Diese große Kraftreserve und die stabile Hinterachse erlauben eine technische Anhängerlast bis zu 12 t.

Der HS 120 K wird mit einem Radstand von 4200 mm geliefert, die Pritschenlänge beträgt 4 m. Die Kippbrücke aus Holz, innen mit Stahlblech beschlagen, ist nach drei Seiten kippbar.

Der HS 120 K ist mit einem 6-Gang-Allklauengetriebe mit Schnellgang ausgestattet.

Technische Daten HS 120 K

Motorleistung	
nach DIN	150 PS
nach SAE gross	157 BHP
Zul. Gesamtgewicht	12 000 kg
Nutzlast	6 575 kg
Laderaum ca.	3,6 m³
Höchstgeschwindigkeit	69 km/h
Max. Steigfähigkeit	38%
Kraftstoffverbrauch	
nach DIN 70 030	18 l/100 km
Mit Differentialsperre	

HENSCHEL HS 120 K

HENSCHEL DREIACHS-KIPPER HS 3-125 K UND HS 3-125 AK

Im Autobahnbau werden z. B. auf einem größeren Bau-Abschnitt in der Bundesrepublik 33 HENSCHEL-Wagen zur Erdbewegung eingesetzt. Sie sind normalerweise zehn Stunden täglich, teilweise auch 20 Stunden im Dauereinsatz.

Technische Daten HS 3-125 K

Motorleistung
 nach DIN 150 PS
 nach SAE gross 157 BHP
Zul. Gesamtgewicht 18 000 kg
Nutzlast 9 200 kg
Laderaum ca. 5,2 m³
Höchstgeschwindigkeit 69 oder 80 km/h
Max. Steigfähigkeit 32 oder 27 %
Kraftstoffverbrauch
 nach DIN 70 030 25 l/100 km
Mit Differentialsperre

HENSCHEL HS 3-125 K

Henschel 3-180 TAK, 20-t-Allradkipper, 1982 noch im Werksverkehr eingesetzt, Sechszylinder-Diesel, 180 PS, 11045 cm^3 Hubraum, Baujahr 1958.

Henschel-HS-34-TAK-Muldenkipper, 192 PS, Baujahr 1962. Noch heute (1995) mit anderer Kippmulde im Einsatz!

Henschel-HS-3-125-TS, Abschleppkranwagen, 192 PS, 16 t zulässiges Gesamtgewicht, Baujahr 1961.

Henschel-HS-26-HAK-Abschleppkranwagen, Sechszylinder-Direkteinspritz-Diesel, 210 PS, 11 045 cm³ Hubraum, 26 t zulässiges Gesamtgewicht, Baujahr 1968.

Hanomag-Henschel H 151, Schlammsaugwagen, Sechszylinder-Diesel, 186 PS, 11 943 cm³ Hubraum, Baujahr 1969.

DIESELLASTKRAFTWAGEN TYP S 4000-1

1959

VEB KRAFTFAHRZEUGWERK
»ERNST GRUBE« WERDAU

IFA

Nach Kriegsende wurde auch in der damaligen Sowjetischen Besatzungszone, der späteren DDR, der Lastwagenbau wieder aufgenommen. Den Mitarbeitern der ehemaligen Horch-Werke, Zwickau, gelang es bereits 1946 – allen Demontagearbeiten und Abwanderungen von Fachkräften in den Westen zum Trotz – einen in Halbfrontlenkerbauweise ausgeführten 3-Tonnen-Lkw unter der Typenbezeichnung H3 unter Verwendung noch vorhandener bzw. neu

Mit dem neuen Diesellastkraftwagen S 4000-1

schufen die Konstrukteure des VEB Sachsenring ein wahrhaftes Musterbeispiel für den Typ des robusten, wirtschaftlichen und zuverlässigen Transportfahrzeuges der Mittelklasse. Das Fahrzeug wird von bewährten Facharbeitern im VEB KRAFTFAHRZEUGWERK »ERNST GRUBE« in Werdau hergestellt, ein Großbetrieb, der auf mehr als 60 Jahre Erfahrung im Fahrzeugbau zurückblicken kann.

Das gesunde Herz des S 4000-1 ist sein 90-PS-Vierzylinder-Dieselmotor

In den S 4000-1 gelangt der bekannte Vierzylinder-Sachsenring-Dieselmotor zum Einbau, dessen Leistung nun auf 90 PS bei 2200 U/min erhöht wurde. Dieser Motor arbeitet nach dem Wirbelkammer-Verbrennungsverfahren und läßt sich mit Hilfe von eingebauten Glühkerzen auch bei niedrigen Temperaturen leicht in Gang setzen. Er verfügt über eine durch Thermostat und Jalousie geregelte Wasserkühlung. Die dynamisch ausgewuchtete Kurbelwelle ist 5fach in Bleibronze gelagert. Ein Ölbadfilter mit vorgeschaltetem Zyklon sorgt für die Luftfilterung.

Zum bewährten Motor kam ein neues Synchrongetriebe

Einen wesentlichen Beitrag zur Erhöhung der Fahrsicherheit leistet das neue Wechselgetriebe des S 4000-1, das vom 2. bis 5. Gang synchronisiert ist. Dieses Getriebe weist eine äußerst günstig abgestimmte Einteilung der Gänge auf. Zur Erzielung eines geräuscharmen Laufes werden für die Vorwärtsgänge ständig im Eingriff stehende Schrägzahnräder verwendet.

Kräftig und steigfreudig erweist sich der S 4000-1 am Berg

Steigfähigkeit des S 4000-1 ohne Hänger bei 4 t Belastung:

1. Gang 32 %
2. Gang 17 %
3. Gang 9 %
4. Gang 5 %
5. Gang 3 %

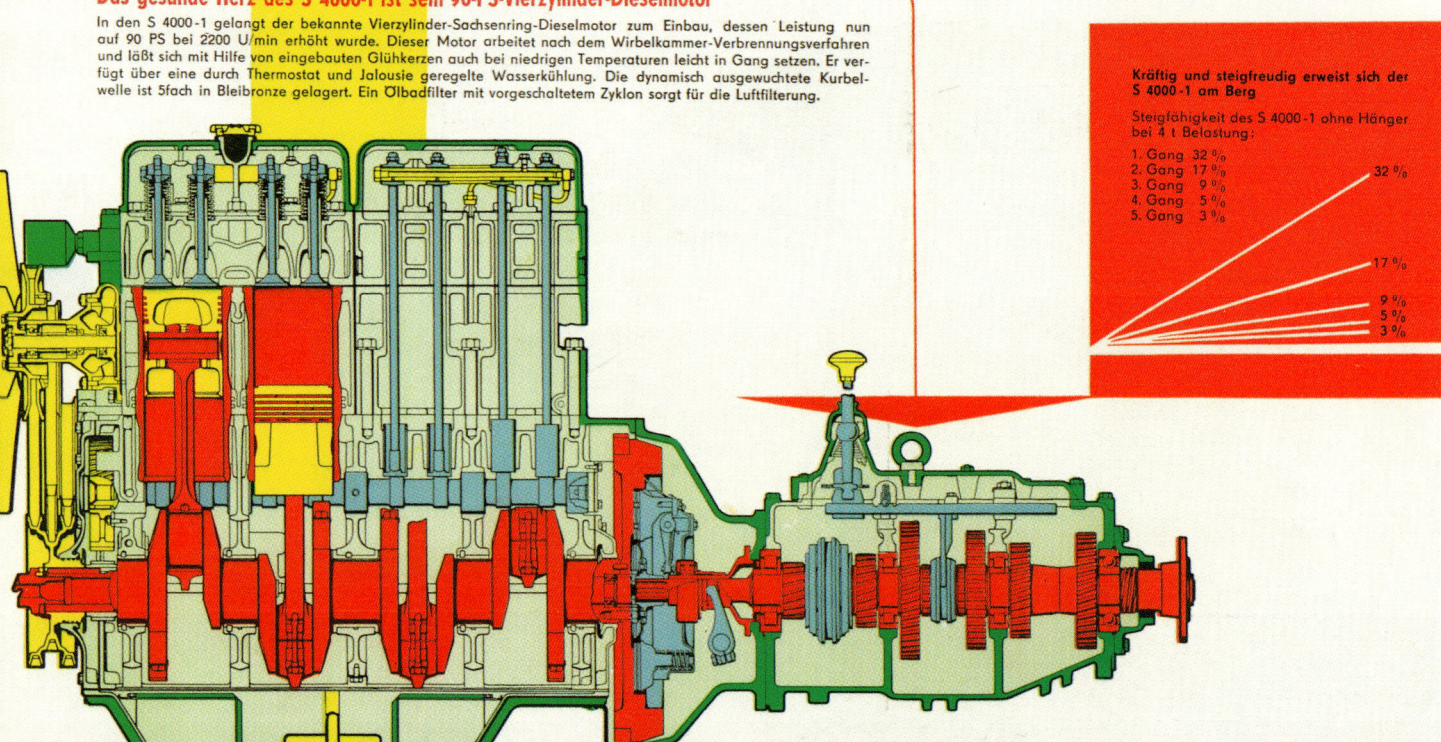

IFA-Horch-H-3-A-Kipper, Vierzylinder-Diesel, 80 PS, 6024 cm³ Hubraum, Baujahr 1958.

IFA-S-4000-1-Möbelwagen, Vierzylinder-Diesel, 90 PS, 1991 noch in Leipzig im Einsatz.

IFA-H-6-Kipper, Sechszylinder-Diesel, 120 PS, 9036 cm³ Hubraum, 6,5 t Nutzlast.

gefertigter Bauteile herauszubringen. Von diesem noch reichlich provisorischen Lastkraftwagen wurden bis 1949 immerhin rund 850 Stück produziert.

Das ab 1950 lieferbare Nachfolgemodell H3A, nun vom in IFA-Kraftfahrzeugwerk Horch VEB Zwickau umbenannten Hersteller gefertigt, war ein solider Haubenlastwagen konventioneller Bauart mit Vierzylinder-80-PS-Dieselmotor und anfangs 3, später 3,5 t Nutzlast. Ab Mitte 1957 wurde die Typenbezeichnung gemäß der Umbenennung des Herstellerwerkes in Sachsenring geändert. Nach der Vereinigung der Horch- und Audi-Werke zum VEB Sachsenring Automobilwerke, Zwickau, wurde im Frühjahr 1958 der Typ S 4000 als Übergangsmodell – mit gleicher Motorleistung wie der des Vorgängers, aber mit auf 4 t gesteigerter Nutzlast – vorgestellt. Ab Herbst 1958 folgte die verbesserte Ausführung IFA S 4000-1 mit auf 90 PS erhöhter Motorleistung, synchronisiertem Getriebe und weiteren Verbesserungen.

Ab 1960 wurde die Montage des S 4000-1 in das IFA-Kraftfahrzeugwerk Ernst Grube, Werdau, verlegt. Bis zur Produktionseinstellung dieses Haubentyps im Jahre 1965 dürften ab 1950 schätzungsweise an die 80 000 Fahrzeuge gebaut worden sein. H 3 A und S 4000 bzw. 4000-1 waren in den 50er und 60er Jahren die einzigen mittelschweren Lkw-Typen, die in der DDR angeboten wurden. Ab Juli 1965 wurde dieser Haubenlastwagen schrittweise durch den IFA-W-50-Frontlenkertyp mit 4, später 5 t Nutzlast abgelöst, der seit 1962 beim IFA-Werk Ludwigsfelde in Serie ging. Dieses Modell wurde ab 1967 mit einem auf 125 PS leistungsgesteigerten Vierzylinder-Direkteinspritz-Dieselaggregat (Lizenz MAN) ausgerüstet und blieb praktisch bis zur durch die Wiedervereinigung ausgelösten Fertigungseinstellung in der Produktion.

Ein bemerkenswerter und vielversprechender Lastkraftwagen war der 1951 auf der Leipziger Frühjahrsmesse präsentierte Schwerlastwagentyp IFA H 6, der für 6,5 t Nutzlast ausgelegt war und parallel zum leichteren H 3 A im Baukastensystem entwickelt worden war. Der unter der voluminösen Haube untergebrachte 120 PS starke Motor wies nun sechs anstelle von vier Zylindern auf. Die Produktion des in Werdau gefertigten Lastwagens mußte aufgrund einer 1956 vom RGW (Rat für gegenseitige Wirtschaftshilfe der Ostblockländer) getroffenen Entscheidung, wonach die DDR nur noch Lastkraftwagen bis max. 5 t Nutzlast bauen durfte, 1958 eingestellt werden. Das betraf auch den allradgetriebenen, dreiachsigen Fünftonner G 5, der vor allen von der NVA (Nationale Volksarmee) eingesetzt wurde.

Ab Herbst 1949 wurde im ehemaligen Framo-Werk in Hainichen/Sachsen (später firmierend unter IFA-Kraftfahrzeugwerk Framo VEB) ein 0,75-t-Kleintransporter mit Zweitaktmotor unter der Typenbezeichnung Framo V 501 bzw. V 901 bis 1957 produziert, der dann bis 1961 unter der neuen Bezeichnung Barkas V 901 im VEB-Barkas-Werk Karl-Marx-Stadt hergestellt wurde.

Diesen ersetzte dann 1961 der neukonstruierte 1-t-Transporter Barkas B 1000, der aber weiterhin das Dreizylinder-Zweitakttriebwerk des Pkw „Wartburg" besaß. Der B 1000 wurde über drei Jahrzehnte produziert und in vielen Aufbauvarianten (auch für Export, NVA, Behörden) eingesetzt.

Barkas-V-901/2-Kastenwagen, Dreizylinder-Zweitaktmotor, 28 PS, 900 cm³ Hubraum, Nutzlast 690 kg, Baujahr 1954. 1985 noch im Einsatz.

Barkas-V-901/2-Pritschenwagen, 0,9 t Nutzlast.

Kaelble

Die in Backnang ansässige Carl Kaelble GmbH fertigte bereits 1907 ihren ersten Lastkraftwagen und machte sich im Kraftfahrzeugsektor seit Beginn der 30er Jahre insbesondere durch Spezialisierung auf den Bau von Zugmaschinen einen Namen. Bekannt wurden vor allem die schweren Dreiachs-Zugmaschinen, die von Reichs- und Bundesbahn zum Verfahren von Eisenbahnwaggons auf Spezialanhängern (von-Haus-zu-Haus-Verkehr) für Kunden ohne eigenen Gleisanschluß bereits vor dem Kriege eingesetzt wurden.

Nach Kriegsende führte Kaelble diese Tradition fort, nahm aber 1949 auch Lastkraftwagen wieder ins Fertigungsprogramm auf. Der erste 6,5-t-Schwerlastwagen K625L basierte in punkto Motorisierung auf der ab 1948 gefertigten Zugmaschine K625Z, deren großvolumiger Sechszylindermotor 130 PS leistete. Kurze Zeit später steigerte man beim Typ K630L die Nutzlast auf 7 t und die Motorleistung auf 150 PS.

Die Zugmaschinenpalette (die Typen waren überwiegend auch als Lastwagenausführungen mit verlängerten Radständen lieferbar) reichte von der kleinen Straßenzugmaschine K410 mit 70 PS, die bereits ab 1949 gefertigt wurde, die ab 1955 das leistungsgesteigerte Nachfolgemodell K415 mit 95 PS ablöste, über die Typen K610 und 612 (120 PS) und K631Z (150 PS) zur K680 mit 180 PS Motorleistung.

Eine kleine Sensation im Schwerlastwagenbau der ersten Nachkriegsjahre bildete der ab 1951 lieferbare und mit 200 PS nach dem Krupp Titan stärkster deutsche Fernverkehrs-Lastwagen, der Neuntonner-Kaelble K832, dessen gewaltiges V-8-Triebwerk über 19000 cm^3 Hubraum verfügte. Neben der Lkw-Ausführung wurde der Typ 832 auch als Kipper, Zugmaschine und vereinzelt auch als Frontlenker-Fahrgestell gebaut.

Die Seebohmschen Gewichts- und Längenbeschränkungen bedeuteten das Ende für wirtschaftliche Einsätze dieser grundsoliden aber auch sehr schweren Lastkraftwagen von Kaelble. Gemäß diesen Bestimmungen entwickelte Kaelble das 6,4-t-Frontlenkermodell K650LF, das 1957 vorgestellt werden konnte. In der Haubenausführung war nur noch die Allradkipperversion (KV650K) erhältlich. Die K-650-Modellreihe war mit 150 PS starken Sechszylinder-Dieselmotoren mit 8102 cm^3 Hubraum bestückt und befand sich über Jahre hinweg in der Produktion, wenngleich die gefertigten Stückzahlen (wie bei anderen Kaelble-Modellen auch) im Vergleich zu den großen Anbietern gering blieben.

Kaelble-KDV-680-Kranwagen mit Wilhag-Kran-Anlage und Vorbauseilwinde, Sechszylinder-Diesel, 180 PS, 14333 cm³ Hubraum, 21,5 t zulässiges Gesamtgewicht, Baujahr 1954.

Erst 1961 kam – nachdem im Jahre 1960 die Bestimmungen entschärft worden waren – der Neuntonnen-Frontlenker-Lastwagen K 652 LF mit Sechszylinder-192-PS-Triebwerk auf den Markt. Leider mit negativem Resultat, denn die meisten Stammkunden waren bereits zur Konkurrenz abgewandert. So sah sich Kaelble bereits 1964 genötigt, sich aus dem Lastwagengeschäft zurückzuziehen.

Bei den schweren Zugmaschinen hingegen füllte Kaelble weiterhin eine Marktlücke. Neben der Zugmaschine K 650 wurde bereits in den 50er Jahren mit dem Typ KDV 836 Z eine schwere, 300 PS starke Dieselzugmaschine vorgestellt, die man zu den Typen KDV 32 Z und der etwas leichteren Variante 22 Z 8 T weiterentwickelte.

Viele Kaelble-Modelle waren auch mit Muldenkipperaufbauten erhältlich.

Die 1965 erstmals präsentierten Zugmaschinen des Typs KDV 24 hatten, bei gleichen motortechnischen Daten, ein neues, kantiges Fahrerhausdesign erhalten. 1967 wurde das Programm um den Typ KDV 400, einen bis zu 425 PS starken Kraftprotz, erweitert.

In den Folgejahren bis zur Gegenwart konzentrierten sich die Aktivitäten des Unternehmens immer mehr auf den Sektor der Spezialfahrzeuge und Baumaschinen. So enthält das Programm u. a. auch Flugplatzlöschfahrzeuge, Planierraupen, Radlader und Amphibienfahrzeuge.

Rechte Seite (von oben nach unten):

Kaelble K 632 ZB, Standard-Straßenzugmaschine der Deutschen Bundesbahn.

Kaelble KDV 32 Z, Dreiachs-Sattelzugmaschine mit Achtzylinder-Diesel mit Turboaufladung, 300 PS.

Kaelble-KDV-22-Z-8-Dreiachszugmaschine mit Allradantrieb.

Pritschenwagen mit Führerhaus für 4 Personen und Schlafkabine

Motorhydraulischer Dreiseiten-Kipper   Frontlenker mit Isolieraufbau

Sattelschlepper mit 18000 ltr. Tankauflieger

Zugmaschine mit Spezialaufbau zum Zementtransport   Frontlenker mit Aufbau für Zementtransport

Kaelble-K-415-Z-Straßenzugmaschine Vierzylinder-Diesel, 95 PS, 7063 cm³ Hubraum, 7,8 t zulässiges Gesamtgewicht, 24 t Anhängelast, Baujahr 1960. Aufgenommen im Dezember 1979.

Unten: Kaelble-KDV-12-Z-6-Zugmaschine der Deutschen Bundespost, Sechszylinder-Diesel, 150 PS, 8102 cm³ Hubraum, 14 t zulässiges Gesamtgewicht, Baujahr 1963.

Kaelbe KDV 22 S; schwere Straßenzugmaschine, Achtzylinder-Diesel, 300 PS, 19 104 cm³ Hubraum, 22 t zulässiges Gesamtgewicht, Baujahr 1964, bis 1980 im Einsatz.

Unten: Kaelble KDV 22 Z 8; schwere Straßenzugmaschine, Achtzylinder-Diesel, 240 PS, 19 100 cm³ Hubraum, 19,5 t zulässiges Gesamtgewicht, Baujahr 1962.

Krupp

Krupp-„Mustang"-Kässbohrer-Anhängerzug, Vierzylinder-Zweitakt-Diesel, 145 PS, 5813 cm³ Hubraum, Baujahr 1955. Eigentümer und Restaurator Klaus Sieh, Bilsen.

Der als wichtiger Rüstungsbetrieb bei den Besatzungsmächten berüchtigte Essener Krupp-Konzern konnte erst 1946 unter der Firmenbezeichnung „Südwerke Motoren- und Lastkraftwagenbau GmbH" in einem nach Kulmbach verlagerten Fertigungsbetrieb den Bau des 4,5-t-Lastwagens L 45, ausgerüstet mit einem Sechszylinder-Vergasermotor mit 110 PS, in bescheidenen Stückzahlen wieder aufnehmen. Die Fahrzeuge trugen die in einem Dreieck eingefaßten Buchstaben „SW" auf dem Kühlergitter, denn der Name „Krupp" durfte zunächst nicht verwendet werden.

Erst Mitte 1951 verlegte man den Sitz der Südwerke nach Essen und im Anschluß daran auch die Fahrzeugfertigung. Der traditionsreiche Name Krupp wurde erst ab 1954 wieder verwendet, indem die Firma in „Friedrich Krupp Motoren- und Kraftwagenfabrik GmbH, Essen" umbenannt wurde.

Aus dem L 45 wurde durch Auflastung 1949 der Typ L 50 entwickelt, welcher auch mit einem nach Junkers-Lizenz arbeitenden Dreizylinder-Doppelkolben-Dieselmotor mit 90 PS erhältlich war. Auf diese Fahrgestelle, wie auch auf die des nachfolgenden, 125 PS starken L 60 wurden auch viele Kommunalaufbauten errichtet. Sogar eine Frontlenkerausführung (vorzugsweise für Feuerwehraufbauten) war seinerzeit schon erhältlich.

1950 wurde der wohl markanteste Schwerlastwagen der 50er Jahre, der Krupp L 80 „Titan", vorgestellt. Der mächtige Lastwagen mit der langen, stilistisch wohlgeformten Motorhaube besaß ein aus zwei einzelnen Antriebsaggregaten verbundenes Triebwerk mit 190 PS, ab 1951 mit 210 PS Leistung und war damit der stärkste deutsche Lastwagen der damaligen Zeit. Der Motor arbeitete nach dem Zweitaktprinzip und war dreizylindrig (in diesem Fall als Doppelmotor also mit 6 Zylindern) ausgeführt. Bei 16–18 t Gesamtgewicht konnten zwischen 8 und 11 t Nutzlast befördert werden.

Ab 1953 wurde für kurze Zeit ein zum „Titan Super" weiterentwickelter Lkw mit kürzerer, gedrungenerer Haube gefertigt.

Auf der Frankfurter IAA des Jahres 1951 konnte man auch den Typ „Mustang" L 60 bewundern, ein Lastwagen mit 145-PS-Vierzylinder-Zweitaktdiesel und 6,5 t Nutzlast, dessen Motorhaube dem größeren Titan optisch angeglichen war. In dieser Form wurde der „Mustang" bis 1955 gebaut. Als kleinstes Modell der Krupp-Angebotspalette des Jahres 1951 gab es den mittelschweren Fünftonnen-Lkw „Büffel" mit 110-PS-Dreizylinder-Zweitaktmaschine, der ebenfalls bis 1955 im Programm blieb.

In diesem Jahr wurde das gesamte Krupp-Lastwagenangebot überarbeitet. Die Modelle erhielten stilistisch aktualisierte, abgeflachte und eckigere Motorhauben. Da war zunächst der „Titan"-Nachfolger „Tiger" L 8 Tg 5, ein sowohl für Solo- als auch für Anhängerbetrieb gebauter Schwerlastwagen mit 8,5 t Nutzlast, ausgerüstet mit einem 185-PS-Fünfzylindertriebwerk gleicher Arbeitsweise, der bis 1958 gebaut wurde. Auch der Typ „Mustang", zu der Zeit meistgebauter Lkw des Krupp-Programms, wurde verbessert und verfügte nun über 150 PS Motorleistung. Das gleiche geschah auch mit dem Typ „Büffel". Neu hingegen waren der Fünftonner „Widder" mit 110 PS und der erste serienmäßige Frontlenker von Krupp, der unter der Modellbezeichnung „Mustang" L 8 MF 4 erschien. In technischer Hinsicht unterschied dieser sich nicht grundsätzlich von der Haubenvariante.

Der Krupp-„Mustang"-L-60-Kipper, Vierzylinder-Zweitakt-Diesel, 145 PS, 5816 cm³ Hubraum, 6,5 t Nutzlast, Baujahr 1953.

1956 löste der Typ „Elch" L 5,5 E 3 das Modell „Widder" ab, welches zwischen 1957 und 1960 als Sechstonner L 60 W 3 wieder bei Krupp erhältlich war. 1957 wurde der „Elch" mit

Krupp-„Tiger"-L-8-Tg-5-Ackermann-Anhängerzug, 185 PS, mit 7260 cm³ Hubraum, Fünfzylinder-Zweitakt-Diesel, Baujahr 1956. Von Klaus Sieh, Bilsen hervorragend restauriert.

7–7,5 t Nutzlast, 125 PS Motorleistung und erstmals durchgehender Frontscheibe von Krupp angeboten.
Die Seebohmschen Gesetzesverordnungen erforderten Ersatz für den zu schwer gewordenen Frontlenker-Lastwagen „Mustang", der in Gestalt des 160-PS-Typs „Büffel" (diesen gab es auch als Haubenwagen) ebenfalls 1960 erschien.
Die Typen „Mustang" und „Tiger" wurden 1959 mit aktualisierten Fahrerhäusern vorgestellt, wobei letzterer Typ vorwiegend für den Export gedacht war. Der „Mustang"-Motor leistete nun 168 PS.
Wesentliche Neuerungen brachte das Jahr 1959 mit den

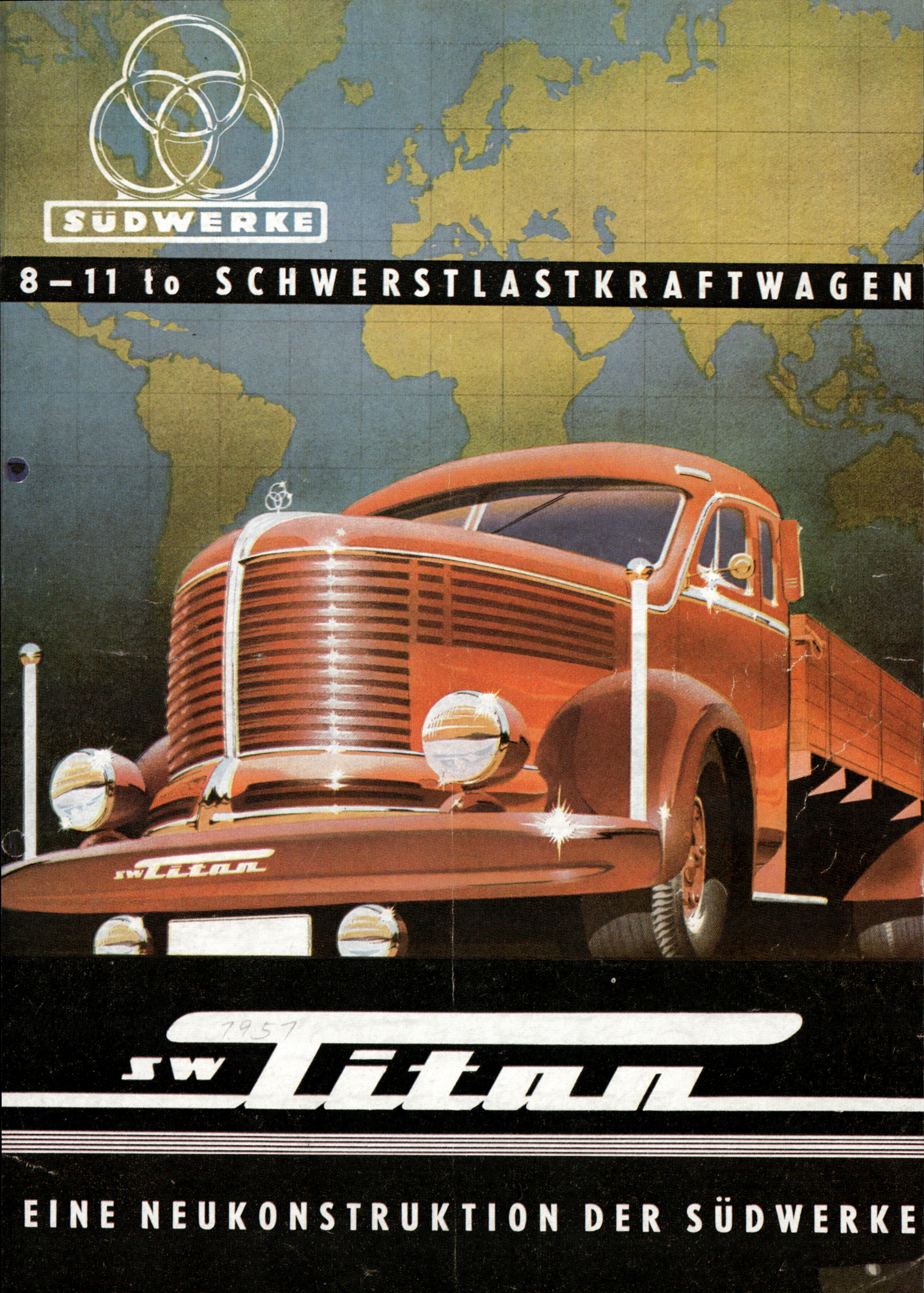
SÜDWERKE
8–11 to SCHWERSTLASTKRAFTWAGEN
SW Titan
SW Titan
EINE NEUKONSTRUKTION DER SÜDWERKE

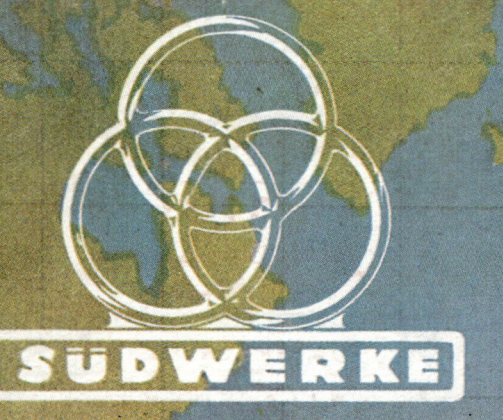

8-TONNER-SCHWERSTLASTKRAFTWAGEN »TITAN«
FAHRGESTELL-TRAGFÄHIGKEIT 12800 kg*)

		Pritsche SW L 80	Kipper SW K 80	Weitere technische Einzelheiten
Motor, Antriebsart		Diesel		**Kupplung**
Zahl der Zylinder		2×3		Zweischeiben-Trockenkupplung
Bohrung und Hub	mm	115/140		
Hubraum	cm³	8724		**Wechselgetriebe**
Normale Drehzahl	U/Min.	1700		Sechsganggetriebe mit Allklauenschaltung Type AK 6—75
Motorleistung	PS	210		
Ölmenge im Kurbelgehäuse	Ltr.	2×15		
Kraftstoffnormverbrauch	ca. Ltr.	26		**Gangzahl**
Ölnormverbrauch	ca. Ltr.	0,6		5 Vorwärtsgänge
Fahrgestell und Aufbau				1 Schongang
Gewichte:				1 Rückwärtsgang
Fahrgestell	kg	6 000	5 800	**Hinterachse**
Fahrfertiger Wagen (Leergewicht)	kg	8 000	8 600	Achsantrieb mit Vorgelege und Ausgleichgetriebe
Zulässiges Gesamtgewicht	kg	16 000	16 000	
Technische Fahrgestell-Tragfähigkeit	kg	12 800	12 800	
Gesetzliche Fahrgestell-Tragfähigkeit	kg	10 000	10 000	**Lenkung**
Nutzlast	kg	8 000	7 800	ZF Roßlenkung Typ 762
Maße:				**Fußbremse**
Laderaum i. L., Länge	mm	6 000	4 500	Vierrad-Druckluftbremse
Breite	mm	2 350	2 320	**Handbremse**
Höhe	mm	800	500	mech. auf Hinterräder wirkend (2 Bremshebel)
Fahrzeug, Länge	mm	9 900	8 600	
Breite	mm	2 500	2 500	**Laufräder und Felgen**
über Fahrerhaus, Höhe	mm	2 800	2 800	Speichenräder System Trilex
Höhe der Ladefläche über der Fahrbahn (belastet)	mm	1 350	1 375	
Reifengröße (eHD)		12,00—22		**Anhängerkupplung**
Felgengröße		8,37 V — 22		für schwersten Anhängerbetrieb
Radstand	mm	5 650	5 000	
Spurweite	vorn mm	1 978		**Bremsanschluß zum Anhänger**
Spurweite	hinten mm	1 815		
Äußerer Wendekreisdurchmesser	m	22,5+0,5	20,5+0,5	Nebengetriebe für Spezialfahrzeuge auf Wunsch
Techn. zulässige Achsdrücke	vorn kg	5 500		
Techn. zulässige Achsdrücke	hinten kg	10 500		
Höchstgeschwindigkeit auf ebener Straße bei Hinterachsuntersetzung				*) Ohne Berücksichtigung des gesetzlich höchstzulässigen Gesamtgewichtes.
1 : 8,91 (Pritsche), 1 : 9,8 (Kipper)	km/h	63	57	
Kraftstoffbehälter, Fassungsvermögen	Ltr.	405	205	
Batterie, zwei		12 V 162 Ah		

Änderungen im Interesse der Weiterentwicklung ausdrücklich vorbehalten

4,5- bis 6,5-t-Typen 401, 501 und 601, als erste Modelle einer völlig neuen Lastwagengeneration mit neugestalteten Fahrerhäusern. Gleichzeitig wurde das Programm durch den Siebentonner 701, den es noch bis 1964, vorzugsweise als Allradkipper, in der alten Haubenausführung gab, und den Typ 801 (ab 1960 lieferbar) abgerundet. Von den neuen Modellen gab es auch Lastkraftwagen mit Frontlenkerfahrerhäusern.

Nach Inkrafttreten der neuen Maß- und Gewichtsbestimmungen im August 1960 trat Krupp mit den neuen Front- und Haubenwagenmodellen der Typenreihe 901 auf den Plan.

Diese Typen wurden anfangs noch mit den für Krupp typischen Zweitakt-Dieselmotoren ausgerüstet. 1963 entschloß sich Krupp zur Abkehr von diesem Verfahren und führte für das gesamte Fertigungsprogramm in Lizenz gefertigte Viertakt-Cummins-Dieselmotoren ein. 1963 erschienen die aus der vorherigen Bauserie hervorgegangenen und verbesserten Modelle der Reihe 960 mit Sechszylinder-Cummins-Dieselmotoren in V-Form mit Motorleistungen von 200 und ab 1967 230 PS. 1964 wurde auch der Allradkipper AK 701, der letzte Krupp-Haubenwagen im Design der späten 50er Jahre, durch den neuen Typ 760 mit 186-PS-Sechszylinder-Cumminsmotor ersetzt. Als Nutzlast konnten von diesem Typ 8 t transportiert werden.

Die Lastkraftwagenkonstruktionen von Krupp waren schon immer sehr fortschrittlich und traten mit Neuerungen auf, die von Konkurrenzunternehmen erst in der Zukunft realisiert werden konnten. So war Krupp das erste Unternehmen, das seine Lastkraftwagen serienmäßig mit Kippkabinen ausrüstete, so daß Motor, Getriebe und andere Bauteile für Wartungsarbeiten frei zugänglich waren.

Bereits 1959 stellte Krupp mit dem 145-PS-Typ 301 ein dreiachsiges Lastwagenfahrgestell vor, das sehr häufig für

Fahrzeuge der Bauwirtschaft (Muldenkipper und Betonmischer) verwendet wurde. 1964 wurden daraus die 186 PS starken Cummins-Typen 306 und 360, die 1965 durch das Kippermodell KF360 mit 210- und (ab 1967) 230-PS-Antriebsaggregaten abgerundet wurden. Ab 1965 war der Typ SF361 als Frontlenker-Sattelzugmaschine lieferbar.

Dieses Jahr brachte, verursacht durch die ab Anfang 1966 vom Gesetzgeber geforderte Mindestmotorleistung von 6 PS pro Tonne, bei Krupp weitere Leistungssteigerungen und den Übergang zu Achtzylindermotoren in den Typen 980, 1080 und 381. Das neue Antriebsaggregat erbrachte anfänglich 250 und ab 1967 sogar 265 PS Leistung und

5-TONNER LASTKRAFTWAGEN „BÜFFEL"

FAHRGESTELL-TRAGFÄHIGKEIT 6400 kg

	Pritsche SW L 50	Kipper SW K 50	Weitere technische Einzelheiten
Motor, Antriebsart	Diesel		**Kupplung**
Zahl der Zylinder	3		Einscheiben-Trockenkupplung
Bohrung und Hub .... mm	115/140		
Hubvolumen .... Ltr.	4,35		
Normale Drehzahl .... U/Min.	1700		**Wechselgetriebe*)**
Motorleistung .... PS	110		Fünfganggetriebe mit Allklauenschaltung Type FAK 45
Ölmenge im Kurbelgehäuse .... Ltr.	15		
Kraftstoffnormverbrauch .... ca. Ltr.	16		
Ölnormverbrauch .... ca. Ltr.	0,4		**Gangzahl**
Fahrgestell und Aufbau			5 Vorwärtsgänge
Gewichte:			1 Rückwärtsgang
Fahrgestell .... kg	4 100	4 100	**Hinterachse**
Fahrfertiger Wagen (Leergewicht) .... kg	5 500	6 000	Spiralverzahntes Antriebskegelrad mit schrägverzahntem Stirnradvorgelege
Zulässiges Gesamtgewicht .... kg	10 500	10 500	
Technische Fahrgestell-Tragfähigkeit .... kg	6 400	6 400	
Nutzlast .... kg	5 000	4 500	**Lenkung**
Maße:			ZF-Roßlenkung Type 722
Laderaum i. L., Länge .... mm	4 700	4 000	
Breite .... mm	2 250	2 200	**Fußbremse**
Höhe .... mm	550	400	Vierrad-Druckluftbremse
Fahrzeug, Länge .... mm	7 580	7 220	
„ Breite .... mm	2 400	2 400	**Handbremse**
über Fahrerhaus, Höhe .... mm	2 550	2 550	mech. auf Hinterräder wirkend
Höhe der Ladefläche über der Fahrbahn (belastet) .... mm	1 225	1 250	
Reifengröße (eHD bzw. Stahlcord)	10,00—20		**Laufräder und Felgen**
Felgengröße	7,33 V — 20		Speichenräder
Radstand .... mm	4 600	4 400	System Trilex
Spurweite .... vorn mm	1876		
Spurweite .... hinten mm	1772		
Äußerer Wendekreisdurchmesser .... m	18,5+0,5	18+0,5	**Anhängerkupplung**
Techn. zulässige Achsdrücke .... vorn kg	3 600		für Anhängerbetrieb
Techn. zulässige Achsdrücke .... hinten kg	7 400		
Höchstgeschwindigkeit auf ebener Straße bei Hinterachsuntersetzung:			**Bremsanschluß zum Anhänger**
1 : 8 (Pritsche), 1 : 9 (Kipper) .... km/h	56,5	50	*) Nebenantriebe
Kraftstoffbehälter, Fassungsvermögen .... Ltr.	180	180	für Spezialfahrzeuge auf Wunsch
Batterie, zwei	12 V 162 Ah		

Änderungen im Interesse der Weiterentwicklung ausdrücklich vorbehalten

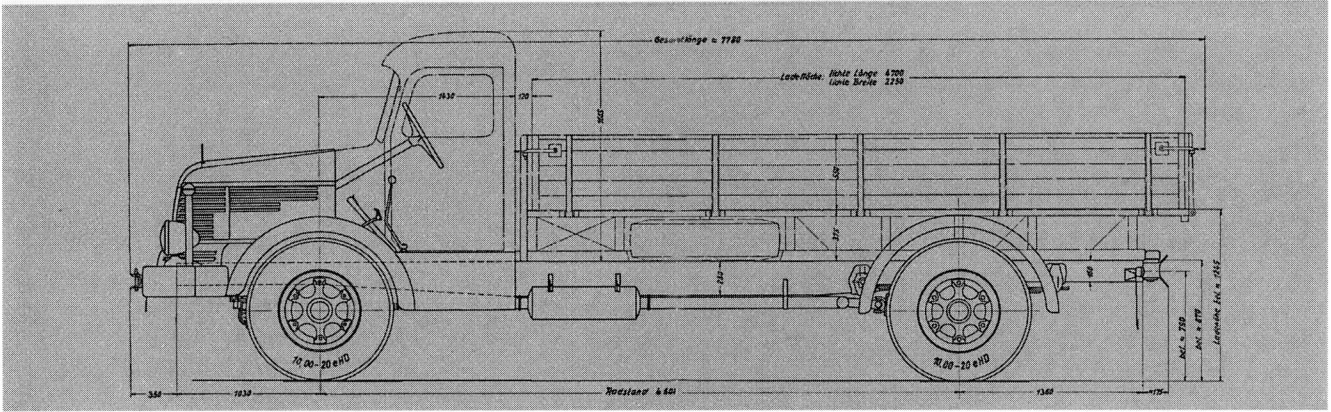

wurde zunächst nur in die Frontlenkermodelle eingebaut. Erst 1967 wurden auch die Haubenwagen auf die neuen Achtzylindermotoren umgestellt.

Ein konjunktureller Rückgang Mitte der 60er Jahre bewirkte, daß ab 1.3. 1968 die Lkw-Verkaufsorganisation der Krupp-Werke von der Daimler-Benz AG übernommen wurde und die Lastwagenfertigung in Essen zum 30.6. 1968 eingestellt werden mußte. Damit war der Nutzfahrzeugmarkt um einen interessanten Anbieter ärmer geworden.

Krupp „Büffel" L 55 E, Dreizylinder-Zweitakt-Diesel, 110 PS, 4350 cm³ Hubraum, 5,5 t Nutzlast, Baujahr 1955.

Krupp-L-701-Zugmaschine, Vierzylinder-Zweitakt-Diesel, 156 PS, 4700 cm³ Hubraum, 13,2 t zulässiges Gesamtgewicht, Baujahr 1962.

Krupp „Elch" L 70 E 3, Dreizylinder-Zweitakt-Diesel, 126 PS, 4362 cm³ Hubraum, 7,5 t Nutzlast, Baujahr 1959.

SATTELZUGMASCHINE   MUSTANG

Die MUSTANG-Sattelzugmaschine gibt es als Frontlenker mit 3700 mm und in Haubenausführung mit 4300 mm Radstand. Bei beiden werden die Längsträger des Hilfsrahmens serienmäßig mit dem Fahrgestellrahmen vernietet, wodurch eine hohe Biegesteifigkeit erreicht wird.

Dieser Hilfsrahmen ergibt eine geringe Gesamthöhe des Fahrzeuges. Der Schwerpunkt liegt tief. Dieser Vorteil wirkt sich besonders beim Kurvenfahren durch geringe Seitenneigung aus.

MUSTANG-Kipper werden mit den Radständen 4300 mm und 4800 mm gebaut. Es sind Fahrzeuge, die auch dem schwierigsten Baustellenbetrieb gewachsen sind. Sie sind robust und wendig, leistungsstark und zuverlässig, dabei sparsam und anspruchslos. Sie haben das besonders leicht zu schaltende ZF AK 6–70-2-Getriebe mit stiftgeschaltetem Rückwärtsgang.

KIPPER

Steigvermögen

Kippwinkel

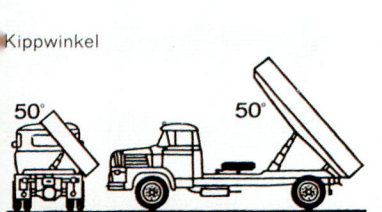

Krupp AK 1060/4500, Sechszylinder-Cummins-Diesel (V6), 230 PS, 9640 cm³ Hubraum, 16 t zulässiges Gesamtgewicht, Baujahr 1967.

Krupp KF 960, V-6-Cummins-Dieselmotor, 230 PS, 9570 cm³ Hubraum, 16 t zulässiges Gesamtgewicht, Baujahr 1965.

Krupp-SF-980/3700-Sattelzug, V-8-Cummins-Diesel, 250 PS, 12849 cm³ Hubraum, Baujahr 1966.

Krupp KF 980/3700, V-8-Cummins-Diesel, 265 PS, 16 t zulässiges Gesamtgewicht, Baujahr 1967.

mit 12 Gang-Getriebe

Robuste, jedoch gewichtsparende Bauweise ist die vorstechendste Eigenschaft dieser neuen Baureihe 806.

Der anzugsfreudige KRUPP-CUMMINS V 6 Dieselmotor leistet 186 DIN/205 SAE PS. Durch seine Kurzhub-Bauart ist er außerordentlich langlebig und durch das CUMMINS Direkt-Einspritz-System sparsam im Verbrauch.

Die Fahrzeuge dieser Baureihe werden mit einem 12 Gang-Getriebe (ZF AK 6–70 + elektropneumatisch schaltbarer Vorschaltgruppe) geliefert. Die dichte Gangfolge gestattet es, für jeden Fahrzustand den passenden Gang zu schalten und die Leistung des Motors noch besser ausnutzen. Das ergibt hohen Durchschnitt bei geringem Kraftstoffverbrauch und es ermöglicht das zügige Fahren an Steigungen.

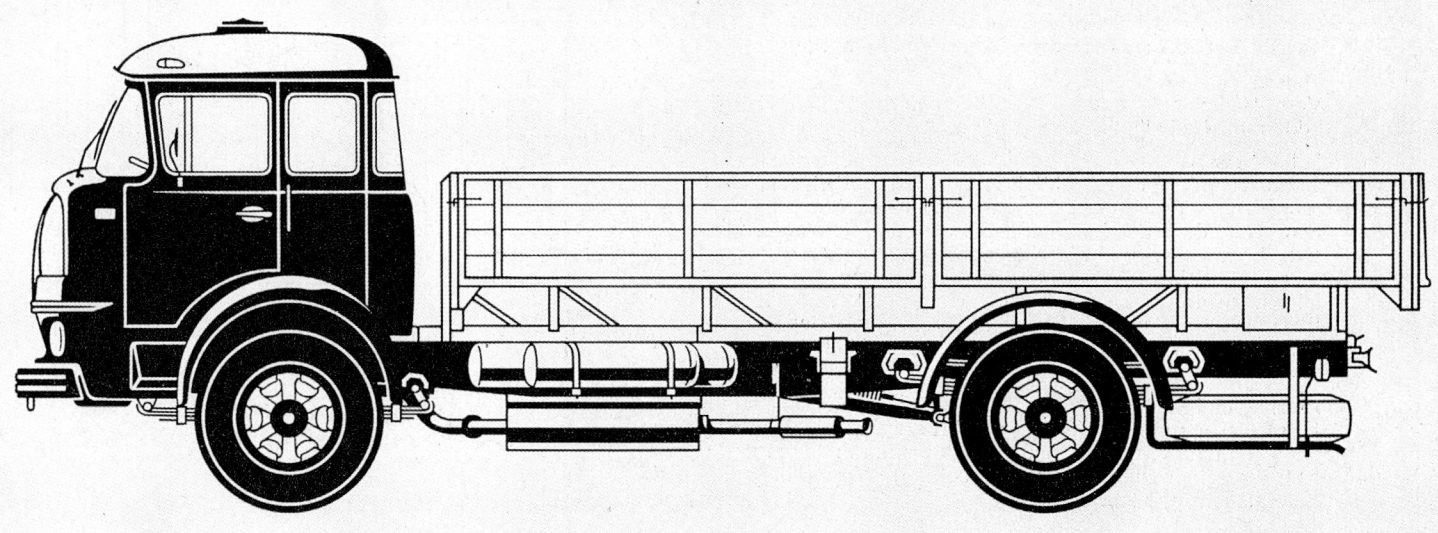

Krupp KF 980/3700, Achtzylinder-Cummins-V-Motor, 265 PS, 12760 cm³ Hubraum, 16 t zulässiges Gesamtgewicht, Baujahr 1969.

Krupp KF 360, Sechszylinder-Cummins-V-Motor, 210 PS, 9460 cm³ Hubraum, 22 t zulässiges Gesamtgewicht, Baujahr 1965.

Krupp AK 760, Sechszylinder-Cummins-V-Motor, 186 PS, 9640 cm³ Hubraum, 14,6 t zulässiges Gesamtgewicht, Baujahr 1966.

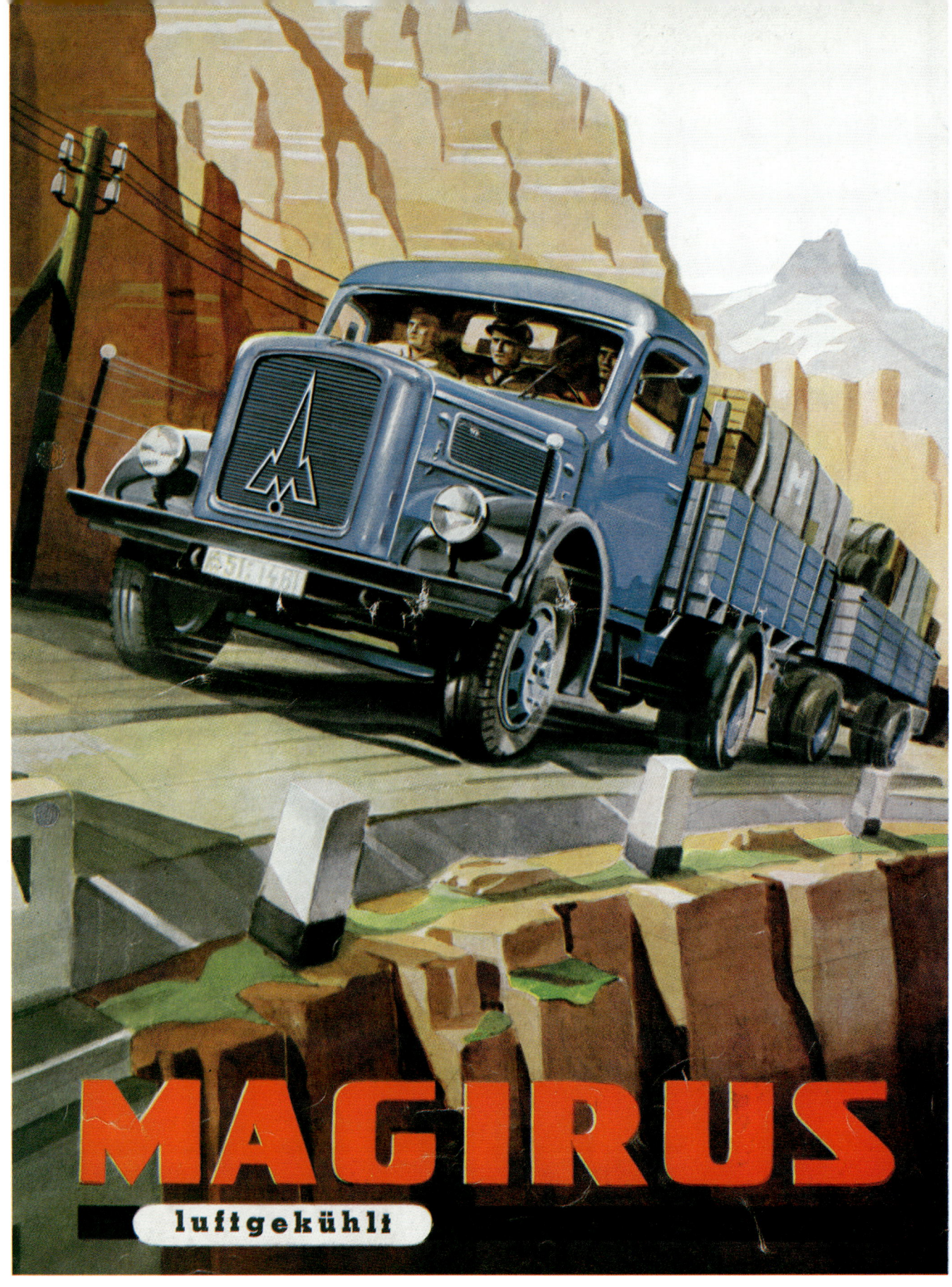

Magirus

1864 gründete der damalige Feuerwehrkommandant von Ulm, Conrad Dietrich Magirus, die „Feuerlöschgerätefabrik C.D. Magirus", die sich auf die Herstellung von Leitern und Feuerspritzen spezialisierte. Auf diesem Bereich erlangte das junge Unternehmen schon bald Weltgeltung.

Im Jahre 1916, während des Ersten Weltkrieges, begann die Magirus AG, auf Drängen der deutschen Heeresverwaltung, mit einem Dreitonnen-Modell des Regellastkraftwagens auch den Bau von Lkw aufzunehmen. Im gleichen Jahr wurde die erste Automobil-Drehleiter von Magirus – noch auf einem Saurerfahrgestell – ausgeliefert, deren

Fahrzeugmotor ebenso für den Antrieb aller Leiterbewegungen verwendet wurde. Im Mai 1918 verließ die erste vollständig im eigenen Werk hergestellte Automobilspritze die Fabrikationshallen.

In den 20er Jahren konnte auch Magirus der Kundschaft ein reichhaltiges Angebot an Lastwagenfahrgestellen – von 1,5–5 t Tragfähigkeit – offerieren. Diese Fahrzeuge waren relativ lange mit Vergasermotoren ausgerüstet, obwohl die Entwicklung zum Ende des Jahrzehnts immer stärker zum Dieselmotor tendierte. 1933/34 wurden schließlich Dieselaggregate eigener Fertigung vorgestellt, die man zukünftig in alle Lastwagen einbaute.

1936 kam es zur Übernahme durch die Kölner Motorenfabrik Klöckner-Humboldt-Deutz-Motoren AG – das Ulmer Unternehmen firmierte ab 1938 unter dem Namen Klöckner-Humboldt-Deutz AG (KHD) –, deren Dieselmotoren

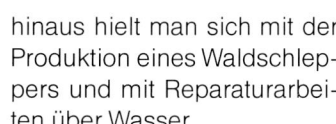

Leistung

Harmonische Abstimmung von Radstand, Spurweite, Getriebestufungen, Achsübersetzung und Gesamtschwerpunktlage gewähren sicheres und flottes Fahren in engen, kurvenreichen Straßen und schwerem Gelände. Bei abfallender Drehzahl des Motors bis zu 1100 U/min. steigt das Drehmoment, wodurch günstigste Fahreigenschaften in Ebene und Gebirge erzielt werden. Das Verbrennungsverfahren mit der DEUTZ-Wirbelkammer sichert leichtes Anspringen des Motors selbst bei minus 40° Celsius. MAGIRUS Typ S 3500 ist mit einer großen Geschmeidigkeit und Anpassungsfähigkeit an jedes Gelände unerreicht und ermöglicht durch große, robuste Aufbauten eine vollständige Ausnutzung der hohen Fahrgestell-Tragfähigkeit.

Sicherheit

Öldruck-Vierradbremse, als kräftige Innenbacken-Lenkerbremse durch Hebelübersetzung wirksam gestaltet. Spezial-Gußguß-Bremstrommeln. Bremswirkung weich beginnend und fortschreitend ansteigend, wodurch kürzeste Bremswege bei schleuderfreier hoher Verzögerung erreicht werden. Fahrgestellrahmen in genieteter Konstruktion und bei nahezu 25000 Fahrzeugen im Betrieb seit Jahren erprobt und bewährt, unempfindlich gegen stärkste Verwindungen und Überbeanspruchungen, bei einfachster Reparaturmöglichkeit.

Wendigkeit

Bei der Wahl der Lenkung wurde besondere Sorgfalt aufgewendet. Die von uns eingebaute ZF-Roßlenkung garantiert sichere, stoßfreie und leichte Gängigkeit. Der Wenderadius beträgt nur etwa 8,50 m bei einem Radstand von 4200 mm. In Verbindung mit der sorgfältig durchkonstruierten Federung – vorne Spezialausführung mit Wälzbock bei hohem Weichheitsgrad schwingungsdämpfend arbeitend, hinten durch Zusatzfedern progressiv wirkend und den verschiedensten Auslastungen angepaßt – ist ermüdungsfreie Fahrt garantiert.

Schnelligkeit

Hohe Elastizität des Motors, günstige Gesamtübersetzung in Getriebe und Hinterachse. 5-Gang-Getriebe, 5ter Gang Schnellgang, Gangübersetzungen für geschmeidige Fahrt in den verschiedensten Straßen- und Geländeverhältnissen bemessen, verleihen die große Geschwindigkeit von ca. 85 km in der Spitze. Die Luftkühlung des Motors bewirkt gleichmäßige Kühlverhältnisse bei hohen und niedrigen Drehzahlen und verhindert damit thermische Überlastungen. Die Ölkühlung ist mit Kurzschlußleitung eingerichtet und bewirkt richtige, ausgeglichene Öltemperatur unter allen Betriebsbedingungen.

Wirtschaftlichkeit

Der luftgekühlte Dieselmotor der Bauart F4L 514 sichert günstige Verbrauchszahlen bei Voll- und Teillast und bisher unerreicht niedrige Streckenverbräuche von nur 12–14 Liter pro 100 km. Unempfindlich gegen Hitze und Kälte; kein Einfrieren, kein Kochen, kein Einfüllen von Kühlwasser. Die Luftkühlung vermeidet schädliche Unterkühlung bei Start und Langsamfahrt, daher betragen die Laufzeiten des Motors das Doppelte gegenüber wassergekühlten Maschinen. Einzelzylinder und Einzelköpfe gewähren billigste, einfachste und schnellste Reparaturmöglichkeit von Verschleißteilen.

schon bald in die 4,5- und 5-t-Lkw eingebaut wurden. Zwischen 1940 und 1944 war das Ulmer KHD-Werk vor allem für die Fertigung des typisierten Dreitonners S 330 bzw. S 3000 (Allradausführung A 330/A 3000) mit 70- und 80-PS-Vierzylindermotor und des 4,5-Tonners GS 145 bzw. S 4500 (125-PS-Sechszylinder-Diesel) zuständig. 1944 gelang es den KHD-Konstrukteuren, einen Vierzylinder-Dieselmotor mit Luftkühlung zur Serienreife zu entwickeln. Ab 1948 sollte diese Kühlungsart für alle Motoren in Magirus-Lkw ausschließlich verwendet werden. In den durch Kriegsschäden stark zerstörten Werksanlagen kamen die Wiederaufbauarbeiten nach Beendigung der Kampfhandlungen erst langsam in Gang, so daß die Fertigung des zunächst noch mit wassergekühltem Motor ausgerüsteten Dreitonners S 3000 erst 1946 wieder anlaufen konnte. Darüber hinaus hielt man sich mit der Produktion eines Waldschleppers und mit Reparaturarbeiten über Wasser.

Ab 1948 hatten sich die Verhältnisse dann soweit gebessert, daß mit dem Typ S bzw. A 3000 eine geregelte Fertigung wieder aufgenommen werden konnte. Die Vorstellung dieses Lastwagens mit dem neuentwickelten luftgekühlten Vierzylinder-75-PS-Wirbelkammer-Dieselmotor geschah im gleichen Jahr auf der Exportmesse in Hannover. 1949 war die aufgelastete Ausführung S 3500 mit bereits 85 PS Motorleistung lieferbar, die ab 1951 sogar auf 90 PS erhöht werden konnte. Diese Fahrgestelle fanden auch für Feuerwehraufbauten starke Verbreitung. Omnibusaufbauten (O 3000) wurden ebenfalls gefertigt, und 1949 stand die Ausführung als Sattelzugmaschine zur Verfügung.

Großes Aufsehen erregte auf der IAA 1951 die erste von Magirus nach dem Kriege entwickelte Lastwagenreihe mit sehr fortschrittlich geformter, stark gerundeter Motorhaube, die weit über ein Jahrzehnt das charakteristische Erscheinungsbild des Ulmer Unternehmens auf den Straßen werden sollte.

Die ersten Rundhaubenlaster waren die Typen S 3500 (mit 3,5 t Nutzlast) und das Schwerlastwagenmodell S 6500, das den neuentwickelten 175 PS starken Achtzylinder-V-Motor F 8 L 614 unter der voluminös gerundeten „Alligatorhaube" besaß.

Ursprünglich war vorgesehen, das gesamte Lastwagenprogramm auf die neuen Fahrerhäuser mit den runden Motorhauben umzustellen. Da diese Motorhauben aber bei Allradfahrzeugen starken Verwindungen bei Einsätzen im Gelände ausgesetzt waren, mußte man Fahrzeuge mit Allradantrieb ab 1953 wieder mit der für diesen Zweck besser geeigneten kantigen Haube ausrüsten.

Ab 1953 war unter der Bezeichnung S 4500 ein 4,5-t-Lastwagen lieferbar, den man 1955 mit dem luftgekühlten Dieselmotor F 6 L 614 (Sechszylinder in V-Form) bestückte.

1956/57 wurden die Modellbezeichnungen der Magirus-Lastkraftwagen in Planetennamen geändert. So hieß der S 3500 nun „Sirius", der S 4500 „Mercur" und der S 6500 bzw. 7500 „Jupiter". Ab 1956 war auch eine unter der Bezeichnung S 5500 (Saturn) erhältliche, auf 5,5 t Nutzlast

Magirus-Deutz 85 D 7 K (Kipper), luftgekühlter Dieselmotor, Vierzylinder, 85 PS, 5322 cm³ Hubraum, Baujahr 1965.

Magirus-„Sirius"-Kipper, Meiller-Aufbau, 85 PS, 7,5 t zulässiges Gesamtgewicht, Baujahr 1958.

Magirus-„Sirius"-90-Lkw, Sechszylinder-Diesel mit Luftkühlung, 90 PS, 5100 cm³ Hubraum, 7,5 t zulässiges Gesamtgewicht, Baujahr 1964.

MAGIRUS-DEUTZ

S 4500 MERCUR

MAGIRUS-DEUTZ KIPPER
MIT 85 PS LUFTGEKÜHLTEM DEUTZ-DIESELMOTOR

KLÖCKNER-HUMBOLDT-DEUTZ AG WERK ULM

MAGIRUS DEUTZ

EIN ERZEUGNIS DER ÄLTESTEN MOTORENFABRIK DER WELT

LUFTGEKÜHLTER DEUTZ-DIESELMOTOR
85 PS · BAUART F4L 514

TECHNISCHE DATEN DES MAGIRUS-DEUTZ-KIPPERS TYP S 4500 · MERCUR 4,5 to NUTZLAST

Motortyp	F 4 L 514	Handbremse	mechanisch auf die Hinterräder
Zylinderzahl	4	Radstand	3700 mm
Bohrung	110 mm	Spurweite	vorne und hinten 1800/1615 mm
Hub	140 mm	Räder	Stahlscheibenräder
Zylinderinhalt	5322 cm³	Bereifung	8.25–20 eHD vorne einfach, hinten doppelt
Leistung *)	85 PS bei 2300 U/min.		
Max. Drehmoment	31 mkg bei 1200 U/min.	Höchstgeschwindigkeit	ca. 74,8 km/h, auf Wunsch 68,5 km/h
Verbrennungsverfahren	Wirbelkammer, 4-Takt		
Kühlung	Luft	Steigfähigkeit im 1. Gang	ca. 30 %
Ölkühlung	angebauter Ölkühler	Größte Fahrzeugbreite	2250 mm
Getriebe	ZF AK 5–33	Größte Fahrzeughöhe, belastet unbelastet	2210 mm 2285 mm
Hinterachse	Banjoform		
Federn	Halbelliptik-Federn	Größte Fahrzeuglänge	6085 mm
Lenkung	ZF-Lenkung	Pritschenlänge	3200 mm i. L.
Wendekreis	ca. 15,5 m	Fahrgestellgewicht betriebsfertig, einschl. Öl- und Kraftstoff	2850 kg
Schmierung	Fettschmierung		
Fußbremse	Innenbacken-Vier-Rad-Öldruckbremse mit Druckluftzusatzbremse	Gesamtgewicht, belastet	8700 kg
		Kraftstoff-Normverbrauch	ca. 14 l / 100 km
		Ölverbrauch	ca. 0,3 l pro 100 km

*) Diese Leistung ist die Netto-Nutzleistung, die zum Antrieb des Fahrzeuges an der Kupplung voll zur Verfügung steht. Der Kraftbedarf der für den Betrieb des Motors notwendigen Hilfsaggregate ist bereits abgezogen.

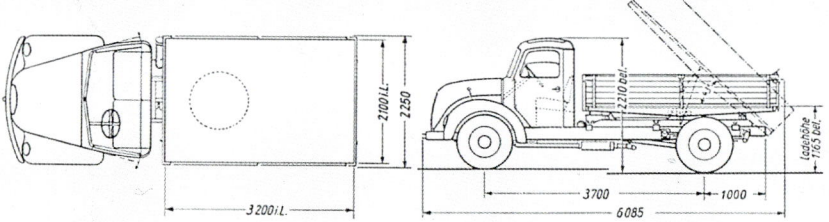

Laut VDA Revers technische Angaben entsprechend Din 70020 und Din 70030 Änderungen in Ausstattung und Konstruktion vorbehalten

KLÖCKNER-HUMBOLDT-DEUTZ AG · WERK ULM

MAGIRUS-DEUTZ TYP S 6500

verstärkte Ausführung des S 4500 (Mercur) lieferbar. Da die 125-PS-Maschine für das schwerere Fahrzeug doch etwas zu schwer war, wurde deren Leistung 1958 um 20 PS erhöht und das Fahrzeug nun als Saturn 145 verkauft.

1959 erschienen mit dem Typ „Sirius" 90 L ein für 80 km/h ausgelegter Schnellastwagen mit 90-PS-Sechszylinder-Diesel und ein mit 85 PS motorisierter Kipper (Sirius K) im Verkaufsprogramm.

Mit der Zeit wurde ab Beginn der 60er Jahre die runde Haube bei allen Modellen mit Straßenantrieb durch eine eckige Haube ersetzt, mit der bereits die Allradlastwagen ausgerüstet waren. Als letztes Modell mit runder Motorhaube befand sich der Typ 110 D 7 L als Paketwagen der Bundespost bis in die frühen 70er Jahre in der Produktion.

Ab 1955 wurde das Allradmodell A 4500, das aus den geschilderten Gründen über die eckige Motorhaube verfügte, der Ganzstahlkabine des Rundhaubers angepaßt und ein Jahr später auf das leistungsstärkere 125-PS-Sechszylinder-Triebwerk umgestellt. Um diesen in V-Form ausgeführten Motor unterbringen zu können, mußte die Haube breiter ausgebildet werden, die – später unter dem Begriff „Eckhauber" bekanntgeworden – bis zu Beginn der 70er Jahre aktuell blieb.

Aus dem A 4500 mit 4,5 t Tragfähigkeit wurde schließlich bis 1959 der Typ „Saturn" 145 AK 6×6 entwickelt, der in der Ausführung als Muldenkipper bis zu 9,5 t Nutzlast befördern konnte und bis 1961 in der Fertigung blieb.

Bereits 1953 wurde in der schweren Klasse – parallel zu den Rundhaubenmodellen – eine als A 6500 bezeichnete Allradversion speziell als geländegängiges Militärfahrzeug für die zukünftige Ausrüstung der Bundeswehr und anderer NATO-Armeen gebaut. Dieses zunächst mit dem luftgekühlten 175-PS-Achtzylinder gebaute, später als A 7500 bzw. „Jupiter A" bezeichnete Modell war vielfach auch als Exportfahrzeug, vor allem im Nahen Osten, zu finden. 1957 wurde der Dreiachs-Typ „Uranus", der wahlweise auch mit 250-PS-V-12-Zylindermotor erhältlich war, als damals nahezu konkurrenzloser Marktlückenfüller vorgestellt. Seine Domäne war der Einsatz als Zugmaschine, Sattelschlepper, Muldenkipper oder Kranwagen KW 15 bzw. 16 der Feuerwehr.

Zur IAA 1957 wurden auch die ersten Magirus-Frontlenkermodelle mit Vier- und Sechszylindermotoren vorgestellt.

Ab 1959 fand mit den Typen „Saturn 195 F" und FS (Dreiachs-Sattelzugmaschine) das Frontlenkerfahrerhaus von Magirus seine vorerst endgültige Form. Diese Modelle waren mit 195 PS starken Achtzylindermotoren ausgerüstet. Bereits 1961 folgten die Typen „Saturn" und „Pluto 200 F" mit 200 PS starken Antriebsaggregaten, die es ebenfalls als dreiachsige Sattelzugmaschinen (FS) für 32 t Gesamtzuggewicht gab. Diese Modelle waren seinerzeit im schweren Fernverkehr recht verbreitet.

1964 führte Magirus anstelle der wenig aussagekräftigen Planetennamen für die Typenbezeichnungen ein neues Nummernsystem ein, aus dem nun zulässiges Gesamtgewicht und Motorleistung ersichtlich waren. 1967 ging man bei den Motoren auf das verbrauchsgünstigere Direkteinspritzverfahren über.

Mit dem Dreiachs-Frontlenker „Saturn TE 235 F" präsentierte das Ulmer Unternehmen auf der IAA 1963 das erste Glied

Magirus „Sirius" 90 D 7, Kirmes-Zugmaschine, Baujahr 1965, noch 1993 im Einsatz angetroffen!

Magirus F „Jupiter" A, Kofferwagen (ehemaliges Flugplatzlöschfahrzeug ZB 6) Achtzylinder-V-Motor mit Luftkühlung, 170 PS, 10644 cm³ Hubraum, Baujahr 1961.

Magirus-S-4500-Allrad-Kipper, 85 PS, 4,5 t Nutzlast, Baujahr 1955.

Magirus-S-4500-Zugmaschine, luftgekühlter Vierzylinder-Dieselmotor, 85 PS, 5322 cm^3 Hubraum, 8,5 t zulässiges Gesamtgewicht, Baujahr 1953.

Magirus-126-D-15-Tankwagen, luftgekühlter V-6-Dieselmotor, 126 PS, 7412 cm^3 Hubraum, 14,5 t zulässiges Gesamtgewicht, Baujahr 1965.

Magirus 170 D 12 AK, Sechszylinder-Dieselmotor mit Luftkühlung, 170 PS, 8487 cm^3 Hubraum, 6,5 t Nutzlast, Baujahr 1969. Noch 1988 bei der Stadtverwaltung Schwarzenbach/S. im Dienst.

Magirus Mercur 126 D 11 K, unten die Phantomzeichnung.

einer neuen Frontlenker-Lastwagenreihe mit komplett neugestalteten, kantigeren Fahrerhäusern, die bis weit in die 70er Jahre aktuell blieben. Die Bandbreite der Motorisierung erstreckte sich von 90 PS bis hin zum ab 1969 erhältlichen Zwölfzylinder mit 340 PS.

Ab 1966 wurde durch Übernahme eines Dreitonnen-Lkw der Firma Eicher für Magirus der Einstieg in die Nutzlastklasse des leichten Verteilerverkehrs gefunden. Mit der Integration der Magirus Deutz AG in den 1975 gegründeten IVECO-Konzern rückte der alte Name „Magirus" in den Hintergrund und findet sich heute nur noch im Brandschutzbereich dieses Unternehmens.

Magirus 230 D 22 AK 6×6, Muldenkipper, luftgekühlter Achtzylinder-Dieselmotor, 230 PS, 12667 cm³ Hubraum, 22 t zulässiges Gesamtgewicht, Baujahr 1969.

Unten der Magirus 230 D 22 AK 6×6, Achtzylinder-Diesel mit Luftkühlung, V-Motor, 230 PS, Baujahr 1971, ehemals Deutsche Bundesbahn.

MAN

MAN-620-Lkw mit Plakette, die bei einer Fahrleistung von 380 000 Kilometern verliehen wurde.

Die 1898 aus dem Zusammenschluß zweier in Augsburg und Nürnberg ansässiger Maschinenfabriken entstandene Maschinenfabrik Augsburg-Nürnberg AG (MAN) widmete sich bereits seit 1915 dem Lkw-Bau, nachdem man mit dem Schweizer Unternehmen Adolf Saurer AG einen Vertrag über die Lizenzfertigung von Lastkraftwagen geschlossen hatte.

1923 wurde der erste MAN-Direkteinspritz-Dieselmotor vorgestellt, der ein Jahr später in einen Lastwagen eingebaut werden konnte. In den folgenden Jahren entstanden weitere Konstruktionen, die 1927 in einem Dreiachser für 8–10t Nutzlast gipfelten.

Auch in den 30er Jahren war man mit im Baukastensystem hergestellten Lastwagen zwischen 2,5 und 6,5 t Tragfähigkeit bis zum Ende des Jahrzehnts erfolgreich, als dann gemäß den Typenbeschränkungen des Schell-Planes nur noch 3- und 4,5 t-Diesellastwagen gebaut werden durften.

Im Krieg wurden die Nürnberger Werksanlagen weitgehend zerstört. Trotzdem konnte bis Weihnachten 1945 der erste 4,5-Tonner ML 4500 montiert werden, der den Ende der 30er Jahre neukonstruierten 110-PS-Direkteinspritz-Diesel mit Kugelbrennraum besaß. Dieses ab 1946 als MK bezeichnete, mit auf 120 PS Motorleistung gesteigertem Triebwerk und Auflastung auf 5 t Tragfähigkeit angebotene Modell wurde bis 1950 gefertigt.

In diesem Jahr wurde bei den MAN-Lastwagen die Motorhaube durch Abrundung der Kanten gefälliger gestaltet. Gleichzeitig bot man unter der Typenbezeichnung MK 26 einen Sechstonnen-Lkw neu an, währenddessen der bisherige Typ MK nun unter der Typenbezeichnung MK 25 weitergebaut wurde.

Auf der IAA 1951 sorgte MAN mit dem neuen 8-t-Schwerlastwagenmodell F8 für einiges Aufsehen. Unter der breiten, bullig-kurzen Haube arbeitete ein Achtzylinder-Diesel in V-Form mit 180 PS und 11633 cm^3 Hubraum. Dieser grundsolide und ausdauernde Typ konnte im Anhängerbetrieb bis zu 40 t Gesamtzuggewicht auf die Waage bringen!

Bis zum Inkrafttreten der Seebohmschen Gesetze blieb der F8 das Flaggschiff der MAN-Flotte im schweren Fernverkehr und wurde, da das Fahrgestell mit bis zu 19 t Gesamtgewicht über ausreichende Reserven verfügte, danach zumeist als Baustellenfahrzeug für den Solobetrieb gebaut, in kleiner Stückzahl – überwiegend für den Export – sogar noch bis 1963.

1951 stellte MAN auch den ersten deutschen Dieselmotor mit Abgasturbolader vor, welcher erstmals in dem neuen, ab 1954 lieferbaren Typ 750 TL 1 mit dem nach dem M-Verfahren arbeitenden 155-PS-Sechszylindermotor für die Kundschaft erhältlich war. Die neuen, ab 1954 in die MAN-Lkw-Modelle zum Einbau gelangenden M-Motoren (mit Direkteinspritzung arbeitendes Mittelkugelverfahren; nach dessen Konstrukteur, Dr. Meurer, so bezeichnet), bedeuteten durch die große Laufruhe einen enormen Fortschritt im Dieselmotorenbau, denn das beim Selbstzünder übliche Nageln beim Kaltstart und im Leerlauf war nun erträglicher.

Diese Vorteile mußten allerdings mit einem höheren Verbrauch erkauft werden.

Der Fünftonnentyp MAN 515 L 1 mit 115-PS-M-Motor, war 1954 das erste Modell einer neuen Baureihe, die mit den Typen 620, 630, 735 und 745 mit 120–155 PS Leistung und unterschiedlichen Nutzlasten ihre Fortsetzung fand.

Der ab 1955 angebotene und mit 155 PS Motorleistung gegenüber dem schwereren F8 etwas kleinere und wirtschaftlichere Typ 758 L 1 wies ebenfalls 8 t Nutzlast auf. Gleichfalls in der Achttonnen-Klasse beheimatet war der parallel angebotene Typ 830 L 1 mit 130-PS-Maschine, dem aber vor allem der Solo-Verkehr vorbehalten blieb. Darüber hinaus gab es weitere Haubenlastwagen unterschiedlicher Motorleistungen und Nutzlasten im bekannten Design. Das letzte schwere Haubenmodell war der ab 1957 in geringen Stückzahlen bis 1960 gebaute 160-PS-Lkw 860 L 1. 1957 bot MAN mit den Typen 620 und 750 L 1 F auch die ersten Lastwagen in Frontlenkerbauweise serienmäßig an.

Neu war 1955 der Viertonner 400 L 1, dessen modernes, völlig neugestaltetes Fahrerhaus in Pontonform eine Panorama-Frontscheibe aufwies und durch die großflächige Heckscheibe eine gute Rundumsicht gewährleistete. Dieses in der Grundform unveränderte Design wurde noch bis

Oben: MAN MK, Sechszylinder-Diesel, 120 PS, 7980 cm³ Hubraum, 5 t Nutzlast, Baujahr 1949. Ein hervorragend restauriertes Fahrzeug!

MAN-MK-25-Sprengwagen, Sechszylinder-Diesel, 120 PS, 7983 cm³ Hubraum, 10,6 t zulässiges Gesamtgewicht, Baujahr 1952.

M·A·N TYP F 8

DAS ZWEIACHSFAHRZEUG FÜR SCHWERTRANSPORTE ALLER ART
180 PS · 9750 KG FAHRGESTELLTRAGFÄHIGKEIT

Sattelschlepper · Dreiseitenkipper · Tankwagen · Kastenwagen · Holztransportfahrzeuge

Kräftige Bauweise und eine Ausführung, die den größten Beanspruchungen standhält, sind Merkmale der M·A·N-Fahrzeuge. Zuverlässigkeit und geringer Brennstoffverbrauch machen sie zu äußerst wirtschaftlichen Fahrzeugen, Faktoren, die heute mehr denn je in die Waagschale fallen.

Mit dem Typ F 8 setzt die M·A·N ihre Tradition im Schwerstlastwagenbau fort. Die Erfahrungen von mehreren Jahrzehnten und die neuesten technischen Erkenntnisse vereinigen sich in diesem Fahrzeugtyp, dessen Belastbarkeit höher ist als die Bestimmungen über das gesetzliche Höchstgewicht zulassen.

Das Fahrgestell ist für ein Gesamtgewicht von 19 t ausgelegt. Das ergibt eine Tragfähigkeit von 12 750 kg. Die deutschen gesetzlichen Bestimmungen lassen zur Zeit eine Ausnützung nur bis 16 000 kg zu, so daß die Fahrgestelltragfähigkeit mit 9750 kg begrenzt ist.

Kennzeichen:

Motor:	180 PS, M·A·N-Diesel V 8-Zylinder
Getriebe:	Allklauen-Leichtschaltgetriebe, 6 Vorwärtsgänge, 1 Rückwärtsgang
Vorderachse:	Faustachse
Hinterachse:	M·A·N-Bauweise, Tragachse vom Triebwerk getrennt
Fußbremse:	Druckluftbremse, Luftverdichter mit hoher Leistung
Handbremse:	Feststellbremse mit Unterstützung durch Federspeicher-Bremszylinder, über Gestänge auf die Hinterräder wirkend
Federn:	vorn: Kräftige Halbelliptikfedern hinten: Stufenfedern
Fahrerhaus:	Ganzstahlbauweise, daher äußerste Sicherheit, verstellbarer Fahrersitz
Brennstoffbehälter:	1 Behälter zu 130 ltr., 1 Reservebehälter zu 130 ltr.
Räder:	Trilex-Räder mit F
Reifen:	13.00—20 e. H. D.

Dieser MAN-F-8-Kastenwagen, nahm am 1993er Lkw-Treffen in Neuharlingersiel teil.

MAN-F-8-Schwerlast-Lkw, 180-PS-Achtzylinder-V-Motor, mit 11633 cm³ Hubraum, Baujahr 1955.

Der neue M·A·N DIESEL

Typ 630 L 1 – 130 PS

Mit dem neuen Typ 630 L 1 setzt die M·A·N ihre Tradition im Schwerlastwagenbau fort. Die Erfahrungen und Erkenntnisse von fast 4 Jahrzehnten sind in diesem robusten Fahrzeug vereinigt. Das markanteste Merkmal des neuen Fahrzeuges ist der neue **geräuscharme M·A·N-Dieselmotor**, der bei noch günstigerem Kraftstoffverbrauch eine verbesserte Zugleistung im unteren Drehzahlbereich bei **völliger Beseitigung des Zündgeräusches** erreicht. Bemerkenswert ist ferner die fortentwickelte neue Hinterachse und eine neue verbesserte und in ihren Abmessungen **vergrößerte Bremsanlage**. Ganz besonders hervorzuheben ist das neue hervorragend ausgestattete **Fahrerhaus**: alle Bedienungshebel bequem erreichbar – gut übersichtliches Armaturenbrett – allseitig verstellbarer Fahrersitz – schwenkbare Belüftungsfenster – Rückblick-Eckfenster – Leselampen – Klapptisch und viele andere Neuerungen.

Motor:
- Baumuster . . . . D 1246 M 2
- Arbeitsverfahren . . . . Viertakt-Diesel *Direkte Einspritzung - Geräuscharm*
- Hub . . . . 140 mm
- Bohrung . . . . 112 mm
- Zylinderzahl 6
- Hubraum . . . . 8276 cm^3
- Leistung . . . . 130 PS - 2000 U/min

M·A·N DIESEL
TYP 750 L 1 - 145 PS

Die Vorzüge dieses **starken, wirtschaftlichen und zuverlässigen** Lastwagens der 6–7 to Klasse sind:

der seit Jahren bewährte, unerhört elastische, verschleißfeste und sehr sparsame **M-Motor**, der dem Fahrzeug **Wirtschaftlichkeit** und **hervorragende Fahreigenschaften** verleiht;

das **robuste Fahrgestell**, dessen Bauweise sich im **schwersten Einsatz bewährt** hat und die in **Jahrzehnten erprobte M.A.N.-Hinterachse**;

ein sehr **zweckmäßig** ausgestattetes Fahrerhaus und eine große Ladefläche.

Der 6-Zyl.-M-Motor D 1246 M 8
startfreudig – **geräuscharm** – bei geringem Kraftstoffverbrauch **leistungsfähig** und außergewöhnlich **elastisch** im Fahrbetrieb durch 4-Takt-Arbeitsverfahren mit Direkteinspritzung in den Mittenkugelbrennraum.

Technische Merkmale:

Zylinderzahl	6
Bohrung/Hub	112/140 mm
Hubraum	8,27 Ltr.
Leistung	145 PS/bei 2400 U/min
Drehmoment	46,0 mkg
spez. Kraftstoffverbrauch	160 g/PSh
Ölverbrauch	unter 1 g/PSh

1994 verwendet. Im Laufe der Zeit wurden immer mehr MAN-Lastwagenmodelle auf die aktuelle Kurzhaubenkabine umgestellt. Diese Fahrzeuge wurden bereits im neuen Münchener Werk montiert, denn MAN hatte 1955 das in Allach gelegene, der Firma BMW gehörende ehemalige Flugmotorenwerk erworben, welches zur Kapazitätsausweitung dringend benötigt wurde.

Ab 1959 gab es auch ein Fahrerhaus für die schwereren

MAN-745-L1-Zugmaschine, Sechszylinder-Diesel, 145 PS, 8276 cm³ Hubraum, Baujahr 1956.

Restaurierter MAN-745-L1-Sattelzug aus den Niederlanden, Baujahr 1956.

MAN-758-L1-Abschleppkranwagen, 155 PS, Achtzylinder-Diesel, 10644 cm³ Hubraum, 15 t zulässiges Gesamtgewicht, Baujahr 1954. 1989 noch im Einsatz.

MAN-515-L1-Pritschenwagen, Sechszylinder-Diesel, 115 PS, 7983 cm³ Hubraum, 10,2 t zulässiges Gesamtgewicht, Baujahr 1955, Eigentümer: Emil Bölling, Castrop-Rauxel.

MAN-515-L1-Kirmeszugmaschine mit Kurzpritsche.

MAN-15215-BF-Dreiachs-Fernverkehrslastwagen, Sechszylinder-Diesel, 215 PS, 10344 cm³ Hubraum, 22 t zulässiges Gesamtgewicht, Baujahr 1966.

MAN-15215-Flugplatztankwagen 26000 l, 215 PS, 22 t zulässiges Gesamtgewicht, Baujahr 1965, Flughafen München-Riem.

M·A·N 415 L1

115 PS m-Motor
Nutzlast 5 t

Das in moderner Formgebung konstruierte Nutzfahrzeug mit hoher Wirtschaftlichkeit. Die freie Sicht durch die großen Fensterflächen, die leichtgängige Lenkung und das dreifache Bremssystem bilden die Grundlage der Überlegenheit dieses Fahrzeugs im Straßenverkehr.

AUS DER ÄLTESTEN DIESELMOTORENFABRIK DER WELT

Modelle, das nach den gleichen Bauprinzipien gestaltet war.

Auch mit der Bundeswehr kam die MAN gut ins Geschäft, indem von 1958–1972 das Militärmodell 630 L 2 A, das der Fünftonnen-Klasse angehörte und mit einem 130-PS-Vielstoff-Diesel bestückt war, in nahezu 30000 Stück an diesen Hauptauftraggeber, aber auch an andere NATO-Armeen geliefert wurde.

In den 60er Jahren bot MAN neben den in Kurzhauber-Bauweise ausgeführten Lastkraftwagen mit unterschiedlichen Motorleistungen, Nutzlasten und Typenbezeichnungen auch schwere Frontlenkerlastwagen an, nachdem die für sie bedeutsamen Maß- u. Gewichtsbestimmungen endgültig geklärt waren.

Den Anfang dieser mit neuer, breiter Kabine und durchgehender Panoramascheibe recht bullig gestalteten Schwerlastwagen machte bereits der Typ 770 L 1 F, dem ab Frühjahr 1961 das Fernverkehrsfahrzeug 10.210 TL F 1, ausgerüstet mit einem 210-PS-Sechszylinder-Direkteinspritzdiesel mit Aufladung, folgte. In dieser Klasse (10 t Nutzlast bei 16 t zulässigem Gesamtgewicht) wurde ab 1963 der 10.212 F (ohne Lader) angeboten, der auch als Sattelzugmaschine erhältlich war. Das im unteren Bereich etwas breit geratene Fahrerhaus dieser Modelle wurde aus diesem Grunde vielfach auch als „Pausbacke" bezeichnet. Nachdem MAN bereits 1959 – im Zuge der Seebohmschen Gesetze – die ersten Versuche mit Dreiachs-Frontlenker-Lkw gemacht hatte, erschien 1964 mit dem Typ 15.212 ein

Dreiachsmodell mit zwei angetriebenen Hinterachsen. Das zulässige Gesamtgewicht war bei Betrieb auf öffentlichen Straßen auf 22 t begrenzt, konnte aber im Baustellenverkehr oder mit Sondergenehmigung auf max. 26 t erhöht werden.

1967 präsentierte man mit dem Typ 8.156 den ersten Frontlenker-Lkw als Beginn einer neuen Reihe mit neuzeitlichen kubischen Fahrerhäusern, die gemeinsam mit dem französischen Partner Saviem entwickelt worden waren. Diesem Modell wurde der Dreiachstyp 16.250 mit einer nicht angetriebenen Schleppachse zur Seite gestellt. Auch eine Dreiachs-Version mit zwei angetriebenen Hinterachsen gehörte dazu.

Mit der Firma Saviem wurde im gleichen Jahr eine Kooperation begonnen, die auf einem gegenseitigen Austausch des Angebotsprogramms basierte. MAN konnte seither auch leichte Lastkraftwagen ab 2 t auf dem deutschen Markt anbieten.

Schon seit 1968 hatte sich mit der Firma Büssing eine Zusammenarbeit ergeben, die 1972 zur endgültigen Übernahme durch die MAN führte. In der Folgezeit kam es auch zur Zusammenarbeit mit der Daimler-Benz AG, dem schärfsten Konkurrenten auf dem Nutzfahrzeugmarkt, die eine Arbeitsteilung bei der Entwicklung von Achsen und Motoren zum Ziel hatte. Die in den 80er Jahren von VW und MAN neu entwickelte Gemeinschaftsbaureihe leichter Transportfahrzeuge diente der Abrundung der Angebotspaletten beider Unternehmen.

M·A·N 780 H

**Haubenausführung · Pritschenwagen
180 PS M·A·N -ℳ- Motor · Nutzlast-Klasse bis 9 t
Zulässiges Gesamtgewicht 14 t**

Dieser Schwerlastwagen besticht durch seine elegante Form. Der Kurzhauber wird in 4 Radständen als Pritschenwagen, Sattelzugmaschine und Kipper geliefert. Das geräumige Fahrerhaus mit der freien Sicht durch die großen Fensterflächen, die leichtgängige Lenkung, bequeme Schaltung sowie das 3fache Bremssystem bilden die Grundlage der unbedingten Verkehrssicherheit des M.A.N. 770 H.

Oben MAN Typ 770 H, Kurzhauber, unten der MAN Typ 770 F als Frontlenker.

MAN 21.212, Sechszylinder-Diesel, 212 PS, 9659 cm³ Hubraum, 22 t zulässiges Gesamtgewicht, Baujahr 1965 (Prospektblatt).

Unten: MAN 10.212 BF, gleiche motortechnische Daten, Baujahr 1965 (Prospektblatt).

Opel-Blitz 1,75 t, restaurierter Getränke-Lkw, Sechszylinder-Vergasermotor, 58 PS, Baujahr 1954.

Opel

Im Jahre 1909 nahmen die Rüsselsheimer Opel-Werke erstmals die Fertigung von Lastwagen für Nutzlasten von 3 und 4 Tonnen auf. Diese Modelle wurden während des Ersten Weltkrieges für militärische Zwecke und in den 20er Jahren für den zivilen Einsatz produziert.

Erst mit der Übernahme des Unternehmens durch den US-amerikanischen General-Motors-Konzern im Jahre 1928 sollte sich das Nutzfahrzeugprogramm zu größeren Stückzahlen ausweiten. 1931 begann die Serienfertigung eines neuen Zweitonnen-Lastwagens mit dem einprägsamen Namen „Blitz". Dieser Name erlangte bald einen geradezu legendären Ruf. Nun begann eine stetige Aufwärtsentwicklung, so daß die Rüsselsheimer Kapazitäten in keiner Weise ausreichten und 1935 mit dem Bau eines neuen Lastwagenwerks in Brandenburg/Havel begonnen wurde, das in unglaublich kurzer Zeit fertiggestellt war. Hier wurde die bekannteste Blitz-Variante, der Dreitonnen-Typ, gefertigt.

Bereits 1934 war das Programm durch einen 1-t-Schnelllastwagen ergänzt worden, der ab 1938 auf 1,5 t Nutzlast, nunmehr mit 55-PS-Maschine, aufgelastet wurde. 1936 wurde der Opel-Blitz-3-t-Lkw mit anfangs 64, ab 1937 mit 75 PS Motorleistung vorgestellt, den man bis zur Zerstörung des Brandenburger Werks im Jahre 1944 in über 130000 Exemplaren, vornehmlich als Militärlastwagen, auch in einer Allradausführung, produzierte. Seit Mitte 1944 kam auch die Lizenzfertigung dieses Modells bei Daimler-Benz, dort als L 701 bezeichnet, in Gang. Der Opel-Blitz 3 t war ein sehr zuverlässiger Militärlastwagen des Zweiten Weltkrieges.

Nach Ausfall des Brandenburger Werks – es lag in der damaligen Sowjetischen Besatzungszone – konnte nach Beendigung des Krieges nur noch die Produktion des leichten 1,5-Tonners in Rüsselsheim wieder aufgenommen werden. Man beschränkte sich fortan ausschließlich auf den Bau leichter Lastwagenmodelle, eine Basis, die sich auf Dauer als nicht breit genug erweisen sollte.

Der Opel-Blitz-1,5-Tonner, ausgerüstet mit dem Sechszylinder-55-PS-Vergasertriebwerk des Opel Kapitän, erwies sich als ein sehr zuverlässiger und spurtstarker Lastwagen, der 95 km/h Höchstgeschwindigkeit erreichen konnte. Bis zur Produktionseinstellung im Jahre 1951 verließen über 37000 dieser Schnellastwagen die Montagebänder.

Anfang 1952 löste der neuentwickelte 1,75-Tonner das bisherige Modell ab. Er wurde – wie alle bisherigen Opel-Lastwagen – ebenfalls von einem nunmehr 58 PS starken Vergasermotor (ab 1955 mit 62 PS) angetrieben. Äußerlich wartete dieses Fahrzeug mit einem neuen Erscheinungsbild auf: Motorhaube und Kabine waren in einer allseits gerundeten Form geprägt, wie sie damals die Amerikaner vorgaben. Bis zum Modellwechsel Anfang 1960 wurden annähernd 90000 Einheiten dieses sehr bewährten Opel-Schnellastwagens verkauft, der für alle Verwendungszwecke, die die geringe Nutzlast zuließ, zum Einsatz kam.

Dieses Modell war damit – noch vor Hanomag – Marktführer seiner Klasse.
Zunehmender Konkurrenzdruck, nicht zuletzt durch den neuen Daimler-Benz-Transporter L319, veranlaßte Opel, 1960 den in Kurzhaubenform ausgebildeten 1,9-Tonner herauszubringen. Die Motorleistung hatte man auf 70 PS angehoben, aber wieder war nur eine Vergaserausführung lieferbar, obwohl die Konkurrenz mittlerweile allerorten, zumindest wahlweise, wirtschaftlichere Diesellastwagen dieser Klasse im Programm hatte. So wunderte es nicht, daß die Verkaufszahlen ab 1961 kontinuierlich zurückgingen und 1965 das Rüsselsheimer Unternehmen versuchte, mit einem neuen Modell die Flucht nach vorn anzutreten und die Lage nochmals zu retten.

1½ to Opel-Blitz Pritschenwagen

Technische Einzelheiten des Aufbaues:

Abmessungen:

Gesamtlänge	ca. 5410 mm
Größte Breite	ca. 1940 mm
Größte Höhe mit Plane, belastet	ca. 2270 mm
Größte Höhe mit Plane, unbelastet	ca. 2360 mm
Größte Höhe über Fahrerhaus, belastet	ca. 1875 mm
Größte Höhe über Fahrerhaus, unbelastet	ca. 1910 mm
Gewicht der Pritsche mit Unterbau	250 kg
Gewicht der Spriegel und Plane	45 kg

Laderaum:

Länge	2900 mm
Breite	1800 mm
Höhe - Bordwand	405 mm
Höhe - Plane	1250 mm

Unterbau:

Sämtliche Längs- und Querschweller sowie Stege sind aus bestem Hartholz hergestellt. Die Längsschweller liegen auf den Rahmen-Längsträgern des Fahrgestelles. Die Längsschweller sind nach hinten verjüngt, um eine waagerechte Ladefläche zu erhalten. Sie sind mit durchgehenden Schrauben sowie seitlichen Befestigungsplatten mit den Rahmenlängsträgern verschraubt. Auf den Längsschwellern stehen die Stege, welche drei Querschweller des Unterbaues tragen. Zwischen den Längsschwellern und den Stegen liegen große Unterlagsplatten zur Druckverteilung. Jeder Querschweller ist mit den Längsträgern durch zwei kräftige Stege und Schrauben verbunden. Der vordere Querträger ist außerdem durch zwei dreiecksförmige Versteifungsplatten mit den Längsträgern verbunden. Der hinterste Querträger der Pritsche wird durch zwei U-förmige Streben, welche auf dem Rahmenende ruhen, abgestützt. Sämtliche Verbindungen des Unterbaues sind geschraubt und können nachgezogen werden. Zwischen den beiden vorderen Querschwellern ist die Ersatzradhalterung auf beiden Längsschwellern angeschraubt.

Pritsche:

Die Pritsche ist ebenfalls aus bestem Holz hergestellt. Die Pritschen-Bodenbretter sind mit Nut und Feder zusammengefügt und ruhen auf den Querschwellern des Unterbaues. Der Boden ist mit Bandeisen belegt sowie mit Eckwinkeln versehen. Alle Außenkanten der Bordwände sind mit U-Schienen eingefaßt. Jede abklappbare Wand wird mit drei kräftigen Scharnieren gehalten. Die U-förmigen Scharniere reichen über die ganze Höhe der Bordwände und haben Gegenleisten aus Flacheisen auf der Innenseite der Pritsche. Die Bordwände werden durch Hakeneckverschlüsse unter Federdruck zusammengehalten, sodaß Klappern der Pritschenwände vermieden wird.

Stärke der Bodenbretter	25 mm
Stärke der Seitenwandbretter	25 mm

Plane:

Die Plane liegt auf einem starken Spriegel-Gestell, welches mit dem Pritschenboden verschraubt ist. Dadurch wird das Abklappen der Wände nicht verhindert. Es besteht aus drei Stahl-Spriegeln mit U-Profil und sechs Holzleisten. Die Plane ist aus widerstandsfähigem und wasserabstoßendem Segeltuch hergestellt und an allen Scheuerstellen mehrfach verstärkt. Im Plane-Vorderteil

Im Gegensatz zum Vormodell, dessen Styling kaum Beifall gefunden hatte, konnte man diesmal mit einem stilistisch gestrafften, sehr ansprechenden Entwurf aufwarten. Das neue Modell gab es in zwei Nutzlastklassen, nämlich mit 2,1 und 2,4 t, und war nun mit 80 PS Motorleistung lieferbar, für das ab 1968 auch ein 60 PS starker Peugeot-Dieselmotor eingebaut werden konnte.

Trotzdem gingen die Verkaufszahlen langfristig – trotz kurzzeitiger Erfolge durch den Dieselmotor – weiter zurück.
So entschloß sich die amerikanische GM-Konzernleitung, die Lastwagenfertigung in Deutschland ganz aufzugeben. Im Januar 1975 rollten die letzten Lastwagen vom Band und beendeten damit eine über 70jährige traditionsreiche Entwicklung.

1 3/4 to

OPEL BLITZ-SCHNELLASTWAGEN

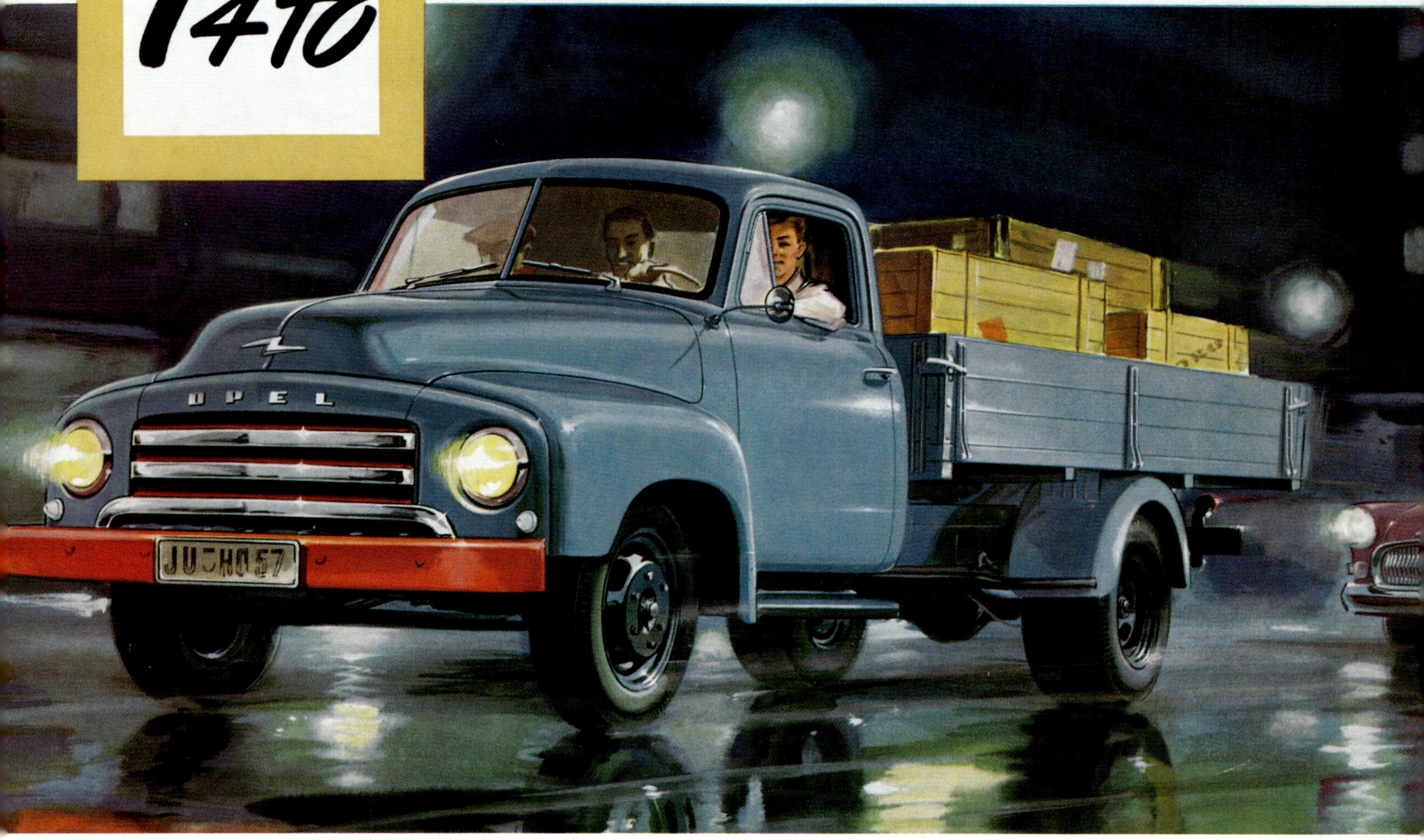
OPEL

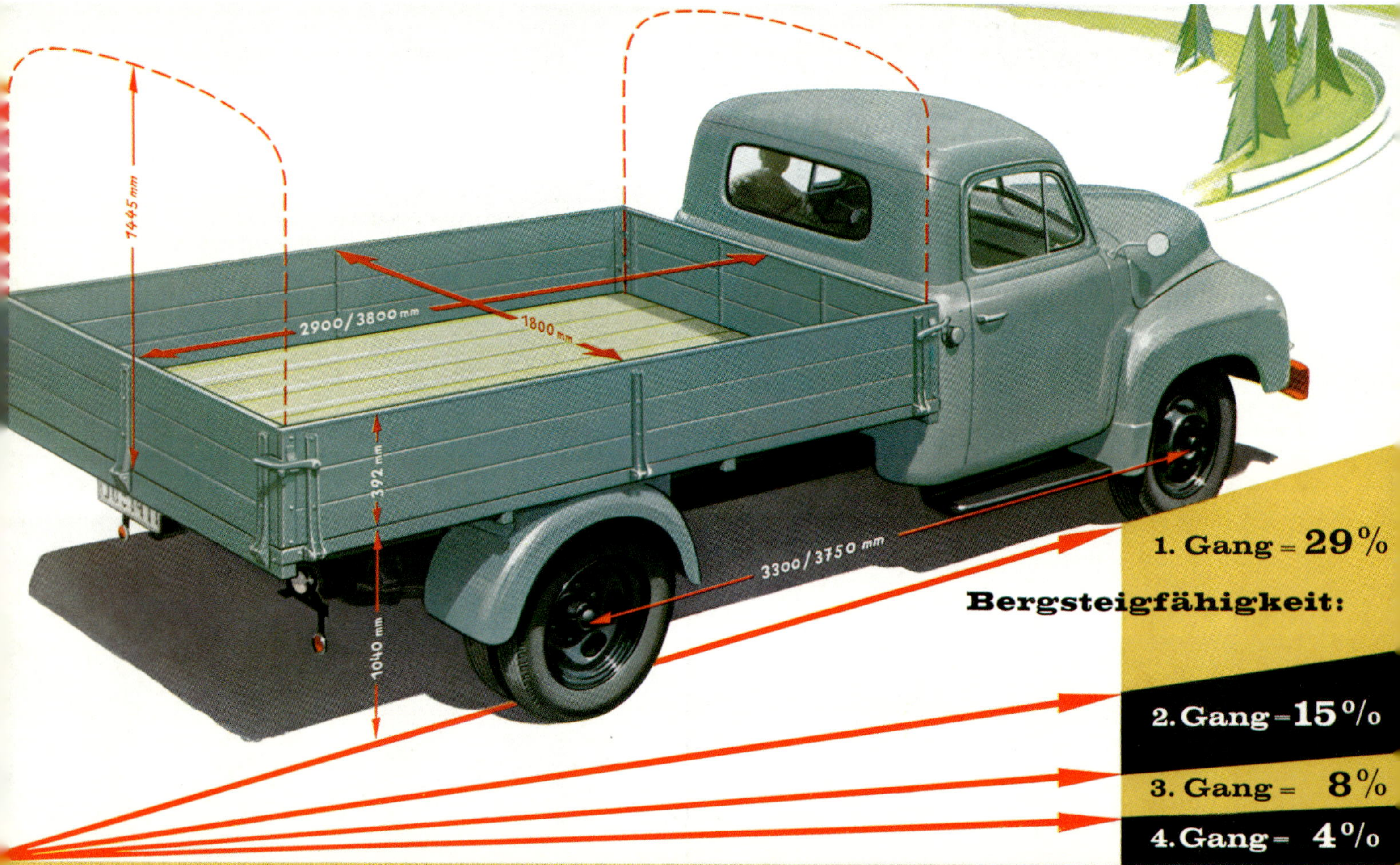
1445 mm
2900/3800 mm
1800 mm
392 mm
1040 mm
3300/3750 mm
Bergsteigfähigkeit:
1. Gang = 29%
2. Gang = 15%
3. Gang = 8%
4. Gang = 4%

EIN RIESE AM BERG, EIN WIESEL IM VERKEHR

Nutzlast des serienmäßigen Pritschenwagens: 2to

Opel-Blitz-1,75-t-Kipper, Baujahr 1955, im Sommer 1982 noch mit der ersten Maschine (mit über 800000 Kilometern) bei einem Linzer Kohlenhändler im Einsatz.

Opel-Blitz-1,75-t-Kipper, Sechszylinder-Vergasermotor, 62 PS.

Ein Schnell-Lastwagen neuen Typs .... OPEL BLITZ

2 to

TECHNISCHE EINZELHEITEN

Motor
Bauart 6-Zylinder-4-Takt-Vergasermotor

Maße
Zylinderbohrung . . . . 85 mm
Hub . . . . 76,5 mm
Hubraum (effektiv) . . . . 2605 ccm
Verdichtungsverhältnis 7,0
Größte Leistung . . . . 70 PS bei 3600 UPM
Größtes Drehmoment . 17,8 mkg 1200-2000 UPM
Ventile . . . . hängend
Schmierung . . . . Druckumlaufschmierung
Vergaser . . . . Fallstromvergaser
Kühlung . . . . Lamellenkühler, Wasserumlauf durch wartungsfreie Pumpe
Zündverstellung . . selbsttätig durch Fliehkraft und Unterdruck

Wechselgetriebe
4 Vorwärtsgänge, 1 Rückwärtsgang, voll- und sperrsynchronisiert, geräuscharm
Übersetzungsverhältnis   Steigfähigkeit
1. Gang 1 : 5,199   38%
2. Gang 1 : 2,815   18%
3. Gang 1 : 1,621   10%
4. Gang 1 : 1,000   6%
Rückwärtsgang 1 : 4,902

Ausgleichgetriebe
Spiralverzahnte Antriebs-Kegelräder
Übersetzungsverhältnis 5,5 : 1

Kupplung
Bauart . Einscheibenfeder-Kupplung (Belleville)

Fahrgestell
Räder . . . gelochte Stahlscheibenräder mit Felge 4,00 E x 18
Bereifung . . 6,00-18, extra Transport hinten Zwillingsreifen

Lenkung . Schnecken-Rollensegmentlenkung
Fußbremse Öldruck-Vierradbremse (Duo-Servo)
Handbremse . . mechanisch auf Hinterräder
Gesamtbremsfläche . . . . . . 1440 cm²
Rahmen . . . ungekröpftes U-Profil
Vorderachse Faustachse I-Profil mit Teleskop-Stoßdämpfern und Stabilisator
Hinterachse und Antrieb . Achswelle frei von Biegungsbeanspruchung, Gelenkwelle zweiteilig, Teleskop-Stoßdämpfer

Elektrische Ausrüstung
Lichtmaschine . . . . . . 6 Volt – 200 Watt
Batteriekapazität . . . . 77 Ah

Füllmengen
Kraftstofftank . . . . . . 68,0 Liter Kraftstoff
Kühlsystem (mit Heizung) . 9,65 Liter Wasser
Motor (Nachfüllmenge) . . 4,0 Liter Öl
Getriebe . . . . 1,6 Liter Öl
Hinterachse . . . . 2,4 Liter Öl

                        Radstand
                    3000 mm 3300 mm
Gewichte
Zulässiges Gesamtgewicht   4000 kg 4000 kg
Höchstzul. Vorderachsdruck 1300 kg 1300 kg
Höchstzul. Hinterachsdruck 2800 kg 2800 kg
Leergewicht des Kastenwagens 1970 kg 2070 kg
Nutzlast des Kastenwagens 2030 kg 1930 kg

Kraftstoffverbrauch
nach DIN 70030 . . . . 14,4 Ltr./100 km

Änderungen vorbehalten.
Diese Daten sind nach DIN 70020 u. 70030 aufgest.
Sonderausrüstung gegen Mehrpreis.

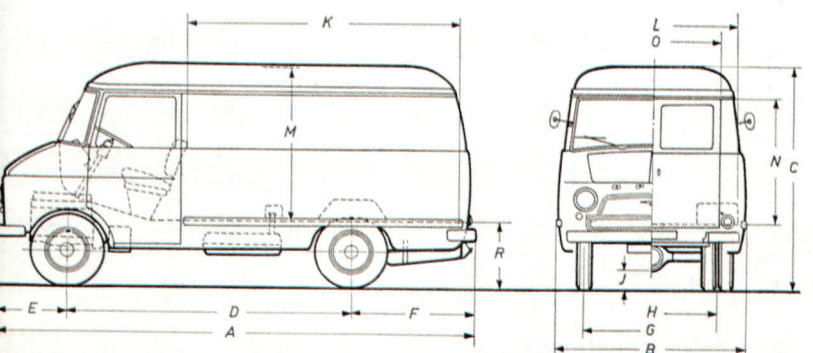

Der OPEL BLITZ-Kastenwagen ist für den harten Alltagsbetrieb gebaut. Deshalb erweist sich eine Probefahrt in diesem Wagen immer als die beste Information. Ihr OPEL-Händler ist dazu gern bereit.

Abmessungen
A Länge über alles   5270 mm   6170 mm
B Breite über alles   2065 mm   2065 mm
C Höhe über alles, unbelastet 2480 mm   2480 mm
D Radstand   3000 mm   3300 mm
E Überhang, vorn   815 mm   815 mm
F Überhang, hinten   1455 mm   2055 mm
G Spurweite, vorn   1425 mm   1425 mm
H Spurweite, hinten   1420 mm   1420 mm
I Bodenfreiheit, Hinterachse   220 mm   220 mm
K Laderaum, Länge   3000 mm   3900 mm
L Laderaum, Breite   1880 mm   1880 mm
M Laderaum, Höhe   1630 mm   1630 mm
N Rückwand-Ladetür, Höhe   1330 mm   1330 mm
O Rückwand-Ladetür, Breite   1400 mm   1400 mm
R Ladehöhe, unbelastet   840 mm   835 mm

Überall vorbildliche Betreuung durch den OPEL-Kundendienst. In mehr als 1700 OPEL-Kundendienst-Stationen bürgen erfahrene Spezialkräfte für schnellen, preisgünstigen und vor allem sachgemäßen Überwachungs- und Abschmierdienst. Preiswerte Original-OPEL-Ersatzteile.

ADAM OPEL AKTIENGESELLSCHAFT · RÜSSELSHEIM AM MAIN

IFA-Phänomen-Granit-27-Lkw im Juli 1981 auf der Autobahn zwischen Karl-Marx-Stadt (heute Chemnitz) und Dresden fotografiert.

Phänomen/Robur

Von den ehemaligen Phänomenwerken in Zittau/Sachsen (später VEB IFA-Werk Phänomen) wurde auf der Leipziger Frühjahrsmesse 1948 der bereits während des Krieges gebaute 1,5-t-Typ Granit 27 vorgestellt und ab 1949 als 2-t-Lkw produziert. 1951 stand für dieses Modell auch ein neuentwickelter, luftgekühlter Dieselmotor zur Verfügung.
1953 erschien der nun als Granit 30 K bezeichnete Typ mit aktualisiertem Fahrerhaus und leistungsgesteigertem Triebwerk. 1956 änderte man die Typenbezeichnung in Garant 30 K. Da die Bezeichnung des Herstellerwerkes ab 1957 in VEB Robur-Werke Zittau geändert wurde, hieß der jetzt für 2,5 t Nutzlast ausgelegte und mit einem 60-PS-Motor angetriebene, bis 1960 gefertigte Lastwagen nun Robur Garant.
1961 löste das Frontlenkermodell LO 2500 (mit der typischen „Fischmaulfront") mit 70-PS-Vergasermotor das Vormodell ab. Ab 1963 war auch eine Dieselversion lieferbar. Eine Allradversion (LO 1800 A) wurde vor allem von der NVA (Nationale Volksarmee) verwendet.
Mit verschiedenen Modifikationen und Verbesserungen (u.a. Nutzlaststeigerung auf 3 t im Jahre 1973) wurden diese wohl robusten, in den letzten Jahren ihrer Fertigung aber doch zunehmend veralteten Fahrzeuge in großen Stückzahlen bis 1991 gebaut.

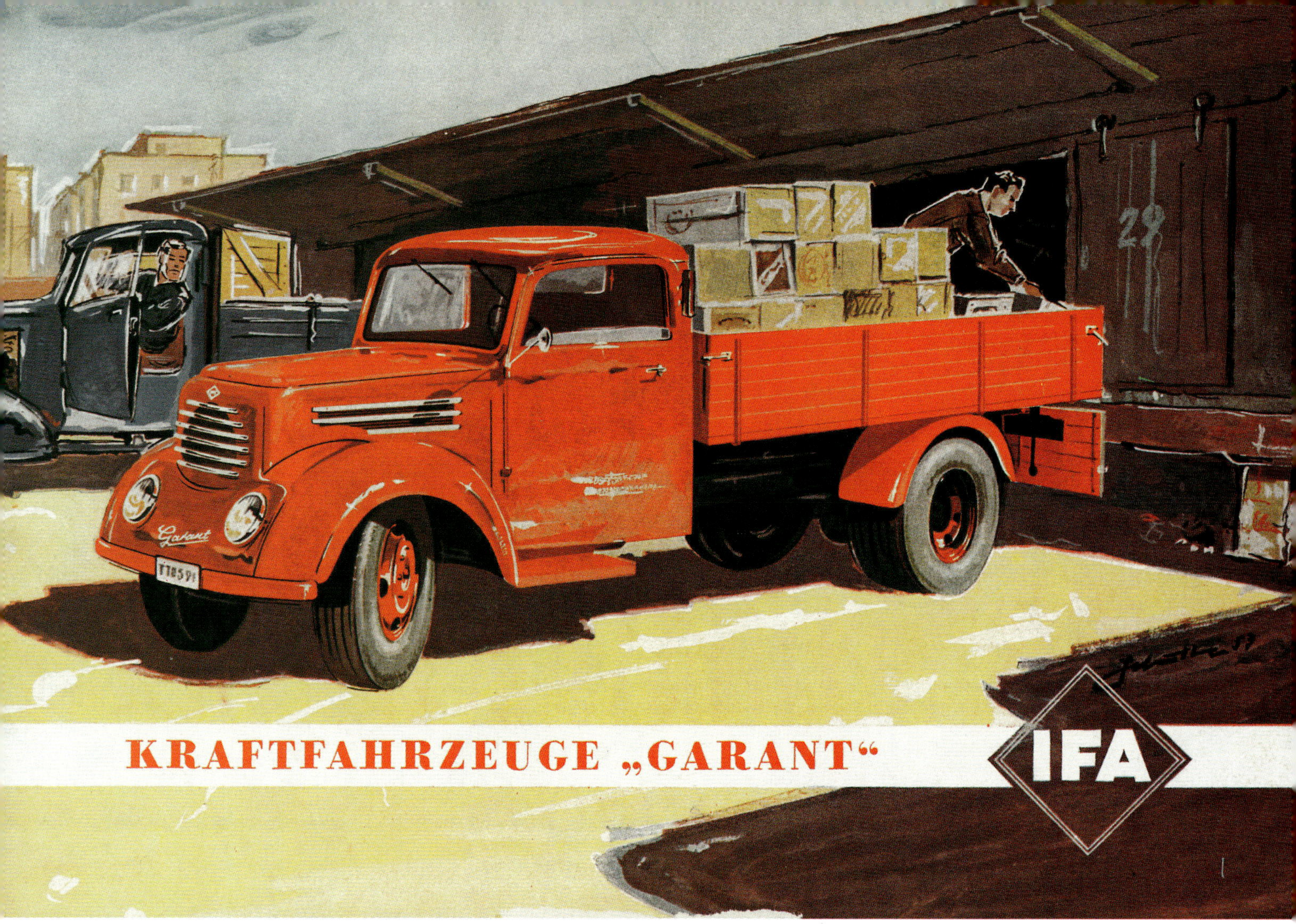
KRAFTFAHRZEUGE „GARANT“
IFA

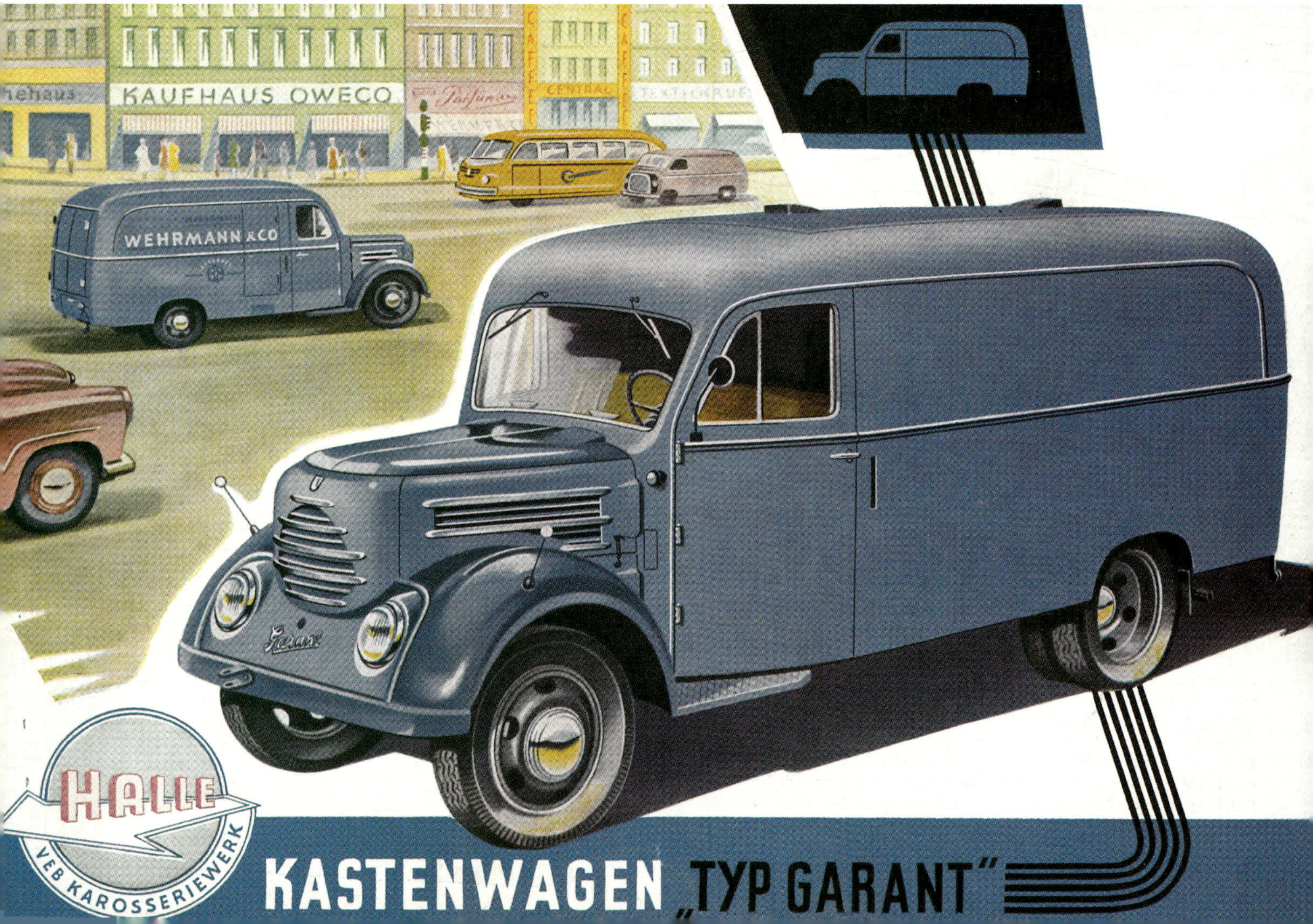
KAUFHAUS OWECO
CENTRAL
WEHRMANN & CO
HALLE
VEB KAROSSERIEWERK
KASTENWAGEN „TYP GARANT“

IFA Phänomen Granit 30 K, Kipper, Vierzylinder-Vergasermotor, 55 PS, 3000 cm³ Hubraum, Nutzlast 2 t, 80 km/h Höchstgeschwindigkeit.

Linke Seite oben: Robur Garant 30 K, Vierzylinder-Vergasermotor, 60 PS, 3000 cm³ Hubraum, Militärausführung mit Allradantrieb für die NVA (Nationale Volksarmee).

Linke Seite unten: Robur Garant 30 K, Ausführung als Kastenwagen für die Deutsche Post der ehemaligen DDR.

Rechts: Spezial-Leitertransport-Lkw des Typs Garant 30 K mit 12-m-Drehleiter (handbetätigter Holzleiterpark).

Unten: Robur-Garant-30-K-Kipper.

Robur-Garant-30-K-Kofferwagen.

Robur-Garant-30-K-Lkw mit Doppelkabine und Kurzpritsche.

Robur-Garant-30-K-Lkw mit Kurzpritsche, Aufnahmedatum Sommer 1991 – die letzten überlebenden Fahrzeuge dieses Typs werden bald aus dem Straßenverkehr verschwunden sein.

Robur-LO-2500-Kofferwagen, Vierzylinder-Vergasermotor, 70 PS, 3345 cm³ Hubraum, 2,2 t Nutzlast.

Robur-LD-2500-Pritschenwagen, Vierzylinder-Dieselmotor, 70 PS, 3927 cm³ Hubraum.

Robur-LO-2500-Pritschenwagen mit Plane und Spriegel.

Hochladerpritsche

LADEFLÄCHE 2000 × 1600 × 340 mm

Die Forderungen der Wirtschaft nach einem ansprechenden, preiswerten und rentablen Transportfahrzeug führten zur Herstellung des „TEMPO-Boy". Entwickelt wurde er aus dem in der Praxis tausendfach bewährten ³/₄-Tonner „TEMPO-HANSEAT", dessen verwindungsfreies und robustes Chassis unverändert übernommen worden ist. Die niedrige Steuer und seine geringen Unterhaltungs- und Kraftstoffkosten sind Faktoren, die jeder rechnende Kaufmann stark beachtet. Diese Vorteile ermöglichen auch dem kleineren Gewerbetreibenden die Anschaffung und befähigen ihn zu größerer Leistung. Aber auch große Betriebe vervollständigen ihren Wagenpark durch Tempo-Wagen. Die sprichwörtliche Wirtschaftlichkeit bei schnellen und näherliegenden Transportaufgaben macht den TEMPO-Kleinlaster auch dort zum unentbehrlichen Helfer.

Tempo

Das im Jahre 1928 in Hamburg-Harburg gegründete Tempo-Werk Vidal & Söhne spezialisierte sich in der Vorkriegszeit auf Dreirad-Lieferwagen. Der in großen Stückzahlen hergestellte Typ E400 wurde im Krieg als Einheitsmodell auch von Konkurrenzfirmen gebaut.

Da das Werk von Kriegszerstörungen verschont blieb, konnte die Produktion des nun als A400 bezeichneten Dreirades bereits im Juli 1945 wieder aufgenommen werden. Ab 1948 wurde dieses Modell als „Hanseat" verkauft, das mit einem Zweizylinder-Zweitakt-ILO-Motor mit anfangs 12,5 PS bei 400 cm³ Hubraum bestückt war. Ab März 1950 erhielt der Hanseat ein leistungsgesteigertes Flachkolben-Triebwerk, ein Vierganggetriebe und weitere, äußerlich nicht auffallende Verbesserungen, wozu auch die neukonstruierte Hinterachse zählte.

Mitte 1950 folgte als Neukonstruktion der Typ „Boy", aus dessen kleinem 200- bzw. 250-cm³-Motor 7,5 bzw. 9,5 PS herausgeholt wurden. Dieser Dreirad-Kleinlaster bot den besonderen Vorteil, daß er von Besitzern des ohne Fahrprüfung erhältlichen Führerscheins Klasse IV gefahren werden konnte. „Boy" und „Hanseat" blieben mit verschiedenen im Laufe der Zeit durchgeführten Detailverbesserungen bis Ende 1956 in der Fertigung. Die Tempo-Dreiräder waren – ebenso wie die des Hauptkonkurrenten Goliath und anderer kleiner Anbieter – als preiswerte Transportmittel der Wiederaufbau-Ära nicht wegzudenken.

Seit Oktober 1949 wurde auch ein 1-t-Vierradlieferwagen unter der Bezeichnung „Matador" mit Vierzylinder-Vergasertriebwerk mit anfangs 25 PS angeboten. Die letzte, als „Matador 1400" bezeichnete Ausführung des Jahres 1955 besaß ein 34-PS-Antriebsaggregat mit 1100 cm³ Rauminhalt. Das von 1955–1963 angebotene, auch formal geänderte Nachfolgemodell „Matador I" verfügte bereits über 48 Pferdestärken.

Abgerundet wurde die Angebotspalette 1953 mit dem neuen, preiswerten 0,75-t-Vierrad-Lieferwagen „Wiking", dessen Zweizylindermotor in dieser ersten Ausführung 17 PS erzeugte. Äußeres Kennzeichen dieses bis 1955 gebauten Typs war die fischmaulartig geformte Kühlluftöffnung der schmalen Motorhaube. Ab 1955 erhielt der Tempo „Wiking" das größere Fahrerhaus des „Matador I" und wurde in dieser Ausführung bis 1963 produziert.

1957 ersetzte man den Zweitaktmotor im Modell „Wiking Rapid" durch ein 32 PS starkes Vierzylinderaggregat, das die Kundschaft bald bevorzugte. 1963 wurden „Wiking" und „Rapid" vom neuen Typ „Matador E" (Einheitstyp) abgelöst. Diese Modellreihe gab es in mehreren Nutzlastklassen bis 1,75 t (ab 1966) und wurde bis 1967 in recht ansehnlichen Stückzahlen hergestellt.

Der zunehmenden Konkurrenz, insbesondere durch VW und Ford, konnte dieses kleine Privatunternehmen auf Dauer nicht standhalten. 1965 wurde das Werk von der Rheinstahl-Hanomag AG ganz übernommen, welche später – als Hanomag-Henschel-Fahrzeugwerke – in die Daimler-Benz AG aufging.

Kasten

LADERAUM 2000 × 1225 × 990 mm

Äußerlich kaum von seinem größeren Bruder „Hanseat" zu unterscheiden — das stabile Chassis ist ohnehin das gleiche — bietet Ihnen der „TEMPO-Boy" bei einer Tragfähigkeit von 500 kg folgende Vorteile: Sie brauchen keine Fahrschule zu besuchen; zum Führerschein IV verhilft Ihnen Ihr TEMPO-Händler nach einer kurzen Fahrprobe. Die Steuer beträgt nur DM 3.— monatlich. Der 10 PS (Höchstleistung) starke Zweitakt-Doppelkolbenmotor verbraucht nur etwa 6 Liter Kraftstoff auf 100 km. Ein elektrischer Anlasser setzt den Motor in Betrieb. Durch das günstig abgestufte Dreiganggetriebe mit Rückwärtsgang wird die Motorkraft bei allen Straßen- und Geländeverhältnissen wirkungsvoll ausgenutzt. Die leichtgängige Lenkung, kräftige Federung und Duplexbremsen geben Ihnen jederzeit das Gefühl unbedingter Sicherheit.

Kombi

INNENRAUM 2060 × 1400 × 1110

Der TEMPO-Boy als Kombinationswagen, das wandlungsfähige Fahrzeug für Arbeit und Erholung. Der großflächige Laderaum schöpft die Möglichkeiten eines Kleinlastwagens voll aus. Zwei als Rückwand ausgebildete, oben und unten zu öffnende Klappen gestatten die Mitnahme auch überlanger Ladegüter. Am Wochenende wird durch einfaches Einsetzen der hinteren Sitzpolster aus dem Helfer im Geschäft ein bequemer Personenwagen. Fünf Fenster ringsherum geben gute Sicht nach allen Seiten. Der Aufbau besteht aus naturlasiertem Hartholz, das Fahrerhaus ist elfenbein-lackiert. Jeder Sonderwunsch hinsichtlich der Lackierung kann gegen geringen Aufpreis berücksichtigt werden.

VW-Kombi

Volkswagen

Mit der Aufnahme der Serienfertigung des VW-Transporters, werksintern als Typ 2 bezeichnet, erschien 1949 ein völlig neuer Fahrzeugtyp auf dem Nutzfahrzeugmarkt.

Früher hatte man Kleintransporte nur mittels Dreirad-Lieferwagen und mit von Personenwagen abgeleiteten Kombifahrzeugen bewerkstelligt. Diese Fahrzeuge befriedigten aber weder in punkto Geschwindigkeit noch im Raumangebot. Daher stellte der VW-Transporter die Lösung vieler Probleme dar, er war eine echte Sensation und mit ihm wurde eine neue Ära im Bau leichter Nutzfahrzeuge eingeleitet.

Der Transporter war anfänglich mit dem 25-PS-Motor des VW Käfer bestückt, ein Vierzylinder-Boxer mit Luftkühlung, dessen Bau man bis 1982, also bis in die dritte Generation dieser Fahrzeuge hinein, beibehielt. Die Konstruktion des Typs 2 – als Typ 1 bezeichnete man den Pkw „Käfer" – war in selbsttragender Bauweise ausgeführt und konnte 15 Zentner Nutzlast befördern, auch über große Strecken mit akzeptabler Geschwindigkeit. Die Achslastverteilung vorn/hinten war nahezu gleich, was der Straßenlage und der Fahrsicherheit zugute kam. Der Antrieb erfolgte auf die Hinterräder, wobei sich der luftgekühlte Boxermotor – wie beim Käfer – durch gute Durchzugskraft und Robustheit auszeichnete.

Der „Bulli", wie er im Volksmund genannt wurde, besaß lediglich den Nachteil der schlechten Durchlademöglichkeit, denn im Heck befand sich der Motor. Einen gewissen Ausgleich boten allerdings die breiten Seitentüren. Da die Sitze direkt über der Vorderachse angeordnet waren, war der Komfort im Fahrerhaus auch nicht der beste.

Während der langen Jahre seiner Produktionszeit wurde der Transporter in konsequenter Modellpflege laufend überarbeitet und in vielen Details verbessert, ohne daß man das bewährte Grundkonzept antastete. Ab 1952 erhielt der Typ 2 ein teilsynchronisiertes Getriebe und einen auf 30 PS leistungsgesteigerten Motor. 1960 wurde die Motorleistung auf 34 PS erhöht und im August 1962 die 12-Volt-Elektrik eingeführt. Die Produktion der ersten Transportergeneration endete im Juni 1967. Von allen Ausführungen waren insgesamt 1,8 Millionen Stück hergestellt worden. Damit war VW mit diesem Erfolgsmodell allen Konkurrenten auf Längen davongelaufen!

Gegenwärtig gibt es den VW-Transporter mit dem 1990 eingeführten Typ „Caravelle" bereits in der vierten Generation.

Breite Flügeltüren machen das Einsteigen leicht;
bequem erreicht man auch die hinteren Sitze.
Beide Wagentypen haben grundsätzlich die gleiche, weiträumige Platzanordnung.
Beim VW-Achtsitzer mit drei Plätzen auf der vorderen Polsterbank
läßt sich die Rücklehne des ersten Sitzes an der Tür nach vorn klappen;
so kann man ebenso unbehindert nach hinten einsteigen
wie in den Siebensitzer (Bild links), wo dieser eine Platz ausgespart ist.

Lastwagen von gestern –
Veteranen von heute

Udo Paulitz

Lastwagen von gestern – Veteranen von heute

KOSMOS

Mit 247 Farbfotos im 2. Teilband von Udo Paulitz

Zum Bild auf der Seite 2 dieses Teils:
Dieser im Jahr 1943 gebaute allradgetriebene Büssing-NAG-Lastkraftwagen des Typs 4500 A 1 wurde zuletzt im Frühjahr 1945 als Nachschubfahrzeug einer Panzergrenadierdivision der Deutschen Wehrmacht in Schlesien eingesetzt und durch die Wirren des Zusammenbruchs in die westlichen Landesteile verschlagen. Ein Holzmindener Autoverwerter baute den robusten 105er-Büssing zu einem Kranfahrzeug um (siehe die Abbildung auf Seite 98 meines Buches „Alte Laster – Geschlossene Aufbauten/Sonderkonstruktionen") und setzte ihn noch bis zum Beginn der 90er Jahre ein. Sein neuer Besitzer, Paul Kick in Blatzheim bei Düren, restaurierte das Fahrzeug und funktionierte es zu einem Kipper um.

Inhalt

Ein Wort vorab 6	Abschleppwagen 116
Offene Pritschenwagen 8	Kommunalfahrzeuge 119
Pritschenwagen mit Plane 60	Zugmaschinen 123
Baustellenkipper 86	Omnibusse 128
Lastwagen mit Anhängern 88	Krankenwagen/DRK-Fahrzeuge 132
Sattelzüge 99	Polizeifahrzeuge 134
Kasten- und Kofferfahrzeuge 104	Absetzkipper 135
Getränkefahrzeuge 111	Militärfahrzeuge 136
Tankwagen 114	Transporter und Dreiräder 140

Ein stolzer Lkw-Besitzer – Anton Brüggemann in Warendorf am Steuer seines Kaelble-K-652-LF-Fernverkehrs-Frontlenkers.

Ein Wort vorab

Vor vielen Jahren war der Teutoburger Wald Schauplatz eines überaus wichtigen Ereignisses. Nein, nicht was Sie vielleicht denken – von der im Jahr 9 n. Chr. in dieser Region stattgefundenen bedeutenden Schlacht, in der die Truppen des römischen Feldherrn Varus von den Germanen vernichtend geschlagen wurden, soll hier nicht die Rede sein. Diese Thematik würde den Leser bei einem Buch über alte Lastkraftwagen sicherlich mit Recht auch überraschen.

Mit der historischen Lastwagenszene allerdings wird der Teutoburger Wald auf ewige Zeiten eng verbunden bleiben, denn hier trafen sich an einem Wochenende in den letzten Augusttagen des Jahres 1978 auf dem später als „Teutoburger Steam- und Truck-Festival" bezeichneten Treffen in Bad Rothenfelde – von den dort schon traditionell vertretenen Dampf- und Schlepperfreunden anfänglich recht wenig, dafür aber vom Publikum umso mehr bestaunt und beachtet – erstmals drei alte Lastkraftwagen, nämlich Hellmut Buschers Henschel HS 140, der Büssing S 6000 von Hermann Vogt und Dr. Peter Borstels Krupp L 3 aus dem Jahr 1928. Ihre Besitzer hatten wohl ihren ganzen Mut zusammengenommen, um sich mit diesen prähistorischen Fahrzeugen an die Öffentlichkeit zu wagen.

Aus den ersten drei wurden schnell mehr: Zwei Jahre später war es bereits ein knappes Dutzend derartiger Lastwagen, zu denen sich auch einige alte Feuerwehrfahrzeuge gesellt hatten, so Paul-Christian Unschulds MAN 620, Fritz Hötte mit einer Krupp-Mustang-Drehleiter, Hellmut Buscher mit einem Büssing 8000, Friedel Prüsers Büssing-7000-Kipper sowie Heinz-Bruno Hecker mit dem legendären, vielbewunderten Krupp-Titan, die einträglich mit Dampfmaschinen sowie Lanz & Co. nebeneinander standen. Ebenso war ein schwerer, blauer dreiachsiger Faun mit einem hohen Baukranaufbau mit dabei, der bei der nachmittäglichen Ausfahrt bei einem Ausweichmanöver allerdings das Pech hatte, in einen tiefen Straßengraben zu rutschen, und nur mit großer Mühe unter Mithilfe des Büssing 8000 sowie des Titan wieder waagerechten Boden unter die Reifen bekam. Zum Glück geschah dieses Missgeschick auf einer nur schwach frequentierten Nebenstraße und daher blieb dieser Fall den Ordnungshütern verborgen.

Als Peter Borstel am letzten Augustwochenende des Jahres 1982 seine Getreuen dieses Mal nach Bad Laer in den Teutoburger Wald zu einem erneuten Treffen einlud, war die Teilnehmerzahl schon wieder gestiegen, denn neben den bereits bekannten Gesichtern erschienen u. a. Emil Bölling und Robert Fehrenkötter mit ihren Fahrzeugen. Dr. Fritz Hardach in Oldenburg kam mit einem ehemals bei der Berufsfeuerwehr Ludwigshafen beheimateten schweren Mercedes-Rüstkranwagen und einer 38-m-Krupp-Drehleiter auf das Gelände.

Diese noch ohne Stress und Hektik in fast familiärem Rahmen abgehaltenen Treffen zeigten so manchem bisher isoliert stehenden Sammler, dass es auch noch andere Hobbykollegen gab, und motivierten dazu, bereits vorhandene Exponate ebenfalls der Öffentlichkeit vorzustellen. Andere Interessenten konnten ihre Liebe zu den alten Straßenveteranen durch wieder geweckte Erinnerungen neu auffrischen oder wurden durch sie erstmals in den Bann gezogen, so dass so mancher Funke übersprang, der zu eigenen restaurierten Nutzfahrzeugen führen sollte. Die im gleichen Jahr erstmals erschienene Nutzfahrzeugzeitschrift „Elefant", die sich Jahre später zum profimäßig gestalteten „Historischen Kraftverkehr" mausern sollte, wurde schon bald das Sprachrohr dieser sich neu etablierenden Interessentengruppe und stärkte deren Zusammenhalt wesentlich.

Nachdem es Mitte Mai 1983 erstmals in Süddeutschland ein Lkw-Treffen in Ebersbach gegeben hatte, zu dem mehr als zwanzig restaurierte Lastwagen aus allen Teilen der Bundesrepublik erschienen waren, lud Heinz-Bruno Hecker im September desselben Jahres erstmals nach Warstein ein. Hier waren es schon rund fünfzig Teilnehmer, die Heckers Ruf gefolgt waren.

Seitdem hat sich der Kreis der Sammler von Jahr zu Jahr ständig vergrößert und sich mittlerweile zu einem Umfang entwickelt, den wohl niemand nach den ersten tastenden Zusammenkünften vor mehr als zwanzig Jahren erahnen konnte. So sind Mammuttreffen mit 200, 300, ja 400 teilnehmenden Oldtimerfahrzeugen heute keine Seltenheit mehr. Auf nahezu jeder dieser Veranstaltungen sorgen neu restaurierte Fahrzeuge für Überraschungen. Ebenso sind auch neue Gesichter anzutreffen, ein Zeichen dafür, dass sich die Fangemeinde von Jahr zu Jahr vergrößert. Die Besucherzahlen gehen teilweise in die Tausende und lassen manchmal mit etwas Wehmut an die in kleinem Kreis abgehaltenen ersten Veranstaltungen zurückdenken.

Die Restaurierung und Erhaltung alter Lastkraftwagen ist ein Hobby, das die Freizeit eines Sammlers oftmals voll in Anspruch nehmen kann. Es beginnt mit der Suche nach einem geeigneten Objekt, was von Jahr zu Jahr schwieriger wird, sind doch fast alle früher auf Schrottplätzen noch zu finden Fahrzeuge verschwunden und die Chancen, in irgendwelchen unerforschten Scheunen oder Gerümpelecken alte, verborgene Lastwagen zu finden, werden immer seltener. Mancher Sammler weicht daher auf eher noch zu findende jüngere Jahrgänge aus. So gewinnt der Austausch der Sammler untereinander zunehmend an Bedeutung, sei es mit ganzen Fahrzeugen oder auch mit Ersatzteilen. Auch ist in den letzten Jahren so manches im Ausland aufgetauchte Fahrzeug wieder nach Deutschland zurückgeholt worden.

Ist man schließlich fündig geworden, beginnt – nachdem die Frage eines überdachten Unterstell- und Restaurierplatzes gelöst ist – in der Regel die mit einer kompletten Zerlegung des Fahrzeugs verbundene Schadensaufnahme und die Feststellung des Umfangs der zu erwartenden Arbeiten. Die zu restaurierenden Objekte befinden sich in völlig unterschiedlichen Erhaltungsstadien. Generell aber kann gesagt werden, dass diejenigen Fahrzeuge, die sich mit nur geringem Aufwand wieder in einen vorzeigbaren Zustand zurückverwandeln lassen, in der Minderzahl sind. Manchmal ist kaum mehr als Rahmen und Motor (letzterer kann zu allem Überfluss noch z. B. einen Schaden am Zylinderkopf haben oder aus anderen Gründen nicht betriebsbereit sein) vorhanden, so dass die Wiederaufarbeitung eher einem kompletten Neubau gleichkommt und vereinzelt nur nach alten Fotos oder Zeichnungen vorgenommen werden kann. Andere Fahrzeuge sind teilweise bereits aufgearbeitet oder schon komplett restauriert, sollen aber einen den Vorstel-

Parade der Mercedes-Benz-L-6500-Lkw 1998 in Ippinghausen. Während das links gezeigte, zum DaimlerChrysler-Museumsbestand gehörende Fahrzeug über die verrundete Ganzstahlkabine der Bauserie 1938 bis 1940 verfügt, besitzen die beiden anderen Fahrzeuge von Emil Bölling noch die eckigen Fahrerhäuser in Gemischtbauweise.

lungen des neuen Besitzers anderen Aufbau erhalten. Einen entsprechend hohen kosten- und zeitintensiven Rahmen können die Arbeiten daher annehmen; sechsstellige Beträge und mehrere tausend Arbeitsstunden, die sich auch über mehrere Jahre hinziehen können, sind durchaus schon vorgekommen. Auch übersteigt der Umfang der Arbeiten oftmals die Fertigkeiten und/oder die technischen Möglichkeiten des Eigentümers, so dass Fremdfirmen zu Hilfe geholt werden müssen. Es gibt mittlerweile in Deutschland eine Reihe regelrechter professioneller Oldtimer-Restaurateure, die auf derartige Arbeiten spezialisiert sind und einen Vollservice – von der Zerlegung des Objekts bis zur abschließenden Neulackierung – übernehmen. Auf deren Ergebnis kann man sich zwar in der Regel verlassen, gerade billig sind sie aber nicht, denn nahezu alle Arbeiten sind Einzelanfertigungen und erfolgen fast ausschließlich von Hand.

Leichter haben es daher Speditionsbetriebe, die im Regelfall über gute Unterstellmöglichkeiten, andererseits vielfach auch über handwerklich geeignete Fachkräfte verfügen, die Restaurierungsarbeiten in Zeiten durchführen können, in denen sie betrieblich mal nicht ausgelastet sind. Es ist daher verständlich, dass z. B. schwere, früher im Fernverkehr eingesetzte Anhänger- oder Sattelzüge bei vorgenannten Unternehmen wesentlich häufiger anzutreffen sind als bei privaten Schraubern.

Leider aber lassen manche Lkw-Besitzer, die ihre Fahrzeuge zuvor mit einem teilweise erheblichen Aufwand instand gesetzt und neu lackiert haben, diese als Werbeträger missbrauchen, oder sie lassen sich dazu hinreißen, ihre Fahrzeuge mit den unterschiedlichsten Arten nicht zeittypischer Plaketten oder Abziehbilder, die an den unmöglichsten Stellen angebracht werden, regelrecht zu verunstalten. Mit diesen Ausführungen möchte ich selbstverständlich niemandem zu nahe treten, denn letztlich ist jedes Fahrzeug Privateigentum und sein Besitzer kann damit machen was er für richtig hält, aber er sollte vorher doch bedenken, dass damit die ursprünglich gute Restaurierungsarbeit unter Umständen stark beeinträchtigt und geschmälert wird.

Es sollte eigentlich selbstverständlich sein, dass jeder, der ein altes Fahrzeug vor dem Verschrotten rettet und wieder aufbaut, dieses Stück der Vergangenheit möglichst so erhält, wie es früher einmal ausgesehen hat. Dazu gehört auch, dass man sich beim Restaurieren gewisse Grundsätze der Originalität zu Eigen macht, denn auch alte Lastwagen sind erhaltenswertes Kulturgut. Hierin liegen die besonderen Aufgaben und auch Chancen für die Besitzer solcher Fahrzeuge.

Von derartigen Fahrzeugen soll das vorliegende Buch – in Wort und Bild – berichten. Es zeigt in brillanten Fotoaufnahmen ausschließlich durch private Initiative neu entstandene historische Nutzfahrzeuge nahezu aller Kategorien und Aufbauformen. Es sind von Idealisten gehegte und gepflegte Fahrzeuge einer faszinierenden über 100-jährigen Entwicklung – vom ersten Nutzfahrzeug auf Holzspeichenrädern bis hin zum 40-t-Lastzug –, die damit ein Stück Technik- und Kulturgeschichte sichtbar machen. Für die Geschichte der Industrialisierung hatte das Nutzfahrzeug eine erhebliche Bedeutung, und der rasche Aufbau sowie die Bewegung und Verteilung von Waren wären und sind ohne den flexiblen Lkw nicht denkbar. Die bei den Abbildungen stehenden Bildtexte geben nicht nur ausführliche technische Hintergrundinformationen zu dem jeweils gezeigten Motiv, sondern sie lassen den Leser und Betrachter auch an der Geschichte und dem manchmal geradezu abenteuerlichen

Charles Wilhelm Nash in Kenosha, Wisconsin/USA, baute 1917 seine ersten Lastkraftwagen des Typs Nash Quad, die für zwei Tonnen Nutzlast ausgelegt waren und aufgrund eines sehr aufnahmefähigen Inlandsmarktes zehn Jahre in der Produktion blieben. Der offen ausgeführte, 1920 gebaute, restaurierte Lkw in seiner einfachen und übersichtlichen Gestaltung war in seiner Bauweise mit Fahrersitz oberhalb des Motors sozusagen ein Vorläufer der heutigen Frontlenkermodelle. Er besaß einen Vierzylinder-36-PS-Vergasermotor und Elastikbereifung und war auf einem holländischen Nutzfahrzeugtreffen im Jahr 1999 zu bewundern.

Lebensweg des Fahrzeugs teilhaben. Ferner wird über die vielfältigen Bemühungen und Aufwendungen berichtet, die schließlich zu deren Restaurierung führten.
An dieser Stelle möchte ich allen denjenigen Personen meinen Dank aussprechen, die mir die Möglichkeit des Fotografierens ihres alten Nutzfahrzeuges ermöglichten und mir mit Auskünften, Informationen und Ratschlägen behilflich waren und damit zum Gelingen des Buches beitrugen.

Ohne diese Unterstützung und Hilfe hätte das Buch in dieser Form nicht realisiert werden können.
Lassen Sie nun, liebe Leser, sei es beim Durchblättern und Betrachten der Bilder oder beim Lesen des Textes, nostalgische Erinnerungen an Zeiten wach werden, als der Lkw-Verkehr noch im vollen Dienstleistungswettbewerb mit der Eisenbahn stand und sich als selbstständiger Verkehrsträger seine Unentbehrlichkeit für die Versorgung der Wirtschaft und Bevölkerung erkämpfte. Es war eine Zeit, die noch nicht von HighTech, ABS und Computern geprägt war und in der der Begriff des Truckers noch nicht existierte, sondern schlichtweg Fernfahrer hieß.
Ich wünsche Ihnen viel Spaß und Freude an diesem Buch.

Udo Paulitz
Braunsberger Weg 69
D-47279 Duisburg
Tel: 0203/71 92 95
Fax: 0203/729 0598

Oben: Heinrich Büssing meldete im Frühjahr 1903 in Braunschweig ein Gewerbe zur „Fabrikation von Verbrennungsmotoren und Kraftwagen" an. Bereits im September desselben Jahres war der erste Lastkraftwagen des jungen Unternehmens fertig gestellt. Es war ein Zweizylindermodell mit neun PS Motorleistung, 2370 cm³ Hubraum und hängenden Ventilen im Zylinderkopf sowie obenliegender Nockenwelle, deren Kraftübertragung mittels Kette auf die Hinterachse erfolgte. Der Rahmen bestand aus U-Trägern mit versteifenden Unterzügen und die Räder waren aus Eisen gefertigt. Immerhin konnten damit 60 Zentner Last befördert werden. Die Geschichte dieses ersten Büssing-Lkw und seltenen Relikts aus den Urtagen des Nutzfahrzeugbaues kann nicht mehr exakt nachvollzogen werden. Gesichert aber ist, dass man den Wagen später auf Luftbereifung umrüstete und zum Schluss im internen Werksverkehr einsetzte. Irgendwann ist der Veteran dann wohl verschrottet worden. Das hier abgebildete Fahrzeug, das bei den MAN-Werken München-Karlsfeld erhalten wird, ist ein originalgetreu später angefertigter Nachbau.

Unten: Nur sehr wenige Daten und Einzelheiten sind bekannt über diesen alten, 1904 gebauten Lkw der amerikanischen Firma Reo Motor Car Co., Lansing, Michigan, der mit seinen großen, elastikbereiften Rädern eine weitgehende Ähnlichkeit mit den pferdegezogenen Kutschwagen der damaligen Zeit besitzt und 1985 bei einem Treffen in Holland zu sehen war. Auch diese, in den angelsächsischen Ländern „cab over engine" genannte Bauweise ist in den Grundzügen der eines neuzeitlichen Frontlenkers schon recht ähnlich. Es ist kaum vorstellbar, dass noch nicht einmal ein volles Jahrhundert zwischen diesem vorsintflutlich wirkenden Uralt-Nutzfahrzeug und den neuesten PS-strotzenden Konstruktionen unserer Tage liegt.

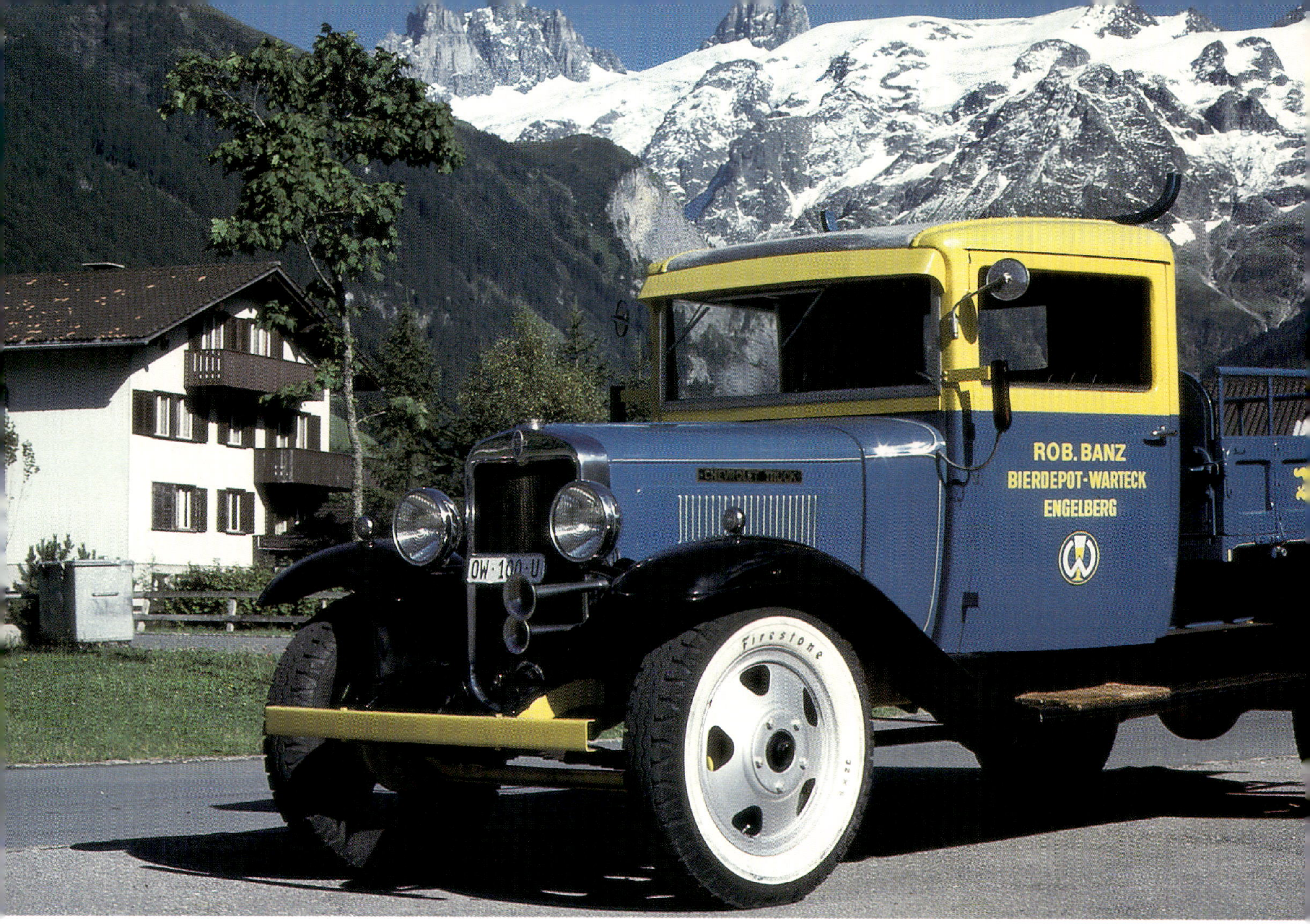
ROB. BANZ
BIERDEPOT-WARTECK
ENGELBERG

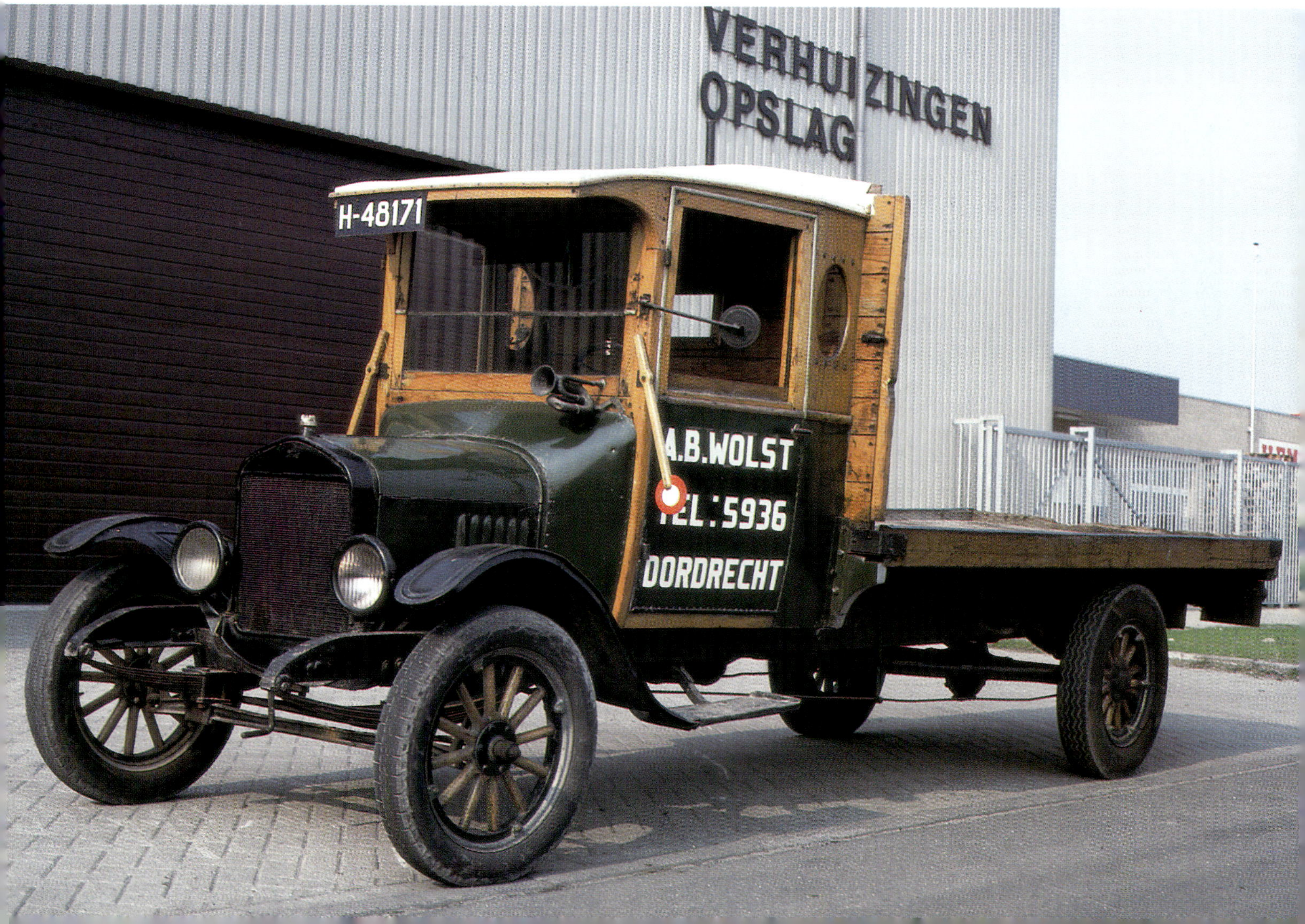
VERHUIZINGEN
OPSLAG
H-48171
A.B.WOLST
TEL.:5936
DORDRECHT

Links: Die in Detroit in den USA ansässige Chevrolet Motor Corp. stieg erstmals im Jahr 1918 in das Lkw-Geschäft mit leichten Nutzfahrzeugen bis 1 t Nutzlast ein. Ab 1929 erweiterte man das Angebot auch auf in Reihe angeordnete Sechszylinder-Vergasermotoren. Der Schweizer Robi Banz in Engelsberg ist Besitzer dieses 1930 gebauten, originalgetreu wieder hergerichteten leichten Chevrolet-Lieferwagens mit offener Brücke, der mit dem 65 PS leistenden 3500-cm³-Triebwerk bestückt ist, das das Fahrzeug auf respektable 90 km/h beschleunigen kann. Die Kraftübertragung des Vierganggetriebes erfolgt auf die Hinterräder. Der Wagen hat ein Leergewicht von 2100 kg und kann 800 kg Nutzlast befördern. Erwähnenswert, dass seinerzeit nur das Chassis aus den USA kam, während der Aufbau von einem Schweizer Karosseriebetrieb gefertigt wurde. Die Aufnahme zeigt den hervorragend restaurierten Pritschenwagen mit seinen Weißwandreifen vor der Kulisse der Schweizer Bergwelt.

Unten links: Nach der 1903 erfolgten Gründung der Ford-Motor-Company in Detroit begann Henry Ford im Jahr 1904 seine ersten mit einem Zweizylindermotor ausgerüsteten Lieferwagen zu fertigen. Ab 1908 wurde das seinerzeit überaus fortschrittliche neue Modell T in Großserie erstmals im Automobilbau mittels Fließbandfertigung produziert, und bis 1927 wurden mehr als 15 Millionen Exemplare der berühmten „Blechliesel" – denn nichts anderes bedeutet die Bezeichnung T = Tin Lizzy – hergestellt. Neben den Pkw-Ausführungen gab es diesen bis zu 70 km/h schnellen, hochbeinigen Wagen auch als Nutzfahrzeug und hier besonders häufig als Lieferwagen. Die hierfür mit werksseitig verstärkten Fahrgestellen versehenen Modelle wurden ab 1913 als TT bezeichnet. Dieser sorgfältig aufgearbeitete, 1924 gebaute TT-Pritschenlastwagen mit Holzfahrerhaus, der 1985 auf einem Nutzfahrzeugtreffen in den Niederlanden zu bewundern war, gehört einem Sammler in Dordrecht. Beachtenswert sowohl Hupe als auch die sehr einfach konstruierten Fahrtrichtungsanzeiger.

Unten: Nach über 19-jähriger Produktionsdauer wurde dringend ein Nachfolgemodell für die Tin Lizzy fällig, denn die Konkurrenz hatte inzwischen mächtig aufgeholt und zu rückläufigen Absatzzahlen geführt. Ende 1927 begann daher die Fertigung des als Typ AA (als „A" wurde wiederum der auf den gleichen Grundelementen basierende Personenkraftwagen genannt) bezeichneten Nachfolgers, eines für seine Zeit schon recht neuzeitlich wirkenden, für 1,5 t Nutzlast ausgelegten kleinen Schnellastwagens, dessen Vierzylinder-Vergasermotor 40 PS Leistung bei einem Hubraum von 3285 cm³ zur Verfügung stellen konnte. Der über ein zulässiges Gesamtgewicht von 4,1 t verfügende Wagen zeichnete sich ebenfalls durch die bei den Ford-Produkten schon sprichwörtliche Robustheit und Zuverlässigkeit aus. Dieses 1930 gebaute Exemplar gehört dem gleichen holländischen Sammler, wie der auf der Abbildung links unten gezeigte T-Lastwagen.

Die sehr robuste und überaus zuverlässige Saurer-A-Typenreihe der Adolph Saurer-Werke in Arbon/Schweiz wurde bis zum Jahr 1929 hergestellt. Diese grundsoliden Nutzfahrzeuge bewährten sich hervorragend und standen teilweise jahrzehntelang in ihrem Heimatland im Einsatzdienst. Der hier gezeigte und für 5 t Nutzlast ausgelegte, von den Saurer-Werken restaurierte, 1929 gebaute Saurer-5-A-Lastkraftwagen mit Pritschenaufbau besaß ein Vierzylinder-70-PS-Diesel-Antriebsaggregat mit Antrieb auf die Hinterräder. Beachtenswert ist die in der Schweiz damals übliche Rechtslenkung und das anstelle der linken Fahrerhaustür angebrachte Reserverad. Die Aufnahme entstand im Jahr 1985 anlässlich eines Fototermins auf dem Betriebsgelände der Saurer-Werke.

Eine besondere Seltenheit ist dieser mit einer Imbert-Holzgasanlage und einem Sechszylindermotor ausgerüstete Schweizer FBW (Franz Brozincevic, Wetzikon)-3-t-Lastwagen aus dem Jahr 1927, der von dem Transportunternehmen Fritz Merk in Tann-Rüti restauriert wurde. Denn nicht nur in Deutschland, sondern auch in vielen anderen Ländern Europas, zwang die Treibstoffknappheit während des Zweiten Weltkrieges vorhandene Fahrzeuge auf die umständlichen, schmutzigen und wenig leistungsfähigen Holzgasgeneratoren umzustellen. Die vor dem Motorkühler installierte Gaskühlanlage fällt sofort ins Auge, während sich der Generator mit dem Kessel hinter dem Fahrerhaus befindet. Anstelle des üblicherweise verwendeten flüssigen Treibstoffs dient bei diesem Fahrzeug der auf dem Dach gelagerte zerkleinerte Holzvorrat der Brennstoffversorgung. Im Übrigen machte sich das 1918 gegründete Unternehmen besonders mit seinen schweren Dreiachsern einen guten Namen und erreichte in der Schweiz, hinter Saurer und Berna, große Zulassungszahlen.

Die von Raymond G. Stewart und Thomas R. Lippard 1912 in Buffalo, USA, gegründete Stewart Motor Corp. baute zunächst mit Kettenantrieb versehene vierzylindrige Lastkraftwagen und konnte bereits 1926 mit der Konstruktion eines Sechszylinder-Vergasermotors aufwarten. Ein für einen Lastwagen geradezu elegant wirkendes Fahrzeug ist dieser 1935 gebaute und für maximal 2 t ausgelegte Stewart-Lkw des Modells 46 H, der über ein zulässiges Gesamtgewicht von 4,1 t verfügt und von einem Sechszylindertriebwerk fortbewegt wird, dessen Antrieb auf die Hinterräder erfolgt. Dieses bestens restaurierte, chromblitzende Fahrzeug war vor einigen Jahren auf einem Nutzfahrzeugtreffen in Holland zu bewundern.

Die amerikanische Chevrolet Motor Co. begann 1918 mit dem Bau von leichten Lastkraftwagen, die mit Vierzylindermotoren ausgerüstet waren. 1929 ging man daran, die Nutzfahrzeuge mit Sechszylinder-Vergasermotoren auszustatten, und schon bald gelang es dem ab 1933 unter Chevrolet Motor Div. General Motors Corp., Pontiac, Michigan, firmierenden Unternehmen, eine der führenden Marktpositionen einzunehmen. Wegen ihrer guten Verarbeitungsqualität, Verlässlichkeit und Langlebigkeit waren Chevrolet-Nutzfahrzeuge – wie die Produkte der konkurrierenden amerikanischen Hersteller auch – in Europa sehr begehrt, und vor allem in die Benelux-Länder, die ohne eine ausgeprägte Nutzfahrzeug-Produktion waren, wurden Fahrzeuge exportiert. Bereits seit Beginn in Familienbesitz befindet sich dieser von einem niederländischen Sammler bestens restaurierte, 1936 gebaute Chevrolet des Typs D, der über ein sechszylindriges Vergasertriebwerk mit 3800 cm³ Hubraum verfügt und 2,5 t Nutzlast befördern konnte.

Links und rechts: Aus dem reichhaltigen Fundus des Aachener Sammlers Paul-Christian Unschuld stammt dieser im Jahr 1953 gebaute gewaltige dreiachsige, einfach bereifte Faun-Lkw des Typs L 900 mit 13 t Nutzlast und 23 t zulässigem Gesamtgewicht, der von Helmut Radlmeier zu einem Fernverkehrs-Lastwagen restauriert worden war. Wer damals das schwere Fahrzeug mit seinem Sechszylinder-180-PS-Triebwerk mit 13538 cm^3 Hubraum als Neuwagen übernahm, ist nicht bekannt. Fest steht lediglich, dass er in den 60er Jahren als Bergkran bei der damaligen Magirus-Deutz-Vertretung in Marsberg im Sauerland eingesetzt wurde und wohl Ende der 70er Jahre ausgemustert wurde. Er stand eine Weile nahe der Bundesstraße 7 abgestellt, bis ihn Unschuld vor dem Verschrotten rettete. 1995 wurde er sich mit Radlmeier wegen der Fahrzeugübernahme handelseinig und die Restaurierung begann daraufhin unverzüglich. Der Dreiachser, dessen Kranaufbau schon nicht mehr vorhanden war, bekam einen schlankeren Rahmen und eine Pritsche und wurde so in einen Fernlaster verwandelt. Im Jahr 1997, nach zweijähriger Arbeit, war das schwere graue Schlachtschiff mit seinem dekorativen, zeittypischen Rautenband endlich fertig, und es sorgt überall, wo es aufkreuzt, für anerkennendes Erstaunen und Bewunderung.

Im Jahr 1934 konnten die Kasseler Henschel-Werke mit verschiedenen neuen Modellen aufwarten, wozu auch der schwere 6,5-t-Lkw des Typs Henschel 6 J 1 gehörte, dessen wuchtige Motorhaube ein beeindruckendes Erscheinungsbild abgab. Unter dieser Haube arbeitete ein voluminöser Lanova-Sechszylinder-Dieselmotor mit 11780 cm^3 Hubraum, der bei 1500 U/min 125 PS Leistung abgab. Der Antrieb erfolgte durch ein fünfgängiges Getriebe auf die Hinterräder. Als höchste Geschwindigkeit waren 65 km/h möglich. Besonders häufig wurde dieses überaus robuste Henschelmodell ob seines kurzen 4,30-m-Radstands und der großen Bodenfreiheit als Kipper in der Bauwirtschaft verwendet. Aber auch als Fernlastwagen war der schwere Henschel häufig anzutreffen, wobei für diese Version auf Wunsch auch ein Getriebe mit Schnellgang erhältlich war. Ebenso stellten Reichsbahn, Reichspost, Wehrmacht und andere staatliche Institutionen den 6 J 1 in ihre Dienste. Der hier gezeigte Lastkraftwagen dieses Typs wurde 1936 für eine Pioniereinheit des Feldeisenbahn-Kommandos der Deutschen Wehrmacht in Dienst gestellt und konnte von Emil Bölling Ende der 80er Jahre von einem Schrottplatz in Südnorwegen nach Deutschland zurückgeholt werden. Nach erfolgter Totalrestauration präsentiert sich das Fahrzeug im damals üblichen Feldgrau mit zeitgenössischer Beschriftung. Auf die Darstellung des Hakenkreuzes im Hoheitsabzeichen hat man verzichtet.

Links und rechts: Ein sehr bulliger und leistungsstarker Mercedes-Benz L 6500 war 1936 das erste Fahrzeug im väterlichen Betrieb Emil Böllings in Castrop-Rauxel gewesen. Das macht verständlich, dass der im Nutzfahrzeug-Oldtimer-Kreis bekannte Fahrzeugsammler und Restaurateur, der bereits zu Beginn der 80er Jahre mit in den Neuzustand zurückversetzten alten Lastkraftwagen auf Treffen aufwarten konnte, geradezu darauf versessen war, ein solches Relikt erwerben zu können. Der L 6500 war eines der imposantesten Lkw-Schwergewichte überhaupt, die in den 30er Jahren auf Deutschlands Straßen anzutreffen waren. Lange Zeit suchte Bölling vergebens, bis er 1986 in Österreich einen total verwahrlosten ehemaligen Paketpostwagen dieses Typs ausfindig machen konnte, ihn nach Castrop-Rauxel holte und in aufwendiger Arbeit zu einem Kipper in der traditionell gelben Firmenlackierung umbauen ließ. Die in Gemischtbauweise ausgeführte Serienkabine sowie die Kippbrücke mussten nach alten Plänen vollständig neu erstellt werden. Seit 1991 ist dieser aufwendig restaurierte 150 PS starke Schwerlastwagen im Besitz des befreundeten Landshuter Sammlers Johannes Gottinger, der den 13-Tonner weiterhin in Ehren hält.

Unten: Zwischen 1932 und 1938 befand sich das Daimler-Benz-Zweitonnenmodell Mercedes-Benz Lo 2000, des ersten von einem Dieselmotor angetriebenen leichten Lastkraftwagens in Deutschland in der Produktion. Dieses Modell war allerdings wahlweise auch mit einem Vergasertriebwerk erhältlich. Beide Motoren wiesen, abgesehen vom unterschiedlichen Kraftstoffbedarf, die gleichen leistungsmäßigen Daten und Eigenschaften auf, nämlich die Vierzylinderbauweise, 55 PS Leistung und 3770 cm³ Hubraum. Die Höchstgeschwindigkeiten lagen – je nach Motorart – zwischen 65 und 75 km/h. Ein schwäbischer Fahrzeugrestaurator hat zu Beginn der 80er Jahre diesen herrlichen Lo 2000 mit seiner ausstellbaren Frontscheibe geradezu mustergültig in seinen Originalzustand zurückversetzt.

Unten: Dieser kleine 1,5-t-Lkw des Typs Mercedes-Benz L 1500 aus dem Jahr 1937, gehört zum Museumsfahrzeugbestand der Daimler-Chrysler-Werke. Das Fahrzeug, das mit einer Gaserzeugungsanlage für die nachwachsenden heimischen Brennstoffe Holz oder Torf ausgerüstet ist, war bei dem großen Corso zu den Feierlichkeiten „100 Jahre Lkw" 1996 in Wörth zu sehen. Der L 1500, der sich zwischen 1937 und 1941 in der Fertigung befand, war wahlweise mit Vergaser- oder Dieselmotor – jeweils mit 45 PS Motorleistung – erhältlich. Gaskühler sowie der dazugehörige Absitzbehälter der Imbert-Holzgasanlage sind dem Fahrzeugkühler freistehend vorgebaut. Leistungsmäßig konnten die Holzgasfahrzeuge allerdings nicht mit jenen Lastwagen konkurrieren, die mit flüssigen Brennstoffen betriebene Motoren besaßen.

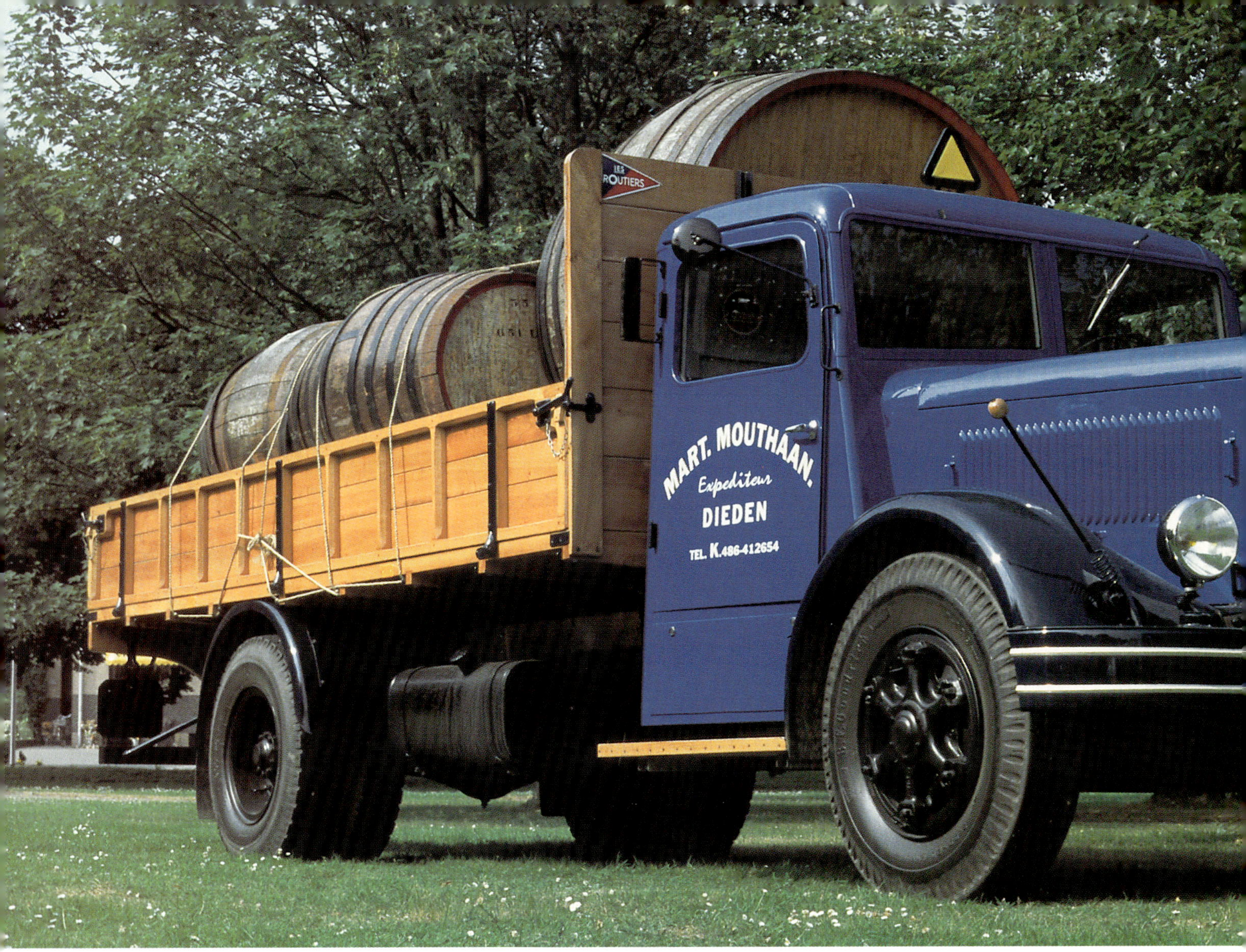
ROUTIERS
MART. MOUTHAAN.
Expediteur
DIEDEN
TEL. K.486-412654

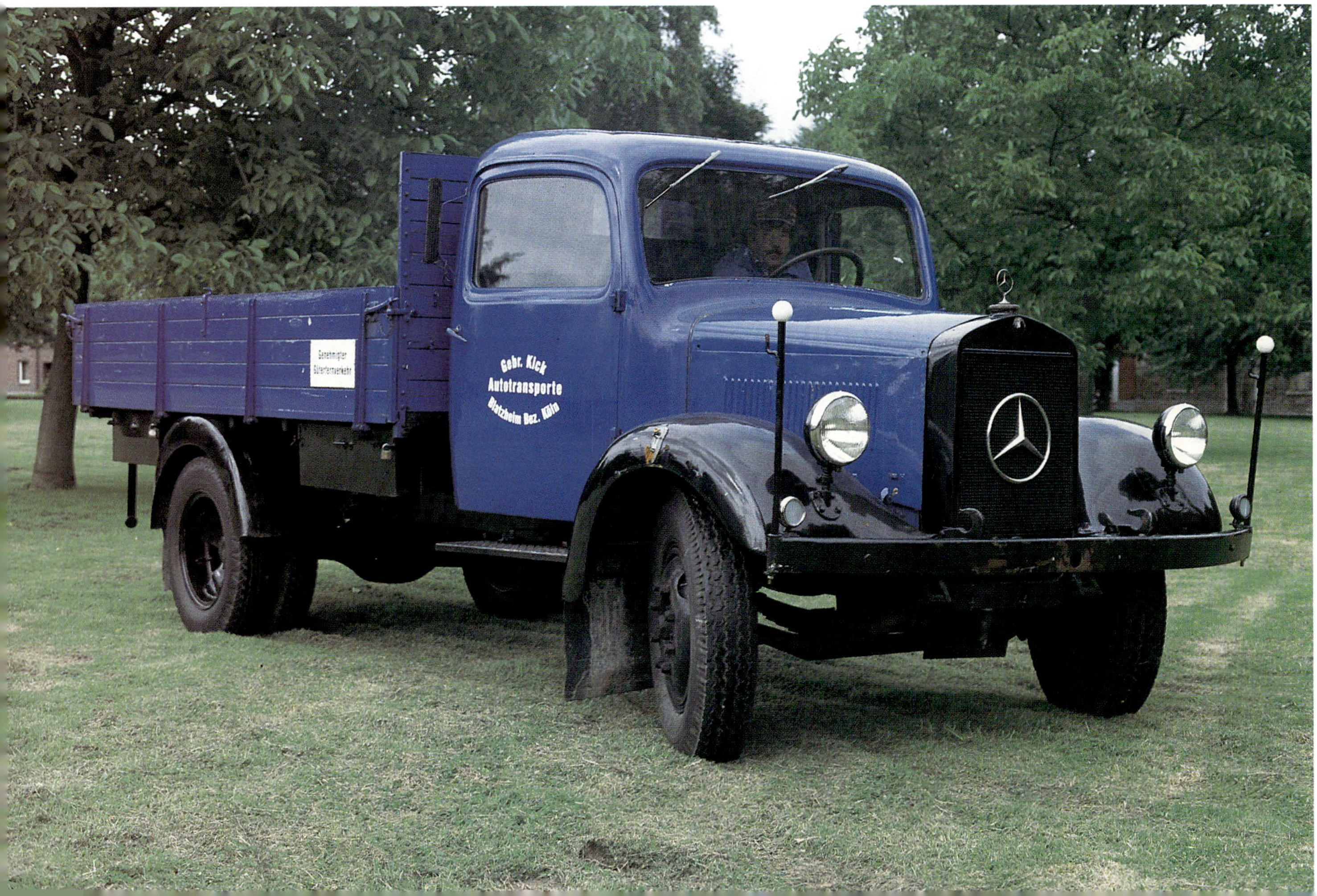
Genehmigter
Güterfernverkehr
Gebr. Kick
Autotransporte
Blatzheim Bez. Köln

Links: Martin Mouthaan in den Niederlanden ist seit Mai 1990 der Besitzer eines bei uns selten anzutreffenden, 1949 gebauten französischen Berliet-GDC-6-W-Lastkraftwagens, dessen ausgemusterte Überreste er durch Zufall entdeckt hatte. Das zuletzt zu einem Abschleppwagen mit verkürztem Radstand umfunktionierte Fahrzeug hatte fast 30 Jahre lang in Diensten einer Spedition in Narbonne gestanden. Bald nach dem Kauf begann die Wiederherstellung des alten Franzosen, dessen Radstand zunächst wieder auf die ursprüngliche Länge von 4,60 m gebracht wurde. Obwohl der mit kantiger Haube ausgeführte Vierzylinder-Lkw mit seinen 65 PS noch eine gute Restaurierungssubstanz besaß, gab es eine Menge aufwendiger Arbeiten zu bewältigen, die u. a. in der Rekonstruktion der aus Eschen- und Buchenholz ganz neu aufgebauten Pritsche und des Holzrahmens des Fahrerhauses bestand. Im August 1995 war es dann so weit und der fertiggestellte Berliet konnte dem niederländischen TÜV vorgeführt werden. Seither hat das schöne Fahrzeug, das in der Zwischenzeit noch eine dekorative Fassladung erhielt, an zahlreichen nationalen und internationalen Treffen teilgenommen.

Unten links: Von 1939 bis 1944 wurden von dem mittelschweren 3-t-Lkw Mercedes-Benz L 3000 S insgesamt 13128 Fahrzeuge hergestellt. Er war mit dem 75 PS starken Vierzylinder-Vorkammer-Diesel des Typs OM 65/4 von Daimler-Benz bestückt. Die Nutzlast betrug etwas mehr als drei Tonnen bei einem zulässigen Gesamtgewicht von 6,8 t und die Höchstgeschwindigkeit lag bei 70 km/h. Das Fünfganggetriebe übertrug die Kraft des Motors auf die Hinterräder. Dieser 1939 gebaute Lastwagen war 1997 bei einem Fahrzeugtreffen zu sehen und gehört Paul Kick in Blatzheim bei Düren.

Unten: Niemand vermutet in diesem bestens restaurierten Klöckner-Humboldt-Deutz-Lastwagen des Typs S 330 einen von Magirus 1941 aufgebauten, getypten Schlauchkraftwagen S 3 der Feuerschutzpolizei. Dieser mit einem wassergekühlten 80 PS starken Antriebsaggregat bestückte Dreitonner lief in dieser Eigenschaft viele Jahre bei der Berufsfeuerwehr Salzburg und gehörte zu der großen, damals nur eingeweihten Kreisen bekannten umfangreichen Feuerwehrfahrzeugsammlung, die etwa Mitte der 70er Jahre von dem engagierten Salzburger Branddirektor Mair in einer Halle für eine später beabsichtigte Restaurierung abgestellt worden war. Erstmals begegnete der Autor diesem Wagen eher zufällig im August 1982. Als der Branddirektor in Pension gegangen war, erlosch bei seinem Nachfolger das Interesse an den Fahrzeugen, und Ende der 80er Jahre gingen Gerüchte in eingeweihten Kreisen um, dass die Exponate einzeln abzugeben seien. Karl-Ulrich Turck, engagierter Fahrzeugrestaurateur in Halver, konnte einen Teil der Fahrzeuge, darunter eine seltene Hanomag-Zugmaschine, für seine Sammlung erwerben. Im Fall des Schlauchwagens entschloss er sich, anstelle des Feuerwehr-Kofferaufbaus eine offene Pritsche zu installieren, denn die reguläre Lkw-Ausführung ist bisher noch nirgendwo erhalten geblieben. Die aufwendige Restaurierung machte aus dem alten Feuerwehrveteranen einen geradezu mustergültig erhaltenen, betriebsfähigen Museumslastwagen.

Links: Im August 1944 musste das Daimler-Benz-Werk in Mannheim aus kriegsbedingten Gründen die Lizenzfertigung des Opel-Blitz-3-t-Lastkraftwagens aufnehmen. Nach Kriegsende konnte bereits im Juni 1945 die Fertigung dieses Opel-Nachbaus, der bei Daimler-Benz als L 701 bezeichnet wurde, wieder aufgenommen werden. Infolge der kriegsbedingten Zerstörungen von Fertigungsanlagen, aber auch der Knappheit an Rohstoffen, blieben die Produktionszahlen recht gering. Immerhin konnten – bis zum Erscheinen des neu konstruierten Daimler-Benz-Modells L 3250 im Jahr 1949 – insgesamt 10300 Exemplare die Werkhallen verlassen. Der L 701 von Daimler-Benz, dessen schmucklosen Kühler weder Mercedes-Stern noch Blitz-Symbol zierten, war mit einem Sechszylinder-Vergasermotor mit 3630 cm^3 Hubraum und 68 PS Leistung ausgerüstet. Aus dieser Zeit stammt auch dieser von Willi Strohmeier in Brettheim mustergültig restaurierte, 1948 gebaute Lizenz-Blitz, der seinerzeit von einem mittelständischen Betrieb für Fahrradzubehör im Raum Hohenlohe als Neufahrzeug zugelassen wurde. Schon wenige Jahre später wurde das Fahrzeug an ein Sägewerk verkauft, das den Wagen aber schon Mitte der 50er Jahre, bei einem Kilometerstand von lediglich 35000, aus nicht bekannten Gründen stilllegte. Nur dem Umstand, dass der Lastwagen in einer trockenen Halle untergestellt war, ist es zu verdanken, dass sich der Blitz nach über 30 Jahren Standzeit immer noch in einem sehr guten Zustand befand.

Unten links: Die Produkte der Adam Opel AG waren bereits vor dem Krieg für ihre Dauerhaftigkeit und Zuverlässigkeit bekannt, so dass das Unternehmen schon bald zu den bedeutendsten deutschen Lastwagenfabriken gehörte. So standen Opel-Fahrzeuge stückzahlmäßig an der Spitze der während des Krieges eingesetzten Lastkraftwagen. Neben dem allseits bekannten Dreitonnen-Modell gab es den in geringeren Stückzahlen ab 1938 gefertigten 1,5-t-Blitz-Schnelllastwagen, der als leichter Lkw alle in ihn gesetzten Erwartungen erfüllte. Am 15.7.1946 konnte das erste Exemplar des nach Kriegsende gebauten Opel-Blitz-1,5-t-Modells fertig gestellt werden. Dieser Wagen war mit dem 55 PS leistenden Sechszylinder-2,5-l-Vergasermotor des Opel Kapitän ausgerüstet, kostete damals 6600 Reichsmark und konnte entweder mit Benzin oder mit Hilfe eines Holzgas-Generators betrieben werden. In Ermangelung einer Dieselversion wurden in den 50er Jahren viele Fahrzeuge auf Flüssiggasanlagen umgerüstet. Ende des Jahres 1946 waren bereits 839 Blitze vom Band gelaufen, deren Produktion – in nahezu allen erdenklichen Aufbauvarianten dieser Klasse – bis 1952 fortgeführt wurde. Der kurzhubige Motor des Opel Kapitän verhalf dem kleinen Blitz zu für einen Lastwagen beachtlichen Beschleunigungswerten und zu einer mit 95 km/h bemerkenswerten Höchstgeschwindigkeit, Eigenschaften, die die Kundschaft auch bei den nachfolgenden vergaserbetriebenen Blitz-Versionen außerordentlich schätzte. Von 1949 stammt dieses von Grund auf wieder hergerichtete Exemplar eines Pritschenwagens, den ein Sammler im Umkreis von Viersen sein Eigen nennt.

Unten: Die meisten Zeitgenossen, die jemals mit Holzgasfahrzeugen zu tun hatten, waren von deren geringer Leistung, der schmutzigen und umständlich zeitraubenden Handlungsweise nicht sonderlich erbaut – für Herrn Jung, Inhaber des Fuhrunternehmens A. Jung Transport GmbH in Kreuztal-Eichen aber waren die alten Holzgaser schon immer ein Jugendtraum gewesen. Vor einigen Jahren konnte er den hier abgebildeten, bei Daimler-Benz 1948 als Opel-Lizenzbau gefertigten L-701-Lastkraftwagen erwerben. Der Dreitonnen-Lkw wurde vollkommen zerlegt und komplett neu aufgebaut. Entsprechende Ersatzteile dazu fanden sich auf einem Schrottplatz in Lohr am Main. Für längere Fahrten ist es bei dieser Betriebsart unbedingt erforderlich, einen ausreichenden Holzvorrat mitzuführen, denn Holz ist heute schon seit langem nicht mehr an Tankstellen erhältlich!

Links: Das Fabrikschild des Südwerke-L-45-Lkw, das auf den damaligen Lieferanten des Fahrzeuges, die Südwerke-Generalvertretung in Nürnberg hinweist.

Rechts: Hier ein noch unrestaurierter Südwerke-L-45-Lkw. Das Fahrzeug aus dem Jahr 1949 ist ein ehemaliger Tankwagen, der trotz seines äußerlich etwas ramponierten Zustandes eine gute und vor allem nahezu vollständige Restaurierungssubstanz besitzt. Das fahrbereite Fahrzeug war zu Beginn der 80er Jahre auf einem der ersten Treffen in Bad Rothenfelde zu sehen.

Links und oben: 1979 wurde dieser erstmals 1946 in Kulmbach von den Krupp-Südwerken produzierte Südwerke-L-45-Lkw aus dem Jahr 1948 von Claus Schubert, Hauptinitiator des Nürnberger Nutzfahrkreises, in einem stillgelegten Sägewerk entdeckt und erworben. Die Restaurierung von Fahrgestell und Aufbau erfolgte in den Jahren von 1981 bis 1982, so dass sich der mit einem serienmäßigen Sechszylinder-Viertakt-Vergasermotor mit 110 PS und 7844 cm^3 Hub-raum ausgerüstete Wagen damals bereits in einem äußerlich vorzeigbaren Zustand präsentierte. Das Fahrzeug war allerdings nicht betriebsbereit, denn der alte Benzinmotor bereitete seinem neuen Besitzer unüberwindbare Schwierigkeiten. In diesem Zustand verharrte der seltene Lastwagen bis Anfang 1996, bis der Südwerke an Helmut Radlmeier abgegeben wurde, der wohl ein besseres Händchen oder einfach andere Möglichkeiten besaß, den Benziner wieder zum Laufen zu bringen. Der Kraftstoffverbrauch war mit 100 Litern auf 100 Kilometer, wie sich nun herausstellte, für ein Fahrzeug dieser Klasse geradezu gewaltig! Radlmeier beließ den L 45 zum Glück in dem keineswegs überrestaurierten, durchaus dem normalen Alltagsbetrieb entsprechenden Zustand, in dem er das Fahrzeug von Claus Schubert übernommen hatte.

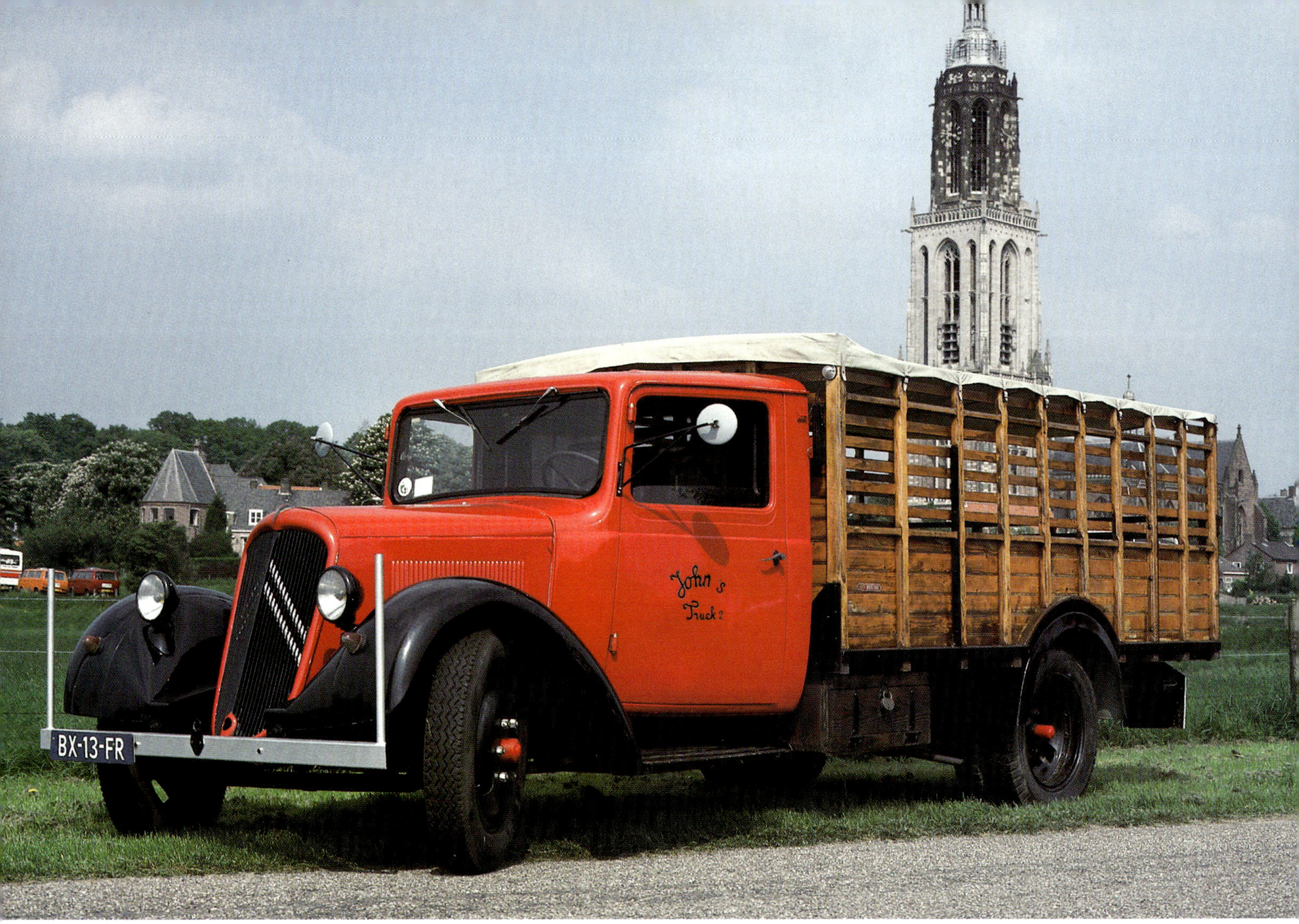
BX-13-FR

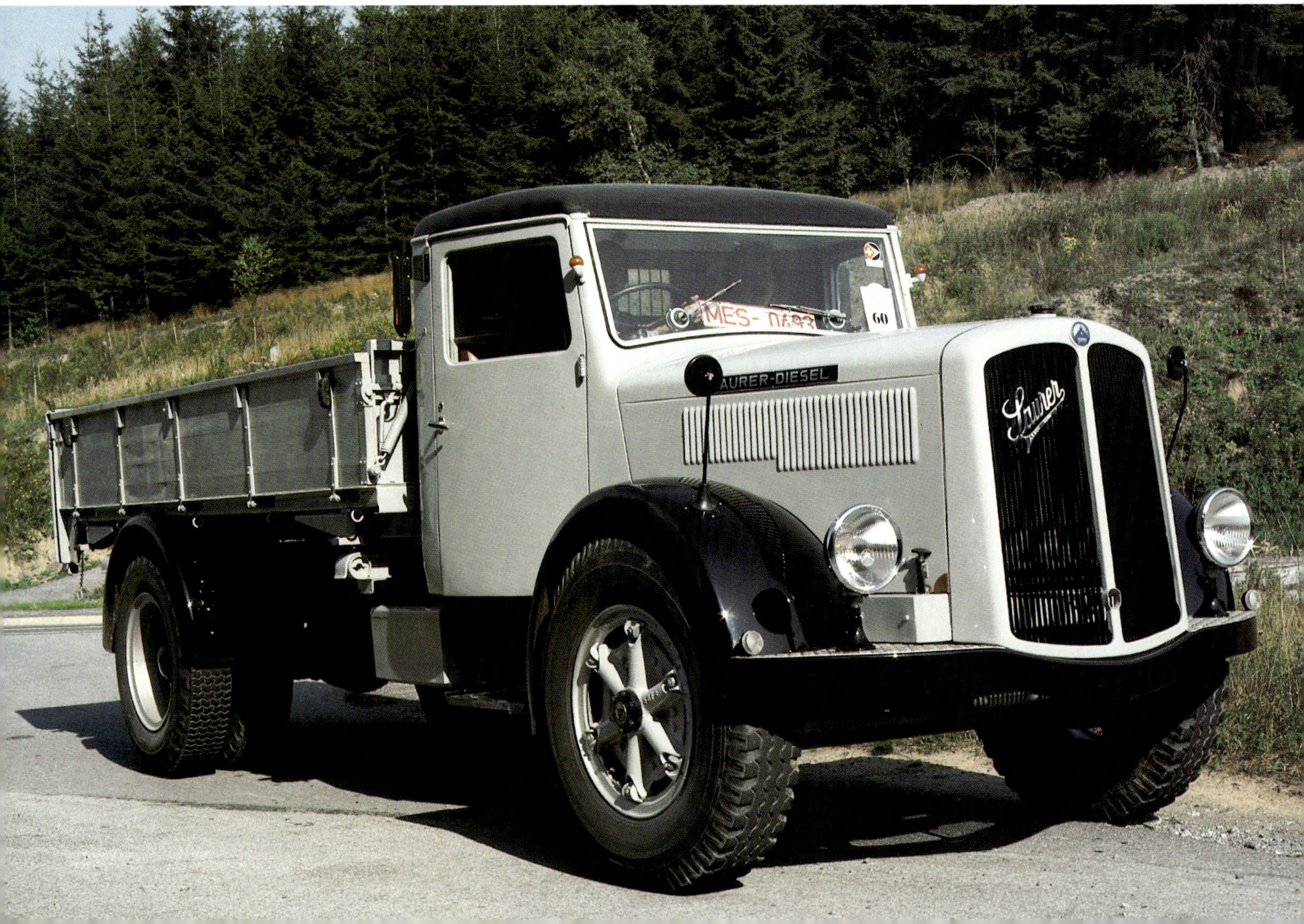
AURER-DIESEL
Saurer
60

Linke Seite oben: André Citroen in Paris gründete 1919, unmittelbar nach dem Ende des Ersten Weltkrieges, ein Fahrzeugwerk und stellte ab 1921 leichte, ab 1931 auch mittelschwere Nutzfahrzeuge bis drei Tonnen her. Während des Krieges lieferte Citroen beträchtliche Stückzahlen verschiedener Typen dieser allgemein sehr geschätzten Lkw-Modelle an die deutschen Besatzer. Auf einer Vorkriegskonstruktion basiert dieser aus dem Jahr 1947 stammende 1,5-t-Citroen-Lkw des Typs 23 U mit seinem geschlossenen, für Viehtransporte verwendeten Holzaufbau. Das Fahrzeug verfügt über einen 50-PS-Vierzylinder-Vergasermotor mit 1911 cm³ Hubraum und Hinterradantrieb. Anfang der 90er Jahre war dieses klassisch-schöne Fahrzeug auf einem Treffen in Holland zu sehen.

Linke Seite unten: Ein besonders kraftvoll und bullig wirkender restaurierter Saurer-S-4-C-Kipper aus dem Jahr 1953, der mit einer Nutzlast von maximal sieben Tonnen belastbar war, erschien 1985 auf dem Warsteiner-Treffen von Bruno Hecker und konnte hier bei der anschließenden Ausfahrt fotografiert werden. Der Kipper mit seinen frei stehenden Scheinwerfern und den in der Schweiz besonders häufig an Lastkraftwagen verwendeten Trilex-Rädern wurde von einem Sammler aus dem Sauerland restauriert. Das Fahrzeug besitzt den seit 1938 von Saurer verwendeten Sechszylinder-CT-1-D-Direkteinspritz-Dieselmotor mit 7985 cm³ Hubraum und 100 PS Leistung, die das Aggregat bei 1900 U/min erzeugen konnte. Die Rechtslenkung ist ebenfalls typisch für das in der Schweiz hergestellte Fahrzeug.

Unten: Ein Schweizer Privatsammler in Niederdorf ist Besitzer dieses kleinen, bestens restaurierten Saurer-LC-2-Lastwagens aus dem Jahr 1940, der für eine Nutzlast von 2 t ausgelegt ist. Der Lastkraftwagen bringt bei einem Eigengewicht von knapp 1,5 t ein zulässiges Gesamtgewicht von 4,1 t auf die Waage und ist mit dem 1936 erstmals vorgestellten Vierzylinder-Direkteinspritz-Dieselmotor des Typs CBD mit 2835 cm³ Hubraum und einer Leistung von 43 PS, die bei 2400 U/min fällig werden, ausgerüstet. Ein Fünfganggetriebe wirkt auf die Hinterräder. Das handliche Fahrzeug mit seiner kurzen Motorhaube konnte im Sommer 1986 nach Terminvereinbarung mit dem Besitzer, der das Fahrzeug bereits am Abend vorher – leider ins Gegenlicht – auf den Hof stellte, im Bild festgehalten werden.

Rechts und unten: Dieser beeindruckend schwere Faun-L-7-Z-Kipper aus dem Jahr 1950 verbrachte sein arbeitsreiches Lasterleben bei dem Fürther Fuhrunternehmen und Sandvertrieb Johann Roth und gelangte nach Stilllegung irgendwann in den 70er Jahren auf nicht mehr nachvollziehbare Weise zu dem Lkw-Gebrauchthändler Rademacher & Walter in Lünen. Dort machte Emil Bölling dieses noch gut erhaltene, restaurierfähige Fahrzeug ausfindig. An einem frostigen Wintertag zu Beginn des Jahres 1981 (der Autor war zugegen) wurde der 150 PS starke noch betriebsbereite, dunkelrot lackierte Faun mit rotem Nummernschild und auf eigener Achse zusammen mit zwei ebenfalls fahrbereiten Hanomag-SS-100-Zugmaschinen von Emil Bölling und seiner Mannschaft abgeholt. Bereits knapp zwei Jahre später war der Faun komplett überholt, er war seitdem lange Zeit, mit einer – leider – von Jahr zu Jahr zunehmenden Anzahl von Plaketten, Abzeichen und Abziehbildern geradezu verunstaltet, ein auf vielen Treffen zu findender Dauergast. Diese Abbildung zeigt den Faun im Jahr 1983 bei dem bekannten Nutzfahrzeugtreffen von Bruno Hecker in Warstein, mit noch weitgehend „sauberer" Frontpartie.

Rechte Seite unten: Als dieser Mercedes-Benz L 4500 F als Kraftfahrspritze KS 25 im Jahr 1941 der Feuerschutzpolizei Essen zugeteilt wurde, ahnte noch niemand, welch wechselvolles Schicksal diesem Fahrzeug bevorstehen sollte. Die KS 25 überlebte die Kriegswirren, und als die Berufsfeuerwehr Essen ein Kranfahrzeug benötigte, wurde der Mercedes dazu ausersehen, im Jahr 1950 bei Magirus in Ulm zu einem Rüstkranwagen RKW 7 (mit einer elektromotorischen 7-t-Krananlage im Heckaufbau) umgebaut zu werden. Bei dieser Gelegenheit erhielt der Mercedes – unter Beibehaltung des 112 PS starken Sechszylinder-Antriebsaggregats – einen komplett neuen, dem damaligen Zeitgeschmack entsprechenden, omnibusähnlich geformten Geräteaufbau. 1963 ersetzte die Essener Berufsfeuerwehr den Rüstkranwagen durch ein neues Fahrzeug und verkaufte ihn an die Berufsfeuerwehr Gießen, die noch mehr als zehn Jahre Verwendung für diesen bewährten Oldtimer hatte. Ende der 70er Jahre konnte ein Sammler dieses Fahrzeug erwerben, der den Geräteaufbau dieses im Originalzustand durchaus erhaltenswerten Einzelstückes leider demontierte und nur die Fahrerkabine unverändert beließ. Nachdem ein offener Pritschenaufbau montiert worden war, sah man das Fahrzeug Anfang der 80er Jahre hin und wieder auf Treffen. Einige Jahre später kaufte die Remscheider Spedition Siegfried Kästner den ehemaligen Feuerwehrwagen. Er wurde auf die traditionelle Firmenfarbe weiß umlackiert, überholt und ist seitdem wieder vollständig betriebsbereit.

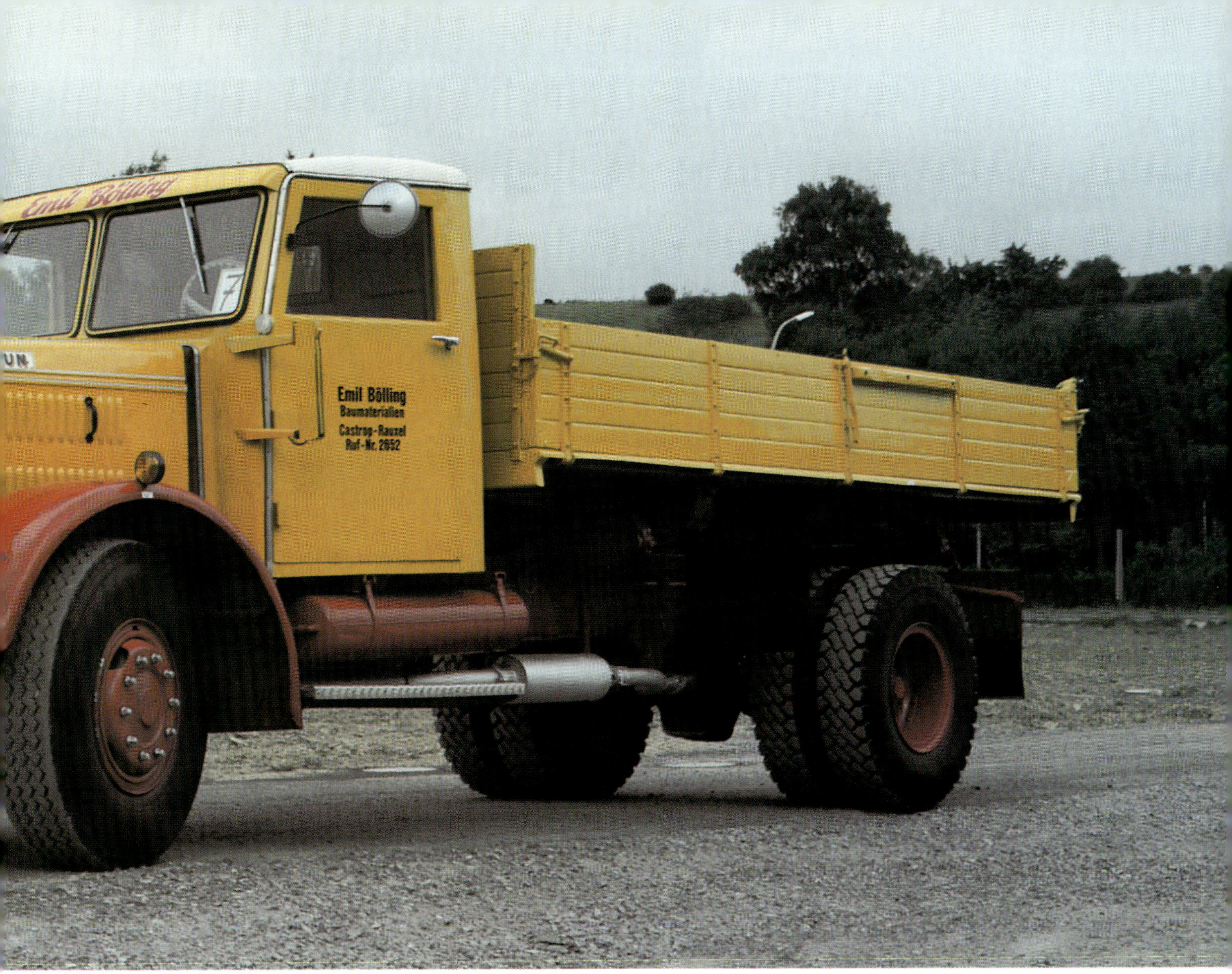
Emil Bölling
Emil Bölling
Baumaterialien
Castrop-Rauxel
Ruf-Nr. 2652

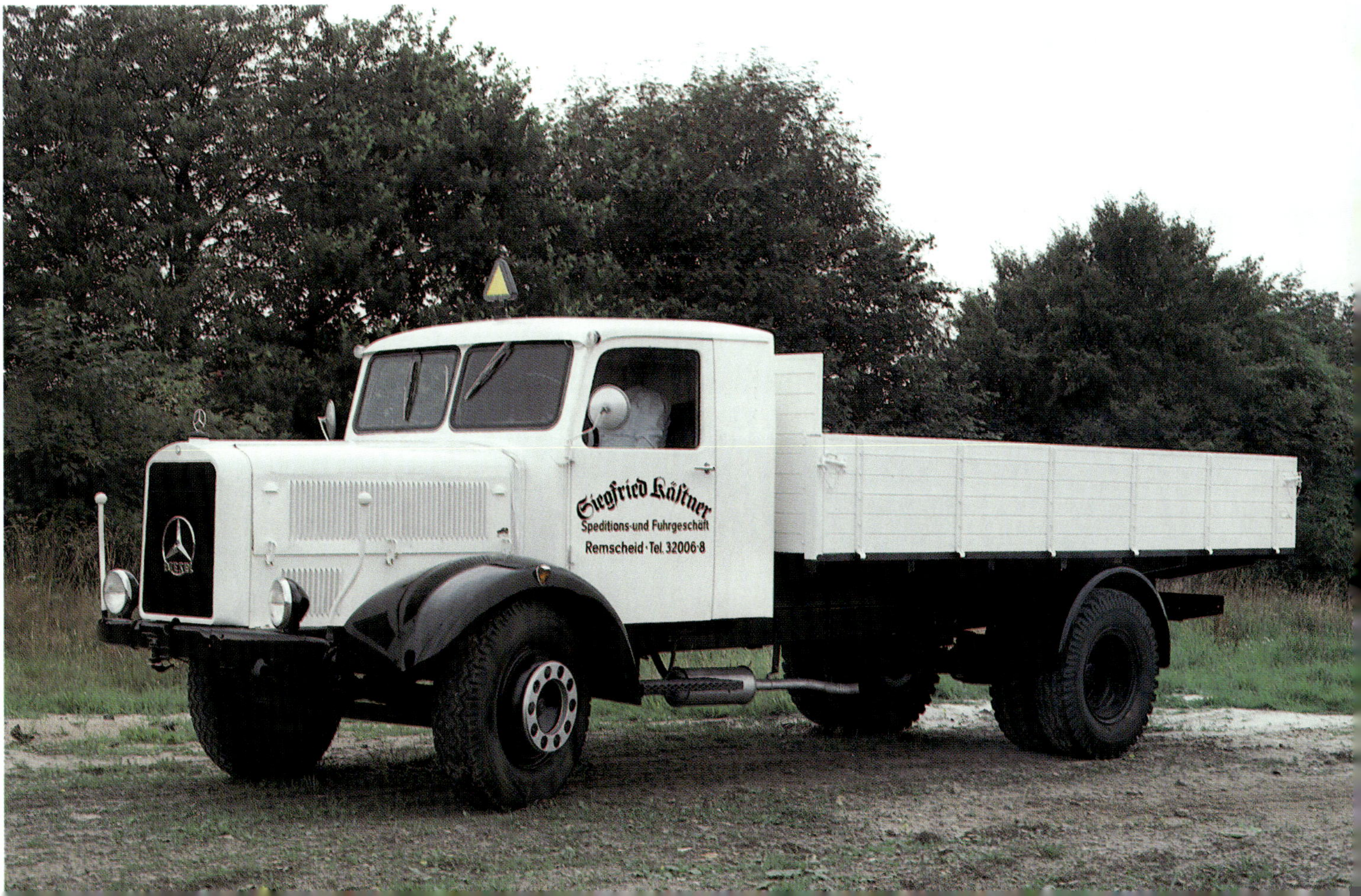
Siegfried Kästner
Speditions-und Fuhrgeschäft
Remscheid · Tel. 32006·8

Einen hervorragenden Eindruck hinterlässt dieser von Martin Hieke in Pforzheim restaurierte Mercedes-Benz LK 5000 wohl auf jeden Betrachter. Es ist ein Fahrzeug jener Bauserie, das noch die alte, ursprünglich vom Typ L 4500 abgeleitete Motorhaube besitzt, andererseits aber schon mit dem neuen Ganzstahlfahrerhaus ausgerüstet ist. Der 1952 gebaute Kipper hatte bereits ein Jahr später einen schweren Unfall und stand – so unglaublich es klingen mag – über 40 Jahre auf einem Schrottplatz. Martin Hieke erlöste das Fahrzeug aus seinem Dornröschenschlaf und erweckte den schon arg demolierten und in den Zustand des endgültigen Verfalls überzugehen drohenden Kipper bis zum Jahr 1997 zu neuem Leben. Viele Teile, u. a. der komplette Kippaufbau sowie das Fahrerhaus, mussten komplett neu aufgebaut werden. Das nunmehr grau lackierte, mit schwarzen Kotflügeln und Rahmen versehene, und mit einem Sechszylinder-120-PS-Dieselmotor des Typs OM 67/8 ausgerüstete Fahrzeug konnte fünf Tonnen Nutzlast befördern und ist nun von einem Neuwagen kaum zu unterscheiden; so gut und absolut authentisch wurden die Restaurierungsarbeiten durchgeführt. Hier präsentiert sich der Lastwagen im Rahmen einer kleinen Foto-Session am Rande des 1997er-Treffens auf dem Autohof Wörnitz dem Fotografen.

Dem mittlerweile überaus selten anzutreffenden Krupp Titan, dessen Name in der Lkw-Oldtimer-Szene schon fast zum Mythos geworden ist, sollen diese beiden Buchseiten gewidmet sein. Hier wird das 1952 gebaute Fahrzeug des belgischen Altmetallhändlers Raymond Piessens vorgestellt. Dem Vernehmen nach soll das Fahrzeug ursprünglich bei der britischen Rheinarmee Dienst getan haben, bevor es von einem Baustoffhändler zum Hinterkipper umgerüstet wurde. Die noch vorhandene runde Einweiserluke des Fahrerhausdaches wurde verschlossen und das Fahrzeug rot lackiert. In diesem Zustand konnte Piessens den Krupp, zusammen mit einem weiteren Fahrzeug dieses Typs, das ihm als Ersatzteilspender dienen sollte, im Jahr 1984 erwerben. Das war insofern überaus bedeutsam, da der Vorbesitzer den zuletzt recht störanfälligen 210 PS starken Sechszylinder-Zweitakt-Doppelmotor durch einen neueren und betriebssichereren Cummins-Diesel hatte ersetzen lassen. Im auszuschlachtenden Teilespender aber befand sich noch das Original-Titan-Triebwerk, das nun verpflanzt werden konnte. Innerhalb von zwei Jahren konnte Piessens das imposante Fahrzeug mit seiner voluminösen Haube und den Trilex-Rädern wieder betriebsfähig herrichten. Seither ist der gewichtige Veteran ohne Unterbrechung zugelassen und wird von seinem Besitzer regelmäßig bewegt. Zur Zeit ist dies wohl der einzige fahrbereite Krupp-Titan, den es in der Oldtimer-Szene gibt. Ein weiteres Fahrzeug befindet sich zur Zeit bei einem bekannten deutschen Sammler in der Endphase der Aufarbeitung. Wer dies nicht erwarten kann und den belgischen Krupp in natura sehen möchte, der muss sich schon selbst dorthin bemühen, denn Piessen hat aus nicht bekannten Gründen bisher alle Anfragen ausgeschlagen, mit seinem Oldtimer zu Treffen nach Deutschland zu kommen.

DFE·031

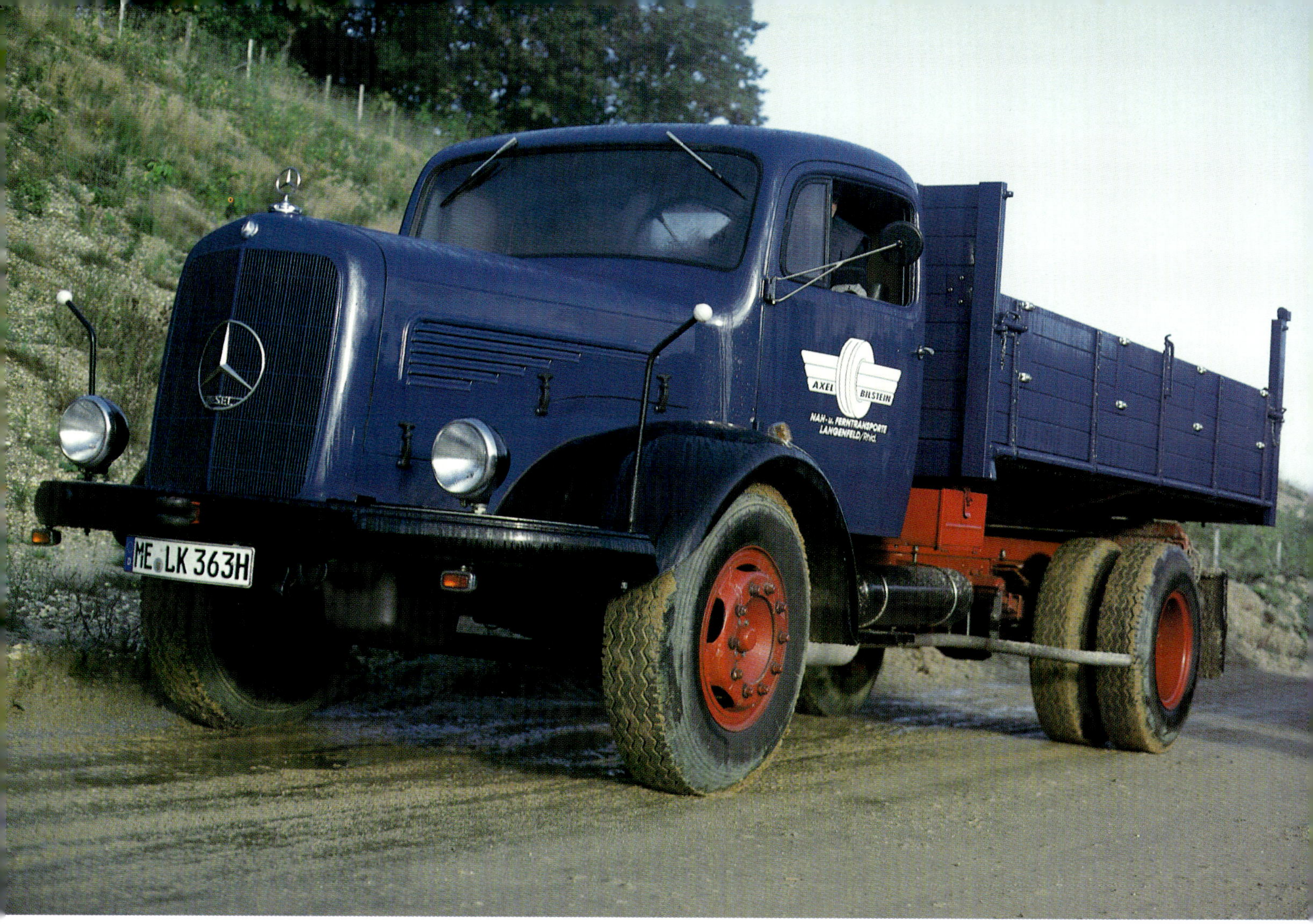
ME LK 363H
AXEL BILSTEIN
NAH- u. FERNTRANSPORTE
LANGENFELD/Rhld.

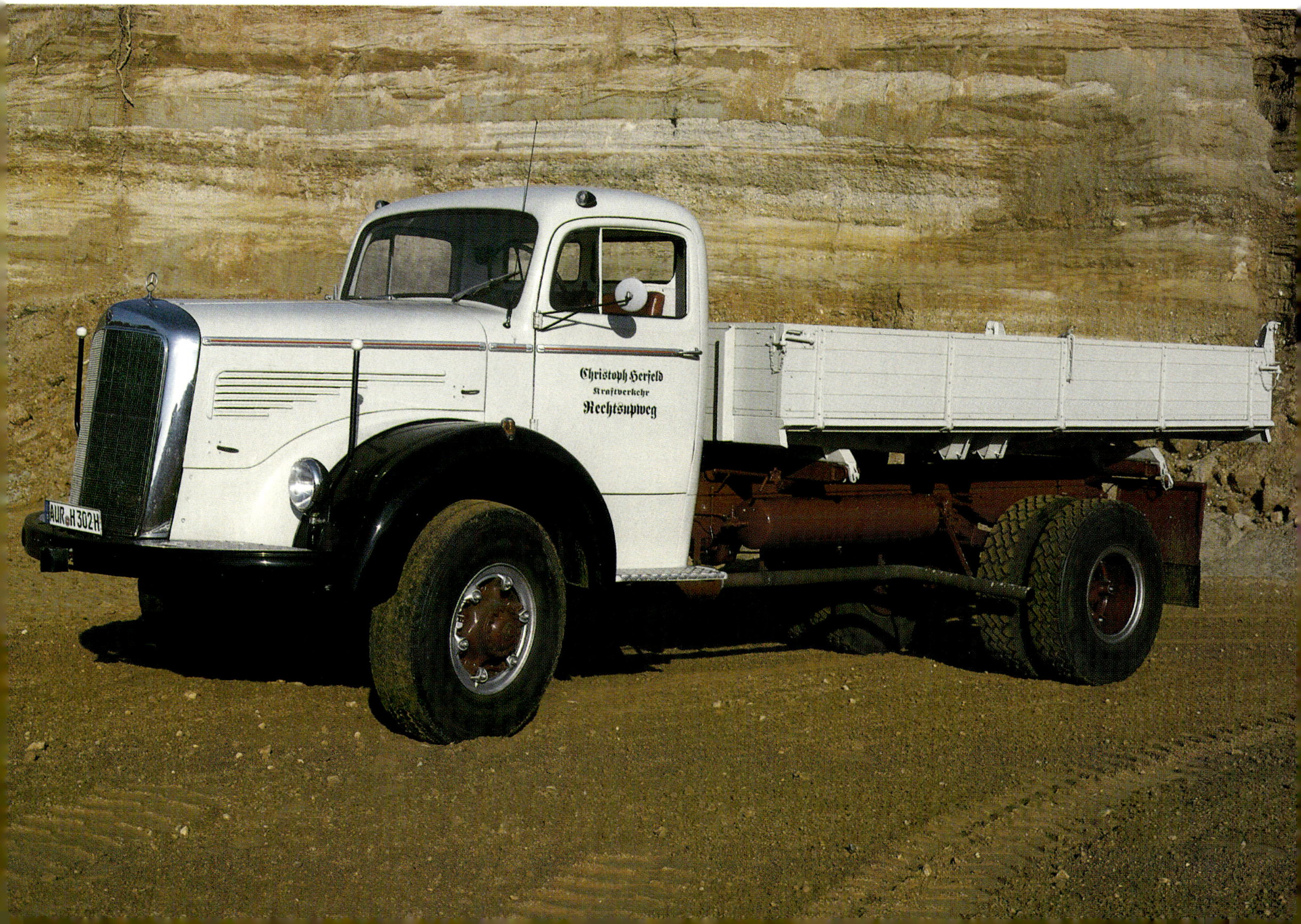
Christoph Herfeld
Kraftverkehr
Rechtsupweg
AUR H 302H

Linke Seite oben: Früher transportierte dieser ansehnliche, 1955 gebaute Mercedes-Benz LK 325 auf seiner Meiller-Kipperbrücke Briketts und Eierkohlen für den Kohlenhändler Dehnen in Duisburg-Meiderich aus den Braunkohletagebaugebieten des Raumes Quadrath-Ichendorf ins Ruhrgebiet, bis dieser 1974 seinen Betrieb aus Altersgründen aufgeben musste. Anfang der 80er Jahre rettete ein Duisburger Sammler den seither stillgelegten Kipper vor dem Schneidbrenner. Axel Bilstein in Langenfeld konnte den mittlerweile vor allem im Bereich des Fahrerhauses arg zerfallenen Lastkraftwagen im April 1988 erwerben und unterzog ihn einer aufwendigen Komplettrestauration. Dabei mussten u. a. das Fahrerhaus neu aufgebaut, Kotflügel und Stoßstange durch Austauschteile ersetzt werden. Während beim Sechszylindermotor neue Dichtungen und eine Grundreinigung ausreichten, wurde das Getriebe neu gelagert und die Kupplung erneuert. Bereits nach einem halben Jahr konnte sich der schmucke, mit einem 125 PS starken Sechszylinder-Vorkammer-Dieselmotor ausgerüstete Kipper im abgebildeten neuwertigen Zustand präsentieren. Ab und zu wird dieser voll betriebsfähige Veteran von seinem neuen Besitzer auch heute noch für unterschiedliche Transportaufgaben eingesetzt.

Oben: Hier die auf den Betrachter geradezu klassisch-schön wirkende, chromblitzende Kühlermaske einer toprestaurierten L-6600-Sattelzugmaschine von Daimler-Benz aus dem Jahr 1954.

Linke Seite unten: Das Mercedes-Benz-L-315-Modell von Daimler-Benz war der ab 1954 lieferbare Nachfolger des legendären Typs L 6600. Der L 315 mit seiner neuen, hausinternen Konstruktionsnummern-Bezeichnung unterschied sich nur in wenigen Details von seinem Vormodell. Die motormäßige Bestückung mit dem Sechszylinder-Vorkammer-Diesel mit 145 PS und 8280 cm³ Hubraum blieb ebenso unverändert wie das zulässige Gesamtgewicht des Fahrzeugs. Dieser hervorragend restaurierte Allradkipper des Typs LAK 315 aus dem Jahr 1955 gehört schon seit langem Christoph Herfeld in Rechtsupweg in Ostfriesland. Bereits ab Mitte der 80er Jahre war der von Jahr zu Jahr in seinem Zustand immer weiter verbesserte Kipper auf vielen Treffen zu Gast. Im Herbst 2000 waren die Restaurierungsarbeiten endgültig abgeschlossen Neuerdings komplettiert ein auf das Fahrzeug abgestimmter Anhänger den schönen Kipper.

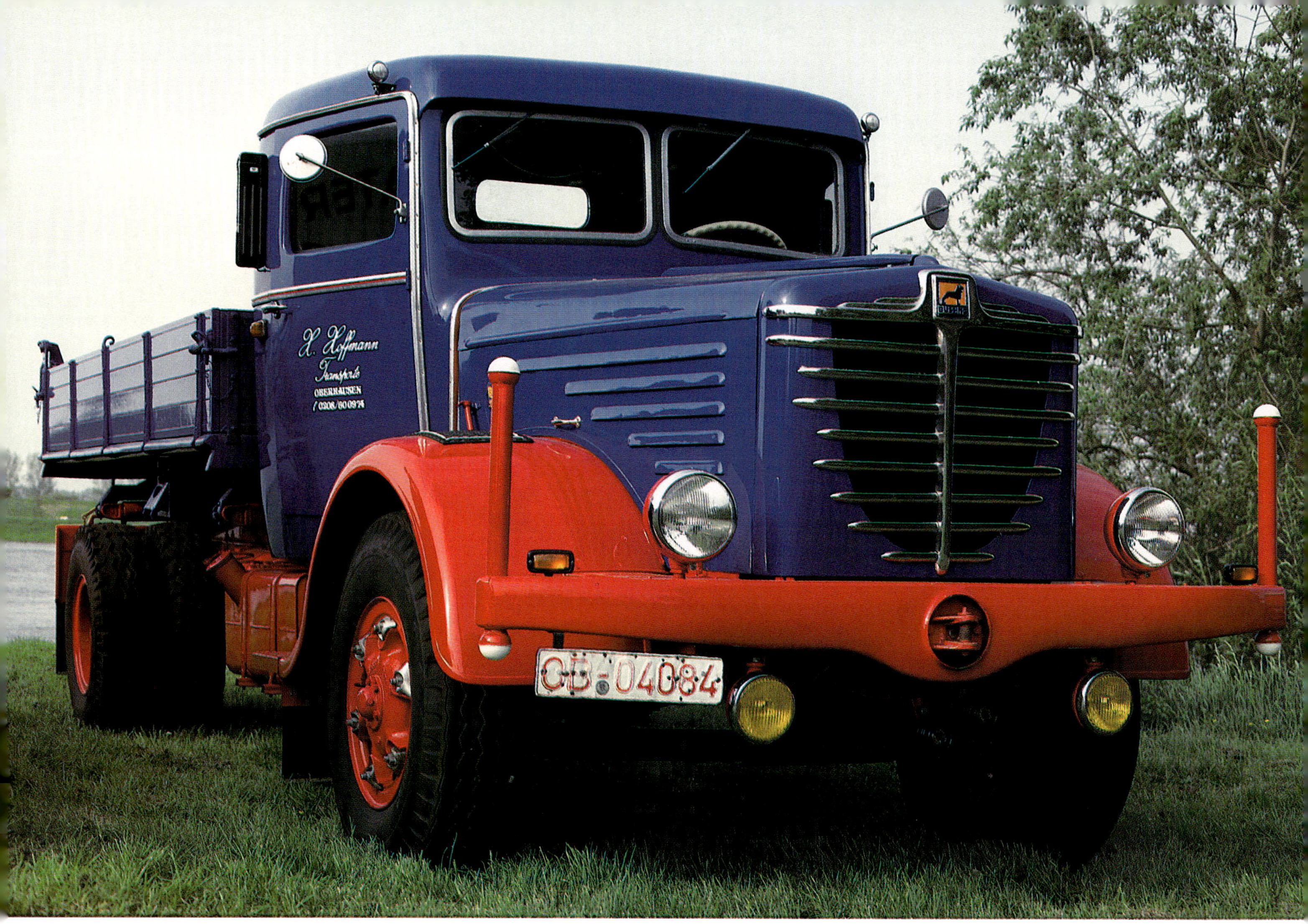
H. Hoffmann
Transporte
OBERHAUSEN
OB-04084

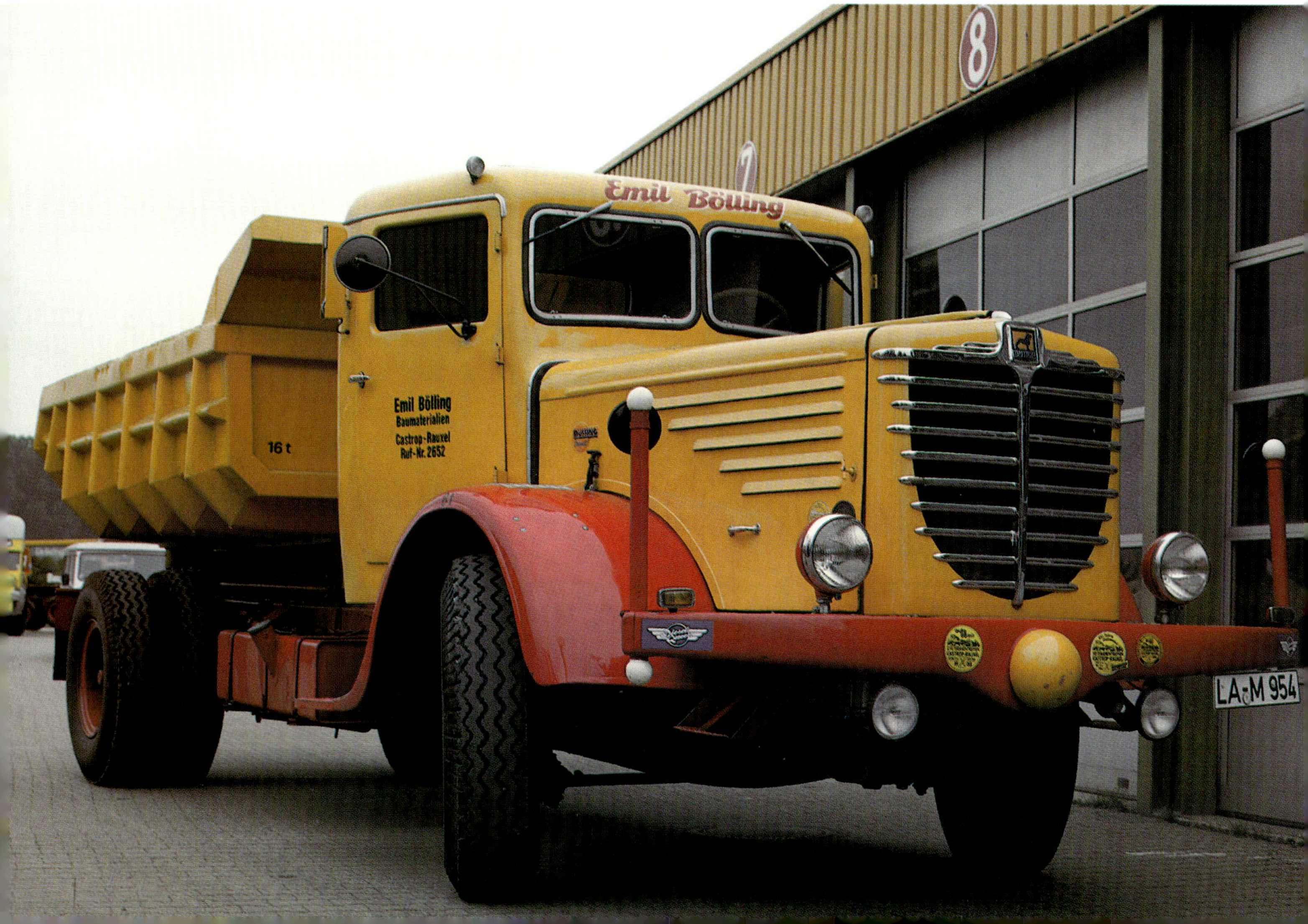
8
Emil Bölling
Emil Bölling
Baumaterialien
Castrop-Rauxel
Ruf-Nr. 2652
16 t
LA-M 954

Links oben: Weiterentwicklungen des ursprünglichen Büssing-Einheitstyps 4500 der Kriegszeit, des berühmten 105er, stellten die nachfolgenden, leistungsmäßig immer stärker angehobenen Baureihen dar, aus denen schließlich 1954 das Modell 7500 S entstand. Bei diesem Modell gelangte der leistungsstarke, nach dem Vorkammerprinzip arbeitende Sechszylinder-S-10-Dieselmotor mit 9842 cm³ Hubraum und 150 PS Leistung zum Einbau, der den vollbeladenen 7,5-Tonner innerhalb von 47 Sekunden auf seine Höchstgeschwindigkeit von etwa 65 km/h bringen konnte. Lieferbar war der 7500 S in zwei Pritschenwagen-Radständen und mit kürzerem 4,80-m-Achsabstand als Kipperversion sowie als Sattelzugmaschine. Die aufgeführten Radstände deuten darauf hin, dass dieses Modell für nahezu alle Einsatzbereiche infrage kam. Den hier abgebildeten, 1954 gebauten Kipper, der ein zulässiges Gesamtgewicht von 14 t besitzt, restaurierte Helmut Hoffmann in Oberhausen bereits Ende der 80er Jahre geradezu mustergültig. Hoffmann hat, ebenso wie bei seinen anderen Objekten, ganz bewusst auf nicht zum zeittypischen Erscheinungsbild des Fahrzeugs passende Attribute verzichtet. Das schöne Fahrzeug ist seither – oft auch mit einem zweiachsigen, zwillingsbereiften Anhänger gekuppelt – auf vielen Treffen zu sehen gewesen.

Links unten: Mit dem Namen Büssing 8000 verbindet wohl jeder in erster Linie die gewaltigen Fernverkehrslastwagen Anfang der 50er Jahre, mit ihren schweren Dreiachsanhängern. Dieses optisch sehr beeindruckende Schwerlastwagenmodell entstand bereits 1950 aus dem Typ 7000 S unter Verwendung eines überarbeiteten Fahrerhauses. Die Motorleistung des Sechszylinder-GD-6-Vorkammer-Diesels von 150 PS blieb bei dem neuen Modell zunächst gleich, wurde aber zu Beginn des Jahres 1952, da das Triebwerk den gestiegenen Anforderungen leistungsmäßig nicht mehr entsprach, durch Steigerung der Drehzahl auf 1600 U/min bei mit 13539 cm³ gleichbleibendem Hubraum auf 180 PS angehoben. Um die neue, größere S-13-Maschine unter der Motorhaube unterbringen zu können, musste diese um 9 cm verlängert werden. Das neue Modell war daher leicht an der an der Fahrerseite vorhandenen Lenkgetriebeabdeckung und den entfallenen unteren Lüftungsschlitzen vom bisherigen Typ 8000 zu unterscheiden. Obwohl die Hauptdomäne dieses mächtigen Boliden der Güterverkehr im Dauerbetrieb über große Distanzen war, gab es das neue Modell in vielen anderen Aufbauvarianten und als Kipper, vereinzelt sogar mit Allradantrieb. Dieser 1954 hergestellte 8000-S-13 mit seiner etwas kleinen Kippmulde, wurde in den Werkstätten Emil Böllings in den 80er Jahren restauriert, später aber an einen Sammler in Süddeutschland abgegeben, der den Kipper in ein grau lackiertes Brauereifahrzeug mit Pritschenaufbau umbaute.

Oben: Beeindruckende Frontansicht eines aus der Sammlung Emil Böllings stammenden, 1950 gebauten Büssing-Kippers des Typs 8000. Bis auf das unpassende Abziehbild an der Stoßstange gibt es an diesem hervorragend restaurierten Wagen mit seiner verchromten Kühlermaske wohl nichts auszusetzen.

Unten: Das Büssing-Kühleremblem mit dem berühmten, dem Wappen der Braunschweiger Welfen entlehnten stilisierten Löwen, das ab 1950 an den Fahrzeugen dieser Marke verwendet wurde.

Oben: Zwischen 1956 und 1960 fertigten die MAN-Werke das Sechstonnen-Modell 620 L 1, das mit dem nach dem M-Verfahren arbeitenden Sechszylinder-8276-cm³-Dieselaggregat des Typs D 1246 M 4 bestückt war, das bei 2000 U/min 120 PS leistete. Der 620 war das Nachfolgemodell des bekannten mittelschweren Typs 515, dessen zweckmäßig gestaltetes Ganzstahlfahrerhaus übernommen wurde. Der 620 L 1 wurde besonders häufig als Pritschenwagen oder Kipper, aber auch als Sattelzugmaschine oder für Sonderaufbauten eingesetzt. Dieses Fahrzeug aus dem Jahr 1957 besitzt eine Meiller-Kippbrücke und wurde von der Dortmunder Firma Heinrich Brühne, Umwelttechnik GmbH & Co. KG, restauriert. Der Lastkraftwagen stammt aus Sachsen und war dort noch ungefähr bis zum Jahr 1992 in Betrieb.

Rechte Seite oben: Dieser 1956 gebaute und wieder in einen absolut neuwertigen Zustand zurückversetzte, mit einer Sechszylinder-120-PS-Maschine bestückte MAN 620 mit Kippbrücke gehört Winfried Kickartz in Bad Honnef. Das Fahrzeug stand im belgischen Gembloux und war bei einer Kommune im Einsatz gewesen. Im Januar 1993 wurde der Lkw nach Bad Honnef überführt. Wegen fehlender Unterstellmöglichkeit musste zunächst eine Garage für den zu restaurierenden MAN gebaut werden, deren Fertigstellung sich bis April 1997 verzögerte. Die anschließenden Arbeiten an dem MAN gestalteten sich dann doch als wesentlich umfangreicher und aufwendiger als zuvor angenommen. Nach der totalen Zerlegung des Fahrzeuges wurden die Metallteile sandgestrahlt, teilweise gerichtet oder neu angefertigt. Motor und Getriebe wiesen glücklicherweise noch eine gute Substanz auf und erforderten daher verhältnismäßig wenig Aufwand. Im Oktober 1999 wurde der MAN erstmals wieder für den Straßenverkehr zugelassen. Ab dem Frühjahr 2000 begann die gründliche Überarbeitung der Kipperbrücke, deren Arbeiten Anfang September desselben Jahres abgeschlossen waren. Zu diesem Lastwagen gehört noch ein aus dem Jahr 1954 stammender, bis 1999 im Einsatz befindlicher Anhänger.

Rechte Seite unten: Von 1950 bis 1954 lief der Fünftonner MK 25 bei der Maschinenfabrik Augsburg-Nürnberg (MAN) vom Band. Unter der Haube befand sich der 120-PS-Sechszylinder-Diesel mit 7983 cm³ Hubraum des Typs D 1046 G. Vielfach verwendete man den MK 25 im Solobetrieb, u. a. auch als Kipper. 1953 wurde der hier abgebildete MK 25 des begeisterten Böblinger Lkw-Sammlers Dietmar Witulski gebaut. Er konnte den Kipper, mit wenigen Kilometern auf dem Buckel, aus dem Raum Taunus übernehmen. Da das alte, wegen seines kugelförmigen Verbrennungsraums Globus-Motor, kurz „G"-Motor, genannte Triebwerk auf die vielen Steigungen der bergigen Gegend des Umkreises seines neuen Besitzers meist mit Frühzündungen und dabei mit entsprechendem Lärm reagierte, wurde diese Maschine durch ein geräuschärmeres, nach dem M-Verfahren arbeitendes Triebwerk ersetzt.

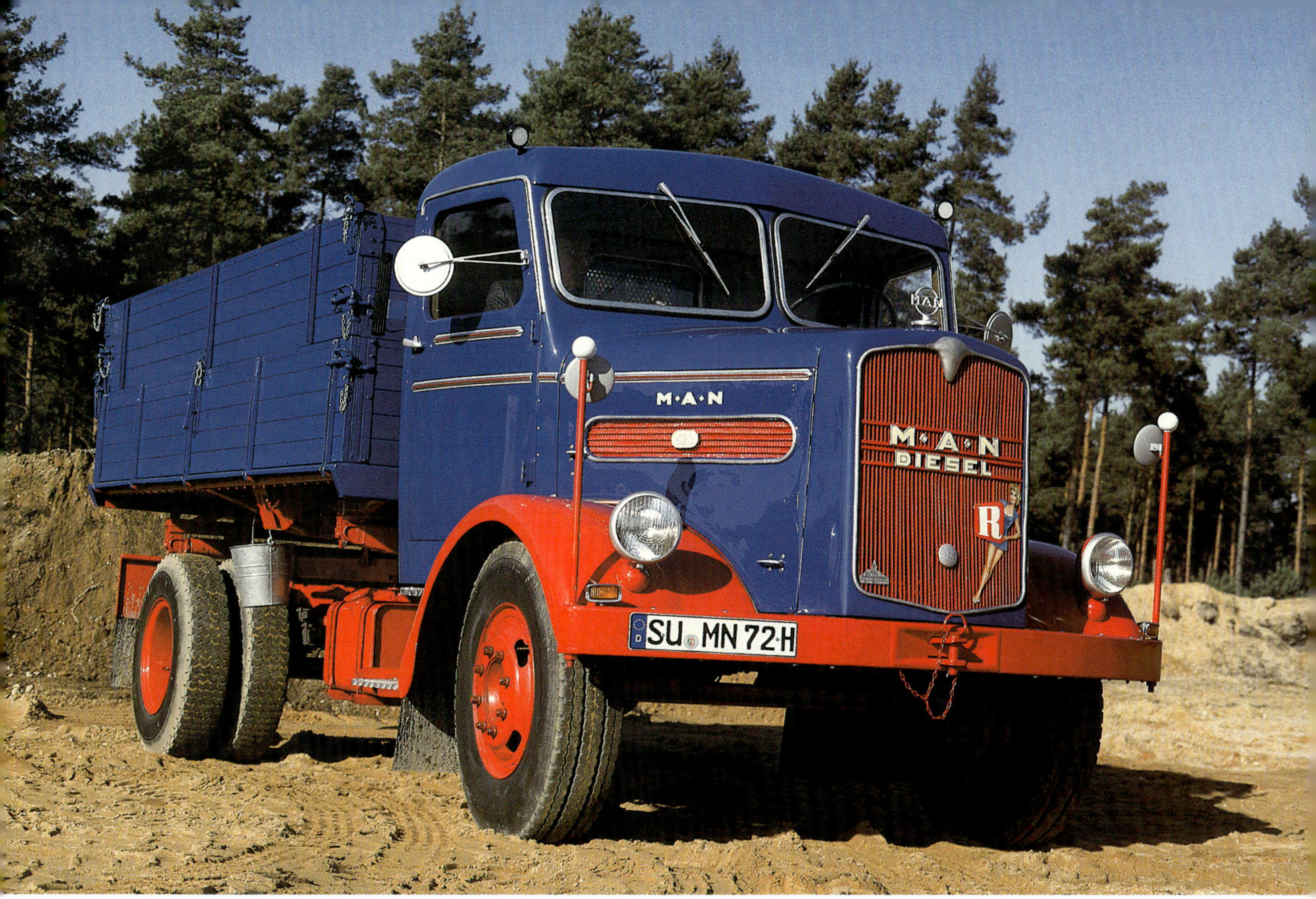
M·A·N
M·A·N
DIESEL
SU MN 72 H

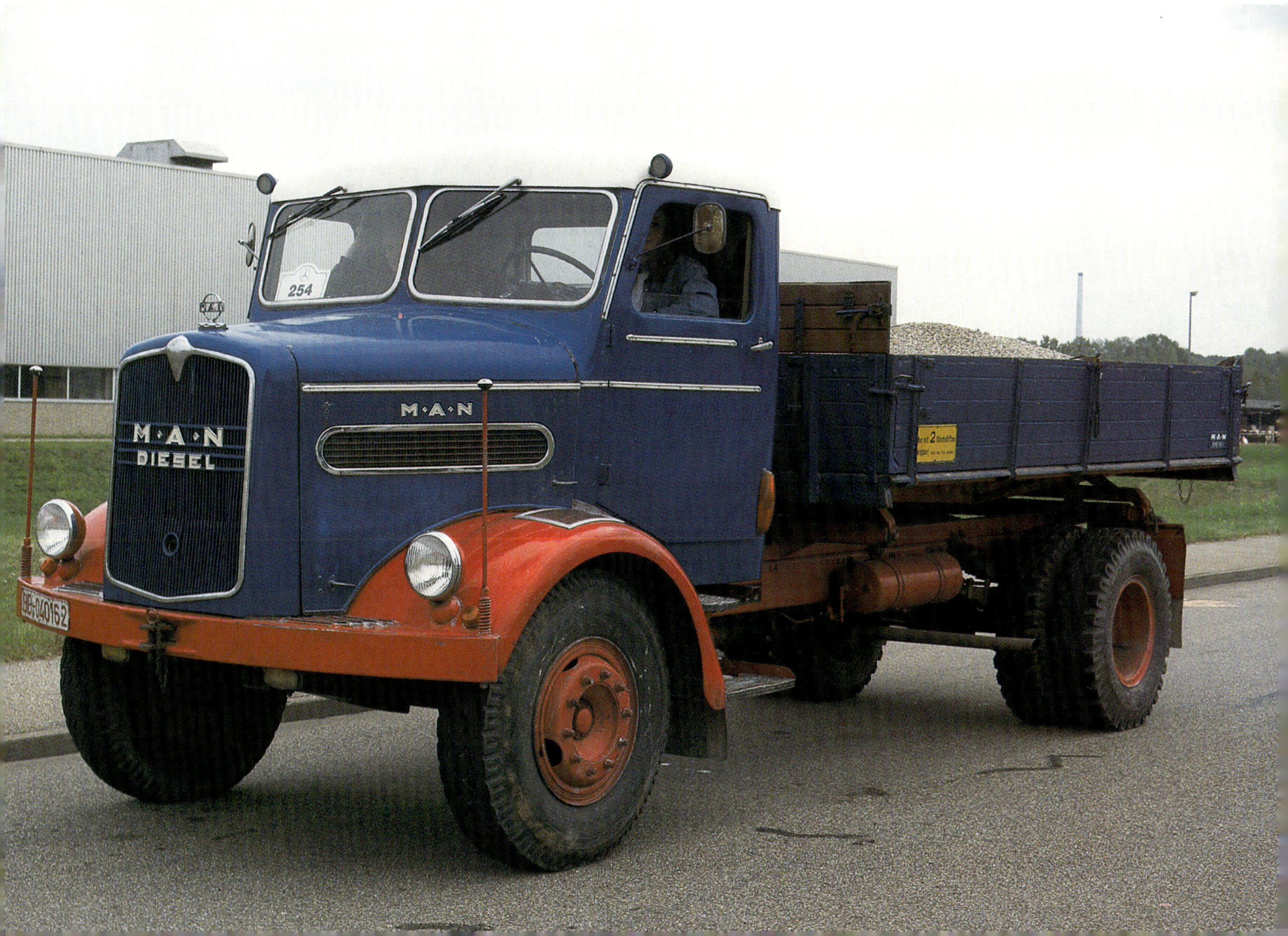
M·A·N
M·A·N
DIESEL
254

Links: Helmut Hoffmann ist allen Freunden alter Laster für seine in blitzsauberer Manier durchgeführten Restaurationsarbeiten an alten Lastkraftwagen bekannt. Die Fahrzeuge präsentieren sich dem Betrachter in einem Zustand, wie sie zu Zeiten ihrer Entstehung auch aussahen – nebenbei gesagt ohne die vielen Verunstaltungen durch Plaketten, Aufkleber und Abziehbilder. 1991 konnte Hoffmann – nach über sechsjähriger Bauzeit – einen Krupp Mustang fertigstellen. Gewissermaßen aus einem rostigen Haufen Schrott entstand in mühevoller Kleinarbeit ein Lastkraftwagen, der in jeder Hinsicht als neuwertig zu bezeichnen ist. Nur wenige Teile ließen sich überarbeiten und wieder herrichten, das meiste wurde gleich neu angefertigt, so dass die Restaurierung mehr einem Neubau gleichkam. Dieser 1955 gefertigte Krupp-Kipper, in seiner zeittypischen blauen Lackierung mit rotem Rahmen und Kotflügeln, besitzt einen Vierzylinder-Zweitakt-Dieselmotor mit 5816 cm³ Hub- raum und leistet 150 PS bei 1800 U/min. Wohl ein jeder, der diesem imposanten Fahrzeug mit seinem aggressiv-lauten Motorgeräusch begegnet, wird unweigerlich in seinen Bann gezogen.

Oben: Markenemblem eines Henschel-Lastkraftwagens

Links: Die Kasseler Henschel-Werke waren nach Kriegsende durch ihre vormalige rüstungsintensive Vergangenheit von den alliierten Besatzungsmächten zu einer jahrelangen konstruktionsmäßigen Abstinenz verdammt worden, so dass man erst 1949 wieder mit einer eigenständigen Lastwagen-Neukonstruktion, dem noch etwas plump und unfertig wirkenden Schwerlastwagenmodell des Typs H 6, aufwarten konnte. Bereits kurze Zeit später, im Jahr 1950, fand dieser Entwurf in dem äußerlich modifizierten 6,5-t-Nachfolgemodell HS 140 seine endgültige Form. Das Sechszylinder-Lanova-Triebwerk des H 6, das 140 PS bei 2200 U/min aus einem Hubraum von 8553 cm³ herausholte, wurde selbstverständlich beibehalten. Henschel hatte damit einen soliden und zuverlässigen Lastwagen entwickelt, der ohne wesentliche Änderungen, abgesehen von Steigerungen in der Motorleistung, bis zum Beginn der 60er Jahre produziert wurde. Der abgebildete Henschel HS 140, den Adolf Diener in Mannheim schon sehr früh in den 80er Jahren restauriert hatte, ist ein 1951 gebauter Kipper, der 22 Jahre als Tieflader-Zugfahrzeug ununterbrochen im Einsatz stand und anschließend noch weitere zwei Jahre als Baustellenkipper verwendet wurde. Unter der langen Haube des Wagens, der mittlerweile bereits weit über eine Million Kilometer zurückgelegt hat, arbeitet schon die dritte Maschine.

Linke Seite oben: Im Juni 1949 konnte Daimler-Benz die Fertigung der ersten Lastwagen-Neukonstruktion nach dem Krieg, des mittelschweren Lkw-Modells L 3250, aufnehmen. Bereits wenige Monate später wurde dessen Nutzlast auf 3,5 t angehoben, die Typenbezeichnung analog dazu in L 3500 geändert. In den folgenden Jahren sollte sich aus diesem eher unscheinbar wirkenden Lastwagen ein ausgesprochenes Erfolgsmodell entwickeln und über einen Zeitraum von rund zwölf Jahren die Zulassungsstatistik dieser Nutzlastklasse anführen. Anfänglich wurde der 3,5-Tonner mit dem in Sechszylinder-Vorkammer-Bauweise ausgeführten 90-PS-Dieseltriebwerk des Typs OM 312 angeboten, ab 1953 wurde dessen Leistung durch Änderungen im Vorkammer-Brennraum auf 100 PS gesteigert. Zur gleichen Zeit kam als aufgelastete, nutzlaststärkere Variante eine Ausführung mit 4,5 t Tragfähigkeit, der Typ L 4500, hinzu. 1955 wurden die Typenbezeichnungen in L 311 (für den 3,5-Tonner) und L 312 (für den 4,5-Tonner) geändert. Abgebildet ist hier ein mit einem HIAB-Ladekran ausgerüsteter allradgetriebener LA 312 aus dem Jahr 1958, der sich bis 1986 bei der Deutschen Bundespost Stuttgart als Antennenfahrzeug im Einsatz befand und anschließend im Straßenbau eingesetzt wurde. 1989 übernahm Manfred Engesser in Spechbach dieses Fahrzeug und hat es bis 1994 total restauriert. Die 100-PS-Maschine ist in der Lage, mit dem voll beladenen Fahrzeug eine Höchstgeschwindigkeit von 76 km/h zu erreichen.

Linke Seite unten: Ein 1960 gebauter und restaurierter 3,5-Tonner des Modells Mercedes-Benz LK 311/36 begegnet uns hier in der Kipperausführung auf einem Veteranentreffen im süddeutschen Raum. Vom L 311, dessen Rahmentragfähigkeit für eine maximale Nutzlast von 3,6 t eingerichtet war, wurden von 1955 bis zur Produktionseinstellung im Jahr 1961 genau 18564 Exemplare in allen Ausführungen gefertigt. Noch weitaus erfolgreicher verkaufte sich das mit 5,1 t belastbare, stärkere Modell L 312, von dem 63862 Einheiten vom Band liefen. Selbst noch in den 80er Jahren konnte man daher von diesen ehemals so zahlreich vertretenen Lastwagen mit etwas Glück ab und zu mal ein Exemplar im regulären Alltagsbetrieb erwischen.

Oben: Ein Besitzer in Hilversum/Niederlande nennt diesen 1954 gebauten Mercedes-Benz L 3500/42 sein Eigen. Im Gegensatz zu den bisher in diesem Buch gezeigten Fahrzeugen dieses Typs weist dieser Wagen den längeren 4,20-m-Radstand auf und ist mit einer entsprechend größeren Ladebrücke ausgerüstet. Als Antriebsaggregat gelangte bereits das stärkere 100-PS-Triebwerk zum Einbau. Die Gesamtkonzeption dieses Lastkraftwagens war – nicht zuletzt durch viele aus dem Opel-Blitz-Dreitonner stammende konstruktive Komponenten, denn dieser damals als L 701 bezeichnete Lastwagen musste ja bekanntlich zwangsweise von Daimler-Benz gefertigt werden –, so dauerhaft und seiner Zeit voraus, dass sowohl am äußeren Erscheinungsbild, als auch an den inneren, dem Betrachter verborgenen Werten dieser immerhin in mehr als 144000 Exemplaren gefertigten Haubenbaureihe während der langen Bauzeit nur ganz geringfügige Änderungen vorgenommen werden brauchten.

Links: Hermann-Josef Halmes in Vossenack in der Eifel ist Besitzer dieses schönen Magirus-Sirius-90-L-Rundhauben-Lastkraftwagens, der am 3. 1. 1964 beim Innenministerium des Landes Schleswig-Holstein, Abt. Fahrdienst, unter dem Kennzeichen KI-3010 erstmals zugelassen worden war und im Fahrzeugbestand der Landespolizei geführt wurde. Schließlich zog man den Lkw im Juli 1981 aus dem Verkehr. Dieser 90 L mit seinem 90 PS starken sechszylindrigen, luftgekühlten Wirbelkammer-Dieselmotor in Reihenform, besitzt den langen 4,85-m-Radstand. Der Wagen war als Behördenfahrzeug noch in recht gutem Pflegezustand und konnte im Jahr 1989, nach erfolgter äußerer wie innerer Aufarbeitung, der Lkw-Szene vorgestellt werden.

Linke Seite unten: Bei Magirus begann im Jahr 1951 mit den auf der Frankfurter Automobilausstellung vorgestellten ersten Lastkraftwagen in einer runden, nach oben hin zu öffnenden Haubenbauform, die sich gestaltungsmäßig so grundlegend von jenen von der Konkurrenz angebotenen, eher konventionell wirkenden Modellen abhob, das Zeitalter der Rundhauber, das bis zum Ende ihrer Fertigung über 20 Jahre andauern sollte. Die Rundhauber waren in verschiedenen Nutzlastklassen und Motorleistungen erhältlich. Sehr verbreitet war das als Mercur bezeichnete, mittelschwere Modell, das mit dem luftgekühlten V-6-Zylinder-Motor des Typs F 6 L 614 von Deutz mit 7983 cm^3 Hubraum und 125 PS, die bei 2300 U/min erreicht wurden, ausgestattet war. Bei den Stückzahlen erreichten die Rundhauber einen ehrenvollen zweiten Platz nach den nutzlastmäßig vergleichbaren Daimler-Benz-Modellen. Da die luftgekühlten Motoren mit ihrem charakteristischen Heulton nicht gerade zu den leisesten Antriebselementen zählten, wurden ab 1957 Maßnahmen zur besseren Schallisolierung des Ganzstahlfahrerhauses werksseitig in die Wege geleitet. Der für eine Nutzlast von 5 t ausgelegte Wagen war mit unterschiedlichen Radständen erhältlich. Das abgebildete, mit einer Kurzpritsche ausgeführte und in München beheimatete restaurierte Fahrzeug ist ein solcher, 1959 gebauter Mercur von Magirus und war im Jahr 1999 auf einem Treffen im bayerischen Raum zu sehen.

Unten: 1953 wurde dieser in den Niederlanden beheimatete, jetzt mit einem Ladekran als Transportfahrzeug für Oldtimertraktoren im Einsatz befindliche Magirus S 4500 mit 4,5 t Nutzlast gebaut. In dieses Fahrzeug wurde später eine Austauschmaschine, ein luftgekühltes Sechszylinder-Triebwerk mit 125 PS, das auch für die späteren Mercur-Modelle Verwendung fand, eingebaut. Dieser Lastwagen ist alljährlich auf dem Ende Juli nahe Venlo stattfindenden Traktorentreffen in Panningen anzutreffen.

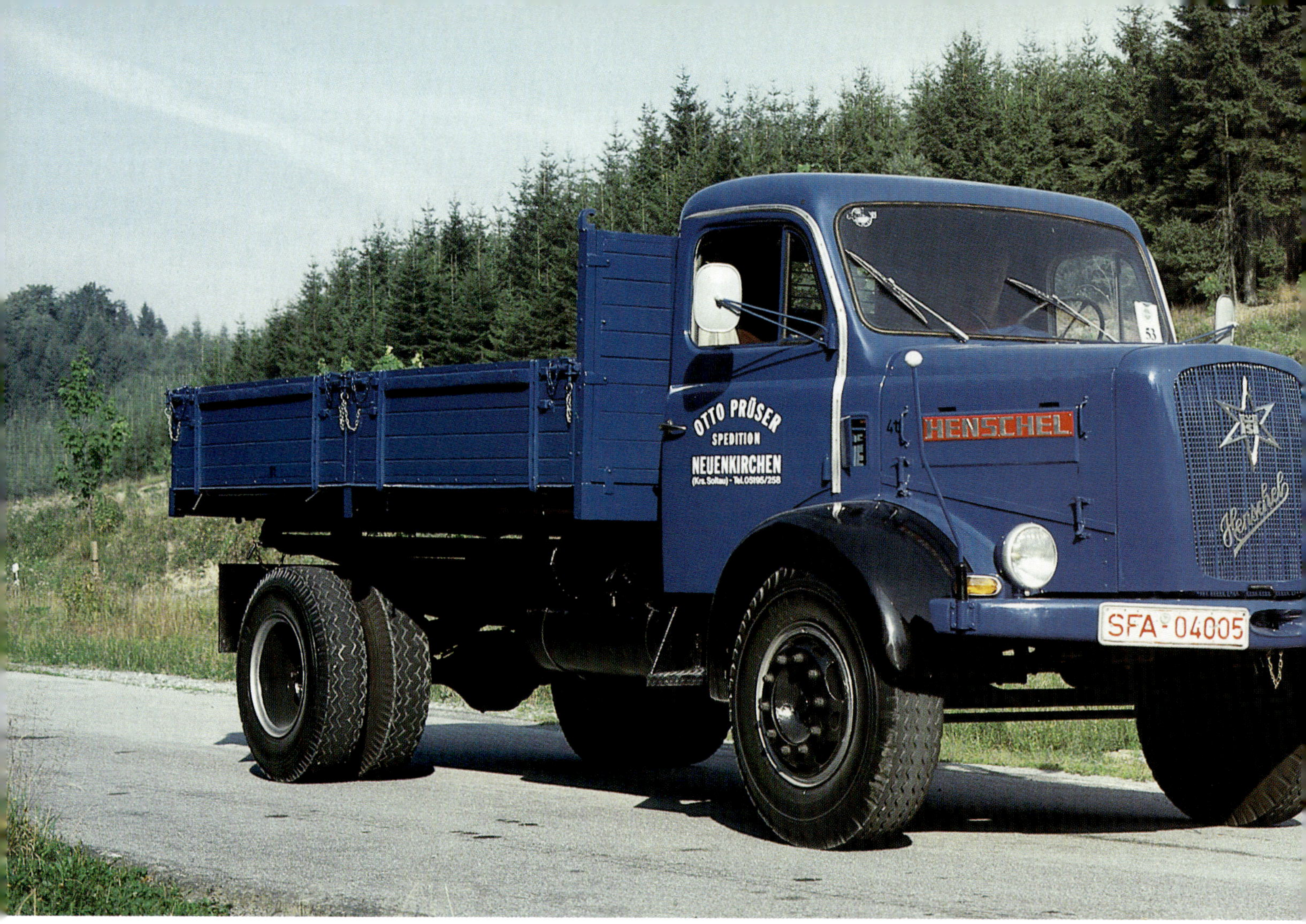
OTTO PRÜSER
SPEDITION
NEUENKIRCHEN
(Krs. Soltau) · Tel. 05195/258
HENSCHEL
Henschel
SFA-04005

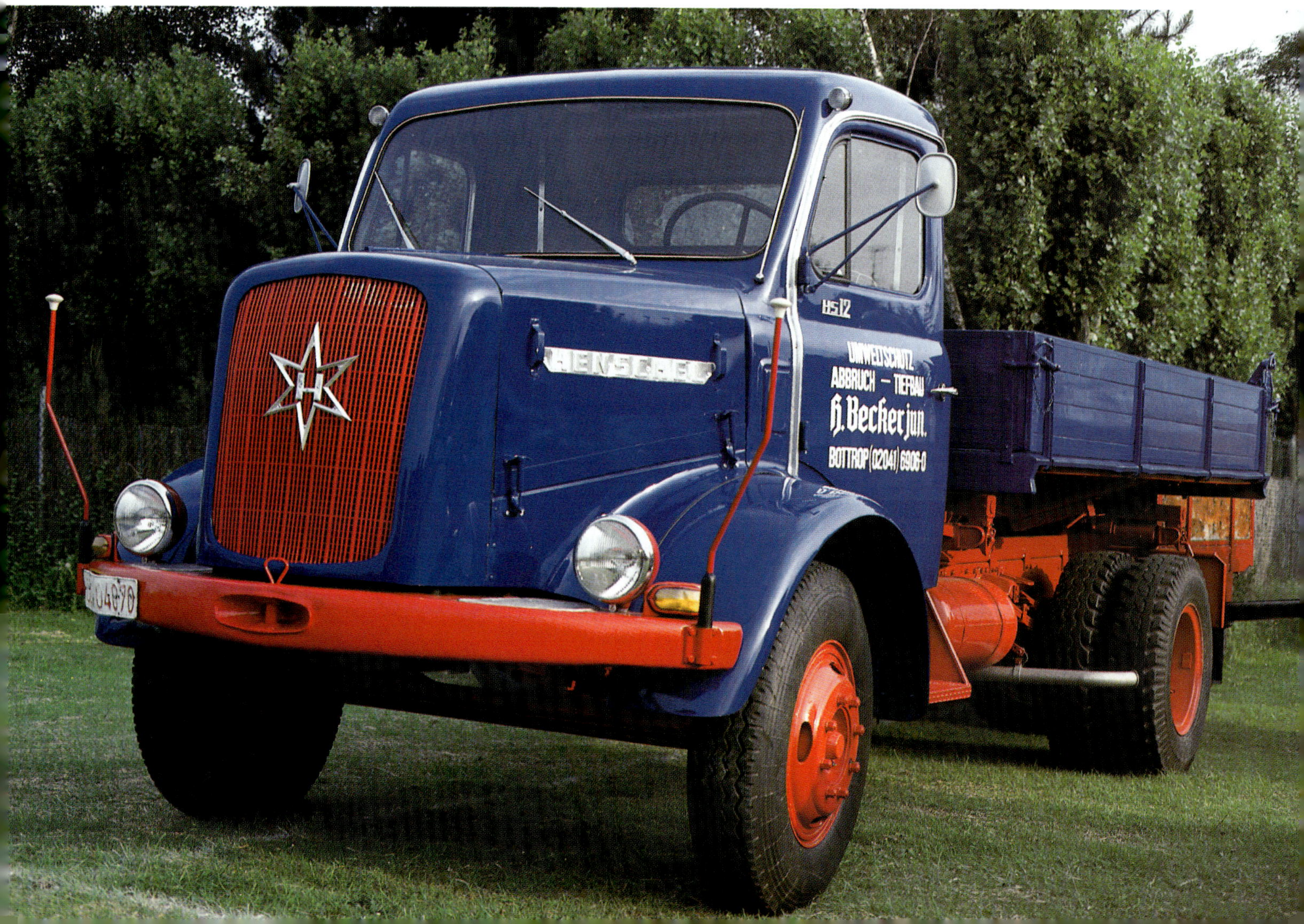
HS 12
HENSCHEL
UMWELTSCHUTZ
ABBRUCH – TIEFBAU
H. Becker jun.
BOTTROP (02041) 6906-0

Links: Jens Prüser und sein inzwischen verstorbener Vater Friedel, in Neuenkirchen bei Soltau zu Hause, führt einen schon über Jahrzehnte bestehenden Speditionsbetrieb. In Nutzfahrzeug-Oldtimerkreisen sind beide als eifrige Sammler und Restaurateure dieser Spezies von Lastkraftwagen bekannt. Mittlerweile existiert eine stattliche Flotte alter Lastkraftwagen und Omnibusse, die sich alle durch eine überaus fachmännische, saubere und authentische Restaurierungsarbeit auszeichnen. Auch hier wird besonderer Wert darauf gelegt, die Fahrzeuge bis hin zum letzten Detail in der ursprünglichen Erscheinungsform zu erhalten und z. B. keine Plaketten, Aufkleber oder Schriften zu verwenden, die nicht zum Fahrzeug und seiner Zeit passen würden. 1984 stand in einem Nachbardorf die Rettung eines Henschel HS 120 K vor dem Schneidbrenner auf dem Programm, die auch erfolgreich durchgeführt werden konnte. Da sich der Lkw noch in einem recht guten und vor allem vollständigen Zustand befand, konnte die Aufarbeitung relativ schnell vonstatten gehen, so dass der nun blau lackierte Kipper bereits an Bruno Heckers Treffen 1985 teilnehmen konnte. Der HS 120 wurde, als Weiterentwicklung des bekannten HS 100, auf dem Genfer Salon im März 1955 erstmals der Öffentlichkeit vorgestellt. Äußerlich war das neue Modell vor allem durch die längere Ladebrücke und die größere Bereifung zu erkennen. Als Triebwerk kam für diesen 6-t-Lkw ein sechszylindriger, nach dem Lanova-Verfahren arbeitender Luftspeicher-Dieselmotor mit 150 PS zum Einbau. Die Produktion des HS 120 endete im Jahr 1961.

Linke Seite unten: Der allseits bewährte mittelschwere Henschel-Haubenwagen des Typs HS 100 und seine Folgemuster befanden sich bereits seit 1951 auf dem Markt. 1961 änderte Henschel die Modellbezeichnungen, und unter ständigen Steigerungen sowohl von Nutzlast als auch der Motorleistung erschien im Jahr 1962 der Typ HS 12 H mit einem zulässigen Gesamtgewicht von 12 t auf dem Markt, dessen weiterhin verwendeter Sechszylinder-Lanova-Luftspeicher-Dieselmotor mit 6126 cm^3 Hubraum wahlweise 132 oder – mit aufgeladenem Motor – 150 PS zu leisten in der Lage ist. Vor allem in der Bauwirtschaft und als Kipper waren diese sehr robusten Fahrzeuge damals häufig anzutreffen. Hier ein restaurierter, im Sommer 1988 in Castrop-Rauxel fotografierter HS 12 HAK, der vom Abbruch- und Tiefbauunternehmen Becker in Bottrop erhalten wird.

Unten: Kurt Wirths in Waldbröl besitzt diesen von ihm eigenhändig bestens restaurierten Henschel HS 12 HAK aus dem Jahr 1965, der über das wassergekühlte Sechszylinder-Lanova-Dieseltriebwerk des Typs 6 R 1013 TA mit Auflading verfügt und den kurzen Radstand von 3,85 m besitzt. Der sehr robust, bullig und gedrungen wirkende Allradkipper, dessen Hinterachse für eine maximale Nutzlast von 7,5 t verstärkt worden war, erreicht eine Höchstgeschwindigkeit von 75 km/h auf ebener Straße und ist dank seines Allradantriebs in der Lage, auch mit schwierigem Gelände fertig zu werden.

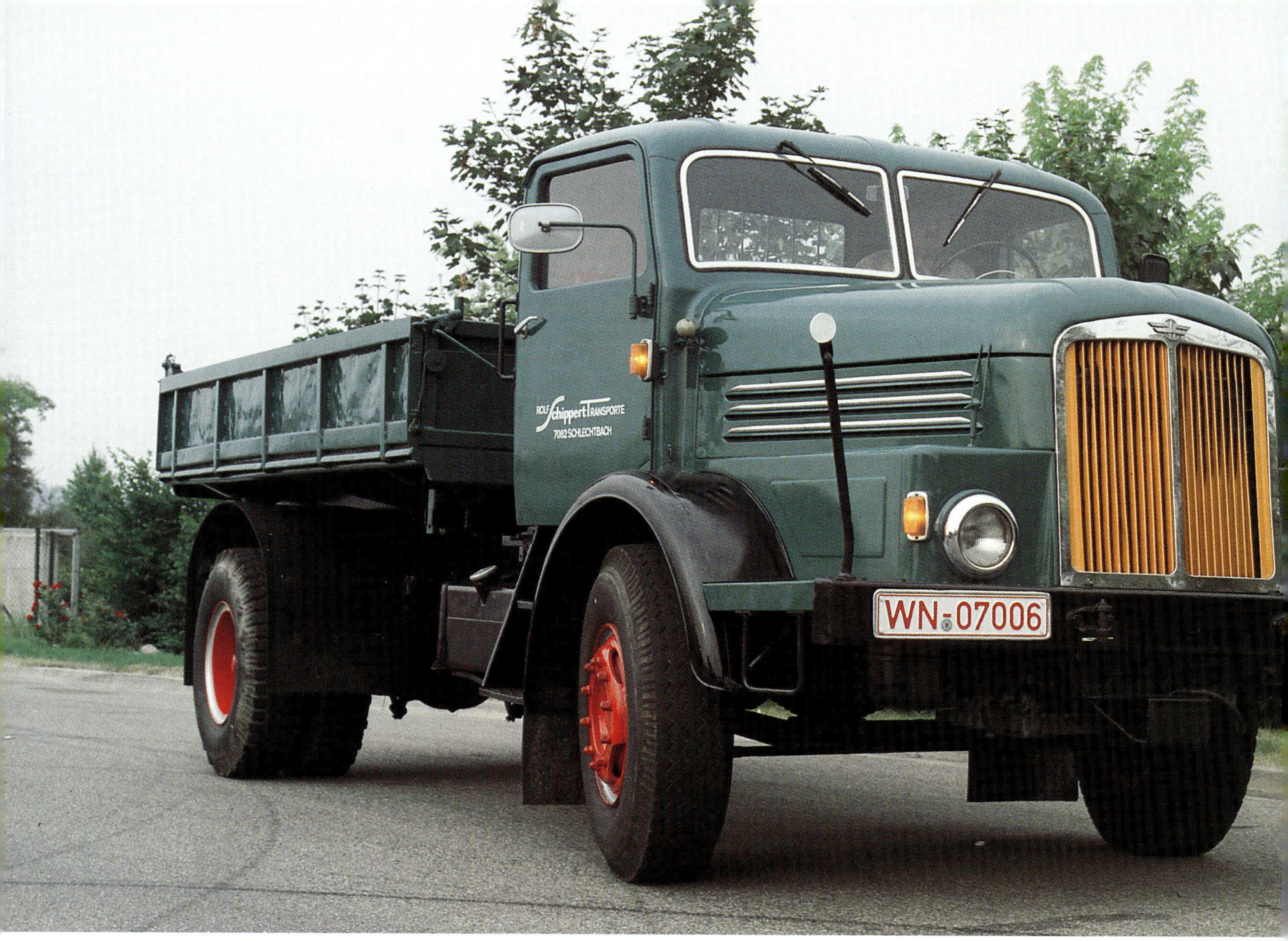
ROLF Schippert TRANSPORTE
7062 SCHLECHTBACH
WN-07006

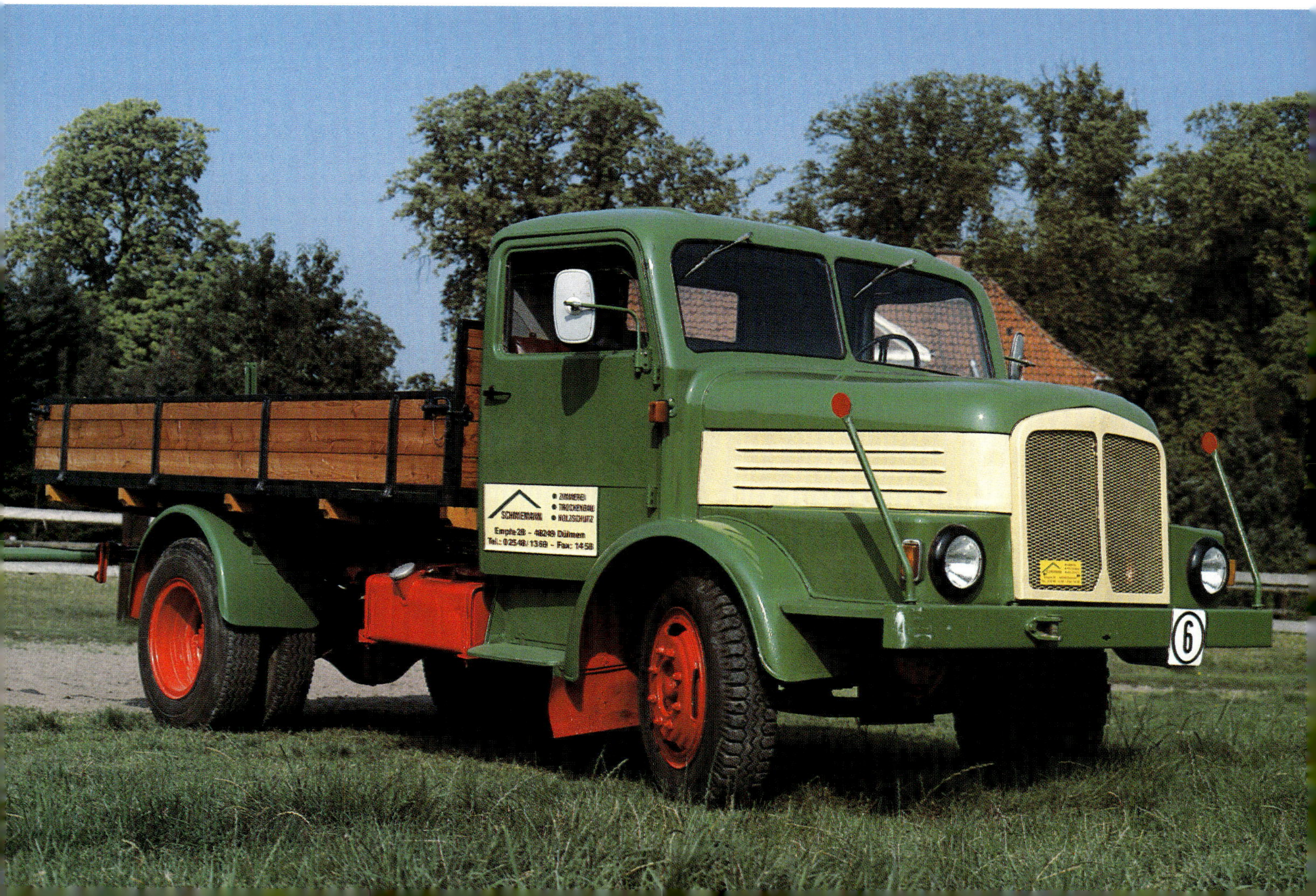
6

Links: Ein sehr bemerkenswertes und vielversprechendes Fahrzeug aus der ehemaligen DDR war das bereits 1951 auf der Leipziger Frühjahrsmesse vorgestellte Schwerlastwagenmodell des Typs IFA H 6, das von 1953 bis 1958 im VEB IFA-Kraftfahrzeugwerk Ernst Grube in Werdau produziert wurde. Unter der bulligen Haube dieses soliden Lkw arbeitete ein Sechszylinder-Wirbelkammer-Dieselmotor mit 9036 cm^3 Hubraum, der 120 PS bei 2000 U/min erzeugen konnte. Das zulässige Gesamtgewicht des für 6,5 t Nutzlast ausgelegten Lastkraftwagens betrug etwas mehr als 13 t. Bei Schnelligkeitswettbewerben hätte der H 6 wohl keine Chance gehabt, denn die größtmögliche Geschwindigkeit lag nur bei etwa 55 km/h. Daher waren diese Laster in der Bauwirtschaft, als Kipper z. B., häufig vertreten. Überraschend viele dieser sehr dauerhaft und solide gebauten Fahrzeuge erlebten selbst noch die Zeit der Wende im täglichen Einsatz, so wie dieser 1957 gebaute H 6, den ein Fuhrunternehmer im sächsischen Raum zuletzt noch einsetzte. Den ursprünglich grau-blau lackierten Kipper konnte Rolf Schippert in Rudersberg-Schlechtbach zu Beginn der 90er Jahre erwerben. Da man die Substanz des Lastwagens noch als recht gut bezeichnen konnte, waren – außer der Installation einer neuen Kippbrücke – nur relativ unbedeutende Restaurierungs- und Anstricharbeiten am Fahrzeug vorzunehmen. Trotzdem ist ein optisch sehr ansprechendes Fahrzeug entstanden, das Schippert mit durchaus berechtigtem Stolz beim Nutzfahrzeugtreffen am Autohof Wörnitz im Jahr 1997 vorführen konnte.

Links unten: Beim VEB Kraftfahrzeug-Werk Horch in Zwickau begann 1947, noch sehr zögerlich, eine Nutzfahrzeugfertigung in Gang zu kommen. Bereits zwei Jahre später konnte man bei Horch die erste eigenständige Neuentwicklung nach dem Krieg auf der Leipziger Frühjahrsmesse präsentieren. Es war der in Haubenbauweise gestaltete Dreitonner H 3 A, dessen konstruktiv von Vomag stammender Vierzylinder-Wirbelkammer-Dieselmotor aus einem Hubraum von 6024 cm^3 80 PS Leistung erzeugte. Dessen Fertigung begann 1950, und im Verlauf von neun Jahren konnten beachtliche 30000 Einheiten gebaut werden. In dem ab 1959 unter der Bezeichnung IFA S 4000-1 laufenden, äußerlich nahezu identischen Nachfolgemodell, wurde ein auf 90 PS Leistung gesteigertes Triebwerk installiert, das aber immer noch in der Vierzylinderbauweise gehalten war. In dieser Form verblieb der Haubenwagen bis 1967 – bis zum Erscheinen des Frontlenkers W 50 – in der Produktion. Diesen IFA S 4000-1 hat ein Dülmener Zimmereibetrieb nach der Wende erwerben können und wieder hergerichtet.

Unten: Die ehemaligen Phänomen-Automobil-Werke, Zittau, stellten im Jahr 1948 – nunmehr unter VEB IFA Werk Phänomen firmierend – den bereits während des Krieges gebauten 1,5-Tonner Phänomen Granit 27 auf der Leipziger Frühjahrsmesse aus. Dieses ab 1950 produzierte Modell erschien 1953 in einem äußerlich modifizierten Erscheinungsbild mit einem in Leistung und Hubraum verbesserten Antriebsaggregat, aus dem der von 1956 – 1960 in großen Stückzahlen gefertigte Robur-Garant-30-K-Lastwagen für 2 t Nutzlast entstand. Bestückt war dieses Modell in der Regel mit einem Vierzylinder-60-PS-Vergasermotor, der zwar nicht allzu leistungsfähig und lebendig, dafür aber besonders langlebig und unverwüstlich war. Selbst in den 80er Jahren gehörte dieser kleine Lastwagen noch durchaus zum alltäglichen Erscheinungsbild auf den Straßen in der DDR, und nach der Wende ging so manches Exemplar an Sammler in den Westen. So auch dieser in den Niederlanden restaurierte Garant 30 K, der hier auf dem alljährlich in Tienraj stattfindenden Nutzfahrzeugtreffen zu sehen ist.

1906 erwarb die Kraftfahrzeug GmbH Wien die Lizenzrechte am Bau von Saurer-Nutzfahrzeugen aus der Schweiz, die ab 1908 als Saurer-Austria in Serie gingen. Die Produktpalette umfasste ein breites Spektrum verschiedener Konstruktionen, weitgehend an die von den Arboner Saurerwerken hergestellten Nutzfahrzeuge angelehnt. Auch nach dem Krieg führte man den Bau von Diesel-Lastkraftwagen weiter. Zu diesen Konstruktionen gehört auch der von Emil Bölling schon Mitte der 80er Jahre aus seinem Heimatland beschaffte 1956 gebaute Saurer-Kipper des Typs 6 GAF LL mit Allradantrieb, der mit einem Sechszylinder-Dieseltriebwerk mit 7983 cm³ Hubraum und 130 PS Leistung bestückt ist. Bölling restaurierte den bulligen Kipper von Grund auf und lackierte ihn in den typischen Farben gelb und rot seines Kies- und Baustoffunternehmens.

In Österreich erreichten in den 50er Jahren die mittelschweren Steyr-Haubenmodelle im Verhältnis eine ähnlich weite Verbreitung wie in Deutschland beispielsweise die 3500/311-Modelle von Daimler-Benz. Es gab die soliden Steyr-Lastwagen, die mit Dieselmotoren eigener Fertigung ausgerüstet waren, in unterschiedlichen Ausführungen und Nutzlastklassen. Da diese Haubenfahrzeuge noch bis Ende der 60er Jahre in der Produktion verblieben, konnte man auch noch Mitte der 80er Jahre diese Lastwagen recht häufig im österreichischen Straßenbild antreffen. 1955 gebaut wurde dieser von einem Neusser Sammler restaurierte Steyr-586-Lastwagen, der für eine Nutzlast von 6 t ausgelegt war und von einem 120-PS-Steyr-Diesel mit 5975 cm³ Hubraum angetrieben wird. Hier zu sehen auf der Veranstaltung von Franz Lipperts in Birgden bei Heinsberg im Sommer 2000.

Die schwedischen Lastwagenhersteller Scania-Vabis und Volvo, die sich bis heute eine Position von Weltgeltung auf dem Sektor der schweren Nutzfahrzeuge geschaffen haben, blicken auf eine langjährige Tradition zurück. Bereits vor dem Ersten Weltkrieg wurden bei Scania-Vabis Lastkraftwagen gefertigt. Es waren zunächst 1,5-Tonner mit Vierzylindermotoren. Mit Dieselmotoren eigener Fertigung, die mit Direkteinspritzung konstruiert waren, begann Scania-Vabis 1949 eine neue Generation von Nutzfahrzeugen zu bauen. Dieses zu jener Gruppe von Fahrzeugen gehörende Modell, ein 1952 gebauter Kipper auf dem Scania-Vabis-Typ L 51 „Drabant" mit 6 t Nutzlast und 11,5 t zulässigem Gesamtgewicht, gehört einem holländischen Besitzer und wurde im Werk Södertälje montiert. Der Kipper ist mit dem Vierzylinder-Dieselmotor D 442 mit 6232 cm^3 Hubraum ausgerüstet und leistet 100 PS bei 2200 U/min. Das Fünfganggetriebe überträgt seine Kraft auf die Hinterräder. Insgesamt 9067 Einheiten dieses Modells wurden bis zur Produktionseinstellung gefertigt.

1938 wurden die niederländischen DAF-Werke (Van Doorne's Automobielfabriek NV) in Eindhoven gegründet, und mit Militärlastwagen erfolgte der Einstieg ins Nutzfahrzeuggeschäft. Bereits kurze Zeit nach dem Krieg begann das Unternehmen, als die Konkurrenten noch überwiegend Haubenlastwagen anboten, Frontlenker-Lastwagen des Typs A 50 zu fertigen, die mit US-amerikanischen Vergaser-, wahlweise aber auch mit Perkins-Dieselmotoren erhältlich waren. Diese Modelle zeichneten sich durch eine besondere Formschönheit aus. Bemerkenswert war das verrundete Fahrerhaus, mit seiner in Panoramaform ausgeführten, viergeteilten Frontscheibe. Abgebildet ist ein DAF-A-50-Lkw aus dem Jahr 1955, der von einem Sechszylinder-Perkins-Diesel mit 83 PS angetrieben wird. Der Pritschenwagen kann bei einem zulässigen Gesamtgewicht von 9,6 t eine Nutzlast von 5,5 befördern. Typisch für niederländische Fahrzeuge ist der aus Mahagoniholz gefertigte Pritschenaufbau.

Oben: Ein typisch amerikanisches Aussehen vermittelt dieser 1985 in Amersfoort/ Niederlande gezeigte Chevrolet-Lastwagen des Typs 6500, der mit einem in Holland vielfach üblichen, plattformartigen Holzpritschenaufbau restauriert worden war. Dieses 1954 gebaute und nach Holland exportierte Modell besitzt einen Sechszylinder-Vergasermotor mit 6500 cm^3 Hubraum, der eine Leistung von 108 PS entwickelt. Das zulässige Gesamtgewicht belief sich auf 7280 kg. In Holland waren – ebenso wie in einigen anderen westeuropäischen Ländern ohne größere Nutzfahrzeugfertigung – die zwar recht durstigen, dafür aber sehr zuverlässig und robust arbeitenden Amerikaner häufig anzutreffen.

Unten: Anlehnung an amerikanische Stileinflüsse fand die Gestaltung des 1952 vorgestellten neuen Opel-Blitz-Lastwagens mit einer Nutzlast von 1,75 t. Unter der stark verrundeten Haube arbeitete zunächst der sechszylindrige Vergasermotor des Opel Kapitän mit 58 PS, die 1955 auf 62 PS angehoben wurde. Spritzigkeit und eine mit nahezu 100 km/h selbst für einen Kleinlastwagen beachtliche Höchstgeschwindigkeit zeichneten diesen neuen Opel-Lkw aus. Lieferbar war der Blitz mit dem Radstand 3,30 m, ab 1953 auch mit 3,75 m. Werksseitig war das Opel-Modell nur als Pritschenwagen erhältlich, was bedeutete, dass sämtliche Sonderaufbauten von Fremdfirmen erstellt werden mussten. Hier ein 1957 gebauter Blitz mit 3,30 m Radstand in der Ausführung als handbetätigter ADA-Kipper, der Ende der 70er Jahre von einem Koblenzer Fliesenlegerbetrieb an den Dachdecker und Fahrzeugsammler Heinz Vogel in Richterich bei Aachen abgegeben wurde. Früher war ein baugleiches Exemplar im väterlichen Betrieb gelaufen. Daher gestaltete Heinz Vogel das zu restaurierende Fahrzeug in Anlehnung an seinen längst verschrotteten Vorgänger.

Oben: 1959 wurde dieser restaurierte und sehr gepflegt wirkende Opel-Blitz 1,75 t gebaut, der von einem niederländischen Sammler wieder hergerichtet worden ist. Auch bei diesem Fahrzeug mit 3,30 m Radstand ist der in diesem Land typische, mit Holz beplankte Pritschenaufbau beachtenswert. Dass der Lastwagen ein Radio an Bord hat, erkennt man an der ausgefahrenen Antenne auf der Beifahrerseite. Das Fahrzeug wird heute als Transportmittel für einen Oldtimertraktor eingesetzt und ist ab und zu auf derartigen Treffen zu Gast.

Unten: Die Hanomag-Werke in Hannover konnten nach dem Krieg zunächst die Produktion von Ackerschleppern und Straßenzugmaschinen fortführen. 1950 wurde mit dem 1,5-t-Typ Hanomag L 28 der erste Diesel-Lastwagen in der leichten Nutzlastklasse auf dem Brüsseler Salon der Öffentlichkeit vorgestellt. Im Design des Wagens waren amerikanische Stileinflüsse erkennbar und im Ganzstahlfahrerhaus fanden drei Personen Platz. Der L 28 entwickelte sich in dieser Klasse zu einem der erfolgreichsten Konkurrenten des Opel-Blitz-Lastwagens. Der Vierzylinder-Dieselmotor verfügte anfangs nur über 45, ab 1951 über 50 PS Leistung, die bei 2800 U/min abgegeben wurden. An Hubraum standen dem Motor 2799 cm^3 zur Verfügung. In den folgenden Jahren wurde das Angebot hinsichtlich der beförderbaren Nutzlast aufgestockt und bis zu 3 t angehoben. Dieser Hanomag L 28 mit 1,98 t Nutzlast verfügt über das 50-PS-Triebwerk und erreicht damit eine Höchstgeschwindigkeit von 75 km/h.

Oben: Dieser Borgward B 4500 K aus dem Jahr 1957 wurde ursprünglich als Kofferwagen an den damaligen „Zivilen Selbstschutz", heute THW, geliefert. In den folgenden 20 Jahren lief das Fahrzeug nur etwa 8000 Kilometer und war immer überdacht und trocken abgestellt. Der erste Lebensabschnitt des Borgward endete damit, dass man den Aufbau demontierte und das Chassis auf den Schrottplatz brachte. Hier wurde der Wagen eines Tages von einem Sammler gerettet und zunächst in einer Scheune untergestellt. Im August 1993 konnte Heinz-Georg Schumacher das Fahrzeug erwerben. Zunächst galt es, für den beabsichtigten Kipperaufbau eine Kipperpumpe zu beschaffen und zu installieren. Ein Borgward B 555 A diente als Organspender. Die Kippbrücke selbst stammt von einem Daimler-Benz-Lkw. Der Wagen wurde total auseinandergenommen, das Chassis sandgestrahlt und lackiert. Bremsanlage, Motor, Getriebe und Kupplung wurden durch einen Fachbetrieb überholt, Kotflügel und Türen neu angepasst. Der Neuaufbau des Fahrerhauses gestaltete sich schwierig, da der Holzrahmen unter den Blechen teilweise angefault war. Nachdem auch dies erledigt war, fehlte noch eine Neulackierung in den Firmenfarben des Besitzers und die Neuinstallation der gesamten Elektrik. Am 30.8.1995 wurde der mit einem wassergekühlten Sechszylinder-95-PS-Diesel ausgerüstete Kipper nach abgeschlossener Restauration wieder für den Straßenverkehr zugelassen.

Rechte Seite oben: Von 1953 bis zur Produktionseinstellung 1961 wurde von Borgward im Bremen das mittelschwere Lastwagenmodell B 4500 (ab 1959 als B 555 bezeichnet) gebaut. Für letztere Ausführung gelangte ein Sechszylinder-Wirbelkammer-Dieselmotor mit 4997 cm³ Hubraum, der 110 PS Leistung bei 2800 U/min abgab, zum Einbau. Der hier gezeigte B 555-AK mit Allradantrieb aus dem Jahr 1960 besaß eine Nutzlast von 5 t, die mit einer Höchstgeschwindigkeit von 75 km/h bewegt werden konnte. Dieses Fahrzeug, das noch in den 80er Jahren von einem Baugeschäft im Raum Lörrach eingesetzt wurde, gelangte nach Stilllegung in den Bestand der umfangreichen Fahrzeugsammlung von Emil Bölling in Castrop-Rauxel.

Rechte Seite unten: Mit dem erstmals auf der Frankfurter Automobilausstellung 1955 vorgestellten neuen Daimler-Benz-Modell L 319, drang das Unternehmen in eine Nutzlastklasse vor, in der es bisher noch nicht vertreten war. Schon bald begann dieser etwas eigenwillig gestaltete, aber positiv von den Käufern akzeptierte leichte Lastkraftwagen seinen am Markt etablierten Konkurrenten Hanomag, Ford, Borgward und vor allem Opel, dem bisherigen Marktführer, das Leben schwerer zu machen. Der L 319 und seine Folgemodelle, die es wahlweise sowohl mit Vergaser, als auch mit Dieselmotoren gab, wurden bis Ende 1965 in beachtlichen Stückzahlen gefertigt. Der hier abgebildete und aufgearbeitete L 319 D der Firma Wehmeier-Transporte in Dinslaken besitzt ein Vierzylinder-Vorkammer-Dieseltriebwerk mit 50 PS Leistung, das über einen Hubraum von 1998 cm³ verfügt und damit das Fahrzeug auf eine Höchstgeschwindigkeit von 90 km/h beschleunigen kann.

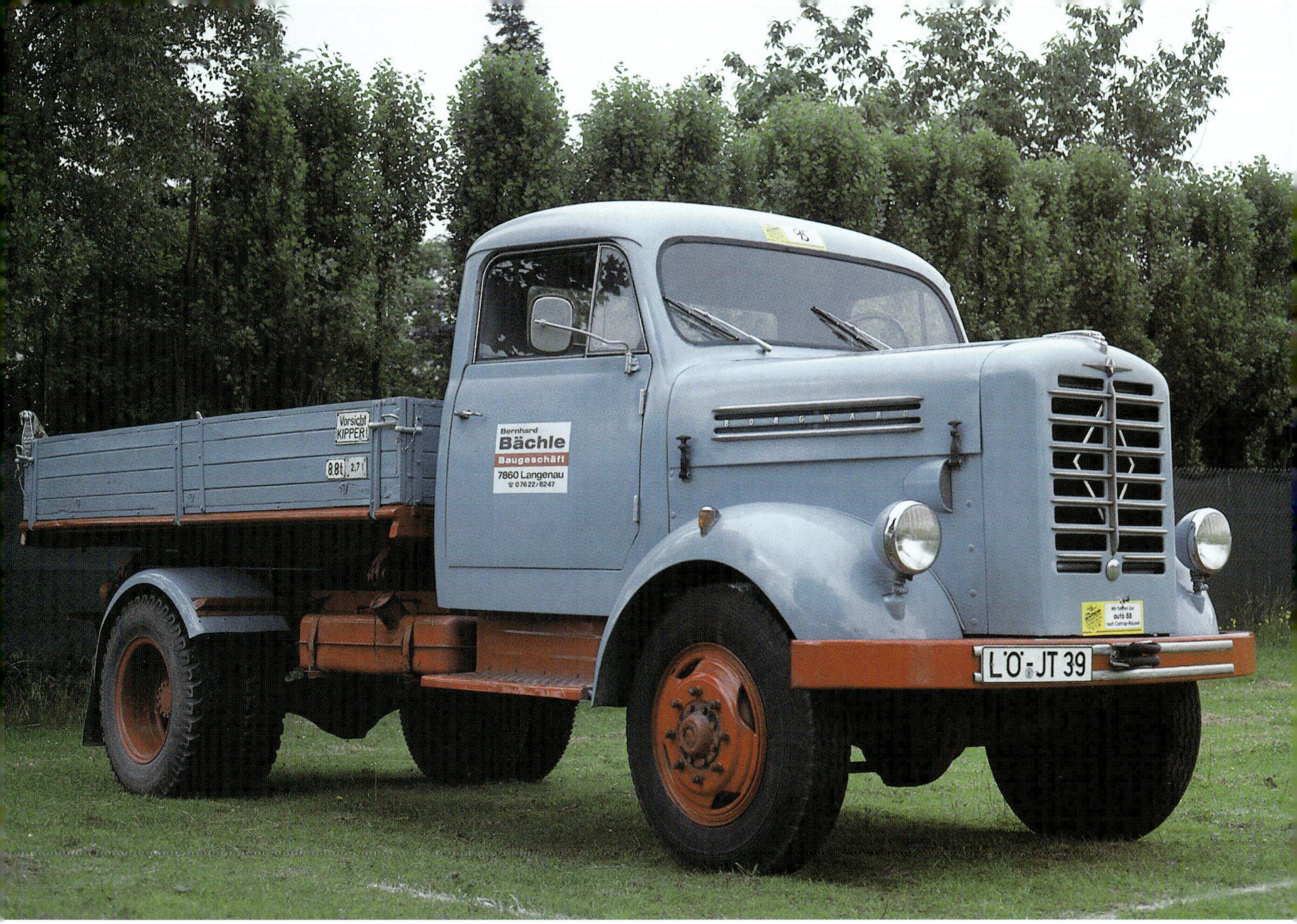
Vorsicht
KIPPER!
Bernhard
Bächle
Baugeschäft
7860 Langenau
LÖ-JT 39

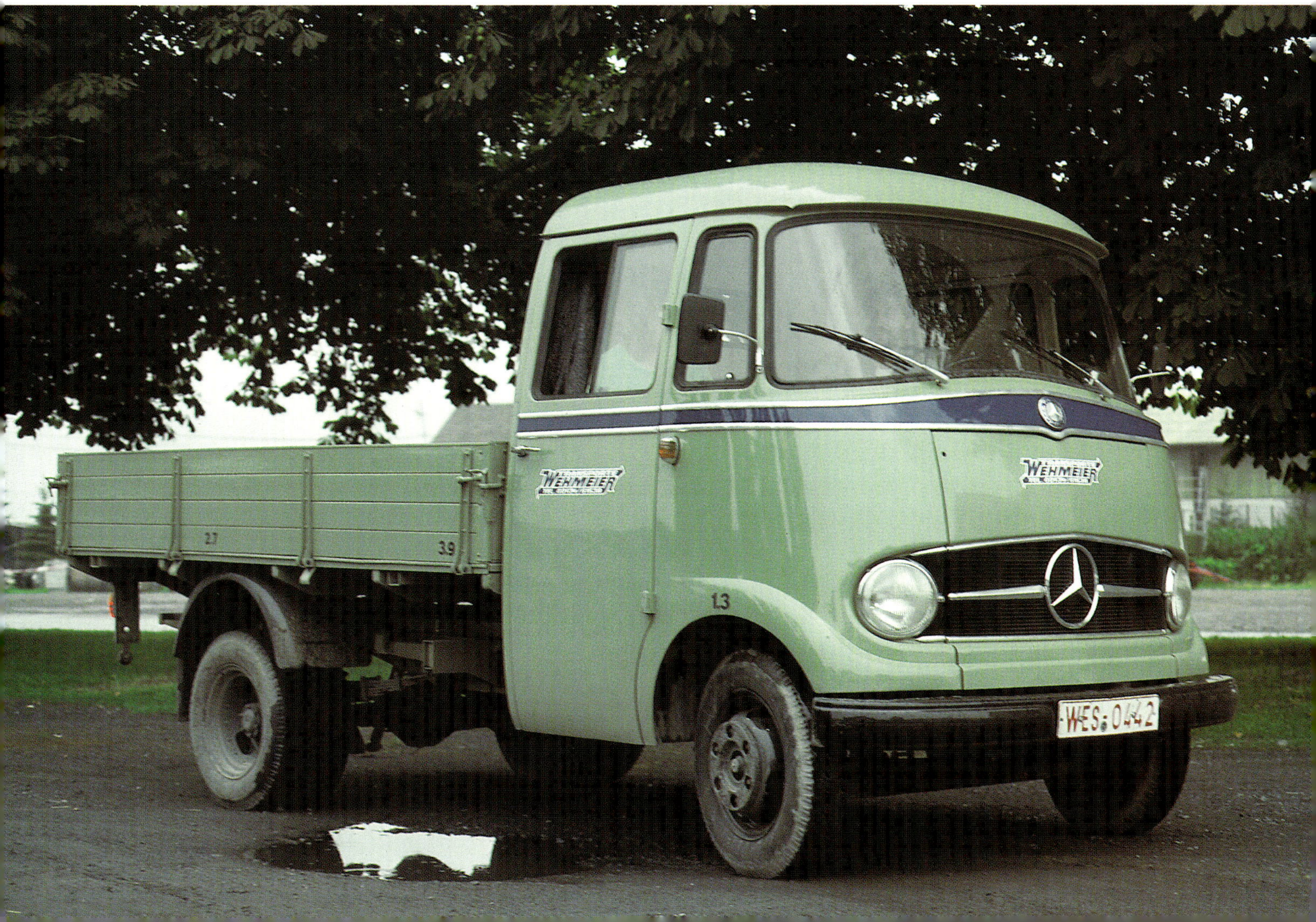
WEHMEIER
WEHMEIER
WES-0442

Links oben: Zwischen 1959 und 1964 wurde der Krupp 701 – als Frontlenker wie auch als Haubenwagen – gefertigt. Das Design der Haubenmodelle erinnert an die bekannten Krupp-Typen wie Mustang, Büffel oder Tiger, und vor allem als Kipper waren diese letzten klassischen Hauber von Krupp sehr beliebt und entsprechend häufig anzutreffen. Dieser von Horst Wortmann in Schmallenberg wieder aufgearbeitete Krupp K 701 (ohne Allradantrieb) wurde 1960 gebaut und hat einen vierzylindrigen Zweitakt-Dieselmotor mit 4752 cm³ Hubraum und 145 PS unter der Haube und ist für eine Nutzlast von knapp 6,5 t ausgelegt, die mit einer Höchstgeschwindigkeit von rund 70 km/h befördert werden konnte. Wortmanns Krupp lief früher für ein Baugeschäft und als Kiestransporter im Raum Herford/Bielefeld und wurde etwa 1975 außer Dienst gestellt. Horst Wortmann konnte den Kipper im Jahr 1978 übernehmen, aber aus Zeitmangel und aufgrund anderweitiger Verpflichtungen erst 1985 mit dessen Aufarbeitung beginnen. Die lange Standzeit im Freien war für den Zustand des Wagens nicht gerade förderlich gewesen, so dass Wortmann das halbe Fahrzeug, u. a. Fahrerhaus und Kippbrücke neu aufbauen musste. Der Motor war noch halbwegs brauchbar, wurde aber ebenso wie alle anderen Teile bis zur letzten Schraube auseinander genommen, gereinigt und an den erforderlichen Stellen instand gesetzt. 1993 waren, nach Lackierung und Endmontage, alle Arbeiten zur Zufriedenheit des Besitzers fertig gestellt.

Links unten: Zu Beginn der 60er Jahre entschlossen sich die Essener Krupp-Werke infolge des rückläufigen Verkaufs ihrer Lastkraftwagen, Ersatz für die recht rauen und dazu lauten Zweitakt-Dieselmotoren zu suchen. Man verfiel auf Dieselmotoren der amerikanischen Firma Cummins, die einen Sechszylinder-Viertakter anbieten konnte. Dieser neue V-6-Motor wurde anlässlich der Frankfurter IAA 1963 im Schwerlastwagen der Baureihe 960 vorgestellt. Erst im darauf folgenden Jahr erfolgte die Umstellung des übrigen Typenprogramms auf die neuen Cummins-Motoren. Als Nachfolger des letzten noch aus den 50er Jahren stammenden langhaubigen Allrad-Kippers AK 701 wurde der neue, mit dem Einheitsfahrerhaus und Panoramafrontscheibe ausgestattete Typ AK 760 nunmehr auch mit einem 186 PS leistenden 9640-cm³-Cummins-Dieselmotor vorgestellt, mit dem eine Nutzlast von mehr als 8 t realisiert werden konnte. Bereits zwei Jahre später aber erfolgte dessen Ablösung durch das im Fahrzeuggewicht leicht gestiegene Modell AK 860. Dieser restaurierte AK 760 aus dem Jahr 1965 war 1986 bei einem Treffen im Sauerland zu sehen.

Unten: Mit zu den damals stärksten Lastwagen auf dem deutschen Markt gehörend und seinerzeit das Flaggschiff im Krupp-Lkw-Angebot darstellend, zählte der im Jahr 1955 erstmals vorgestellte Tiger L 8 Tg 5 mit seiner abgeflachten, stilistisch gestrafften Haubenfront. Mit über 10 t Nutzlast war die motorisierte Raubkatze in der Lage, vielfach größere Gewichtsmengen als die Fahrzeuge der Konkurrenz zu befördern. Der mit einem Fünfzylinder-Zweitakt-Diesel bei einem Hubraum von 7260 cm³ 185 PS leistende Lastwagen war primär für den Fernverkehr und schweren Anhängerbetrieb vorgesehen. Es erfolgte aber auch die Verwendung als Kipper oder Sattelzugmaschine. Infolge der unrealistischen und recht bizarren Seebohmschen Gesetzgebung ging der Verkauf des Tiger auf dem Inlandsmarkt immer mehr zurück. Um die Exportmärkte weiterhin mit schweren Fahrzeugen bedienen zu können, wurde 1959 das Nachfolgemodell Tiger L 100 Tg 5 mit seinem neuen Ganzstahlfahrerhaus, einteiliger Frontscheibe und verlängerter, neu gestalteter Haube aus der Taufe gehoben. Die Motorleistung des für 19 t zulässiges Gesamtgewicht ausgelegten und in der Bundesrepublik Deutschland nur mit Sondergenehmigung einsetzbaren neuen Schwerlastwagens wurde durch Drehzahlerhöhung auf nunmehr 200 PS gebracht. Albert Streicher, Transportunternehmer in Kapfing im Bayerischen Wald, der nebenher mit dem Aufbau eines privaten Lkw-Museums beschäftigt ist, besitzt diesen hervorragend restaurierten, ziemlich seltenen Tiger-L-100-Tg-5-Kipper aus dem Jahr 1961, der auf einem Krupp-Nutzfahrzeug-Treffen auf dem ehemaligen Krawa-Gelände in Essen anzutreffen war.

Oben: Seit Ende 1960 gab es bei Daimler-Benz den, in seiner ursprünglichen Entwicklung auf dem Haubentyp L 6600 der frühen 50er Jahre basierenden, schweren Kurzhauben-Lastwagen L 334, der mit seiner Sechszylinder-Vorkammer-Diesel-Maschine mit 200 PS als 16-Tonner bzw. als 32-Tonnen-Lastzug bald zum Standard-Fahrzeug auf unseren Fernstraßen wurde. Aber auch im Solobetrieb als Pritschenwagen oder Kipper wurde das in dieser Ausführung vielfach mit Allradantrieb bestückte Modell verwendet. Gerhard Moll in Gangelt wurde Ende 1999 auf diesen LAK-334-Meiller-Kipper aus dem Jahr 1962 aufmerksam und konnte den Wagen von seinem Wittener Eigentümer käuflich erwerben. Er restaurierte das noch in einem recht guten und vollständigen Zustand befindliche, früher bei der Stadt Singen u. a. im Winterdienst bei nur geringer Auslastung im Einsatz gewesene Fahrzeug in den nächsten Monaten von Grund auf. Dabei war am Fahrerhaus doch viel Restaurierungsarbeit zu leisten und dem Direkteinspritz-Diesel, den der Kipper bei seinem Erstbesitzer im Austausch erhalten hatte, neue Kolbenringe zu verpassen.

Rechts oben: Mit einer Nutzlast von 6,5 t gehörte das ab 1959 erhältliche Mercedes-Benz-L-322-Kurzhaubenmodell zu den mittelschweren Lastkraftwagen im Typenprogramm des Daimler-Benz-Angebots. Anfangs war dieser Lkw noch mit dem Sechszylinder-Vorkammer-Diesel OM 321 mit 5104 cm³ Hubraum und 110 PS Leistung ausgerüstet; ab Herbst 1961 allerdings gelangte ein sowohl hubraum- als auch leistungsgesteigertes Triebwerk gleicher Konstruktion zum Einbau, das schließlich zu Beginn des Jahres 1964 gegen ein solches, ebenfalls 126 PS starkes, neuzeitlicheres Direkteinspritz-Motoraggregat ausgetauscht wurde. Den L 322 gab es als Pritschenwagen oder Kipper – auch mit Allradantrieb – und auch als Sattelzugmaschine mit kurzem Radstand. Dieser restaurierte LK-322-Allradkipper war 1999 auf einem Nutzfahrzeugtreffen in Dortmund zu besichtigen.

Rechts: Auf der IAA 1955 erschien mit dem Typ 400 L 1 bei MAN das erste Glied einer neuen, in Pontonform gestalteten Baureihe, der über mehrere Jahrzehnte hinweg eine große Verbreitung in nahezu allen Gewichtsklassen zuteil wurde. 1963 wurde das Modell 10.212 H erstmals angeboten, ein schwerer Haubenwagen, den es in einer Vielzahl von Ausführungen gab. Als Antriebsaggregat gelangte eines mit sechs Zylindern, 9654 cm³ Hubraum und 212 PS Leistung zur Verwendung. Die Version als Dreiseitenkipper – mit Allrad- oder Hinterradantrieb – war bei diesem bullig wirkenden 16-t-Haubenwagen besonders häufig anzutreffen. Helmut Hoffmann in Oberhausen konnten einen solchen, mit Allradantrieb und Trilex-Rädern ausgerüsteten Kipper des Modells 10.212 HKA zu Beginn der 90er Jahre erwerben. Hier ist das im Übrigen im originalen Gebrauchszustand belassene Fahrzeug im Herbst des Jahres 2000 bei einem Treffen in einem ausgedehnten Kiesgrubengelände nahe der holländischen Grenze zu sehen.

HS 0700

DO YY114H

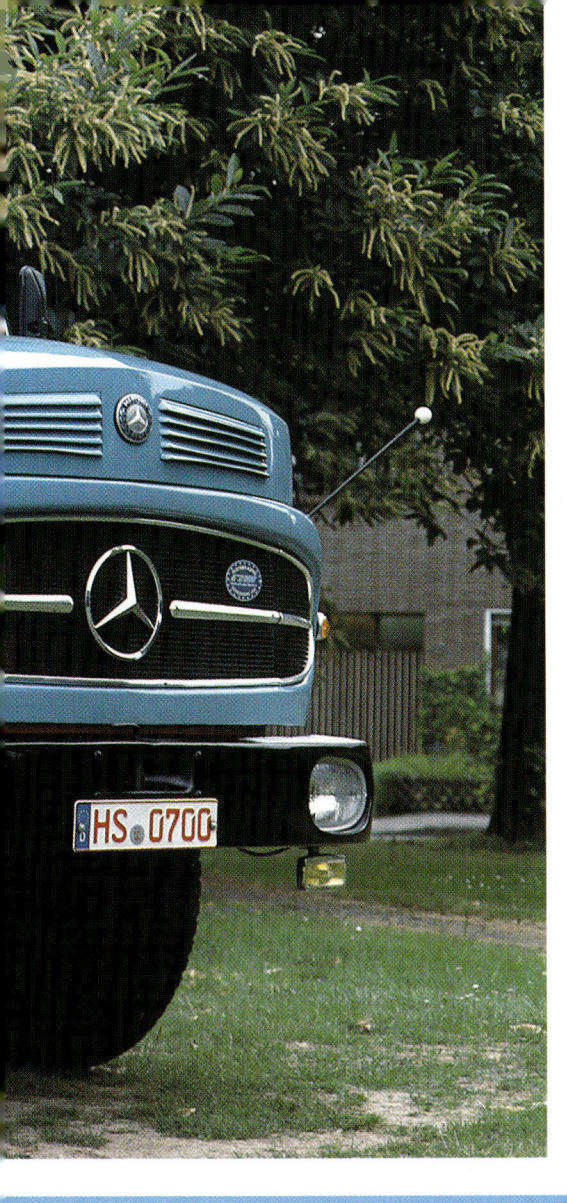

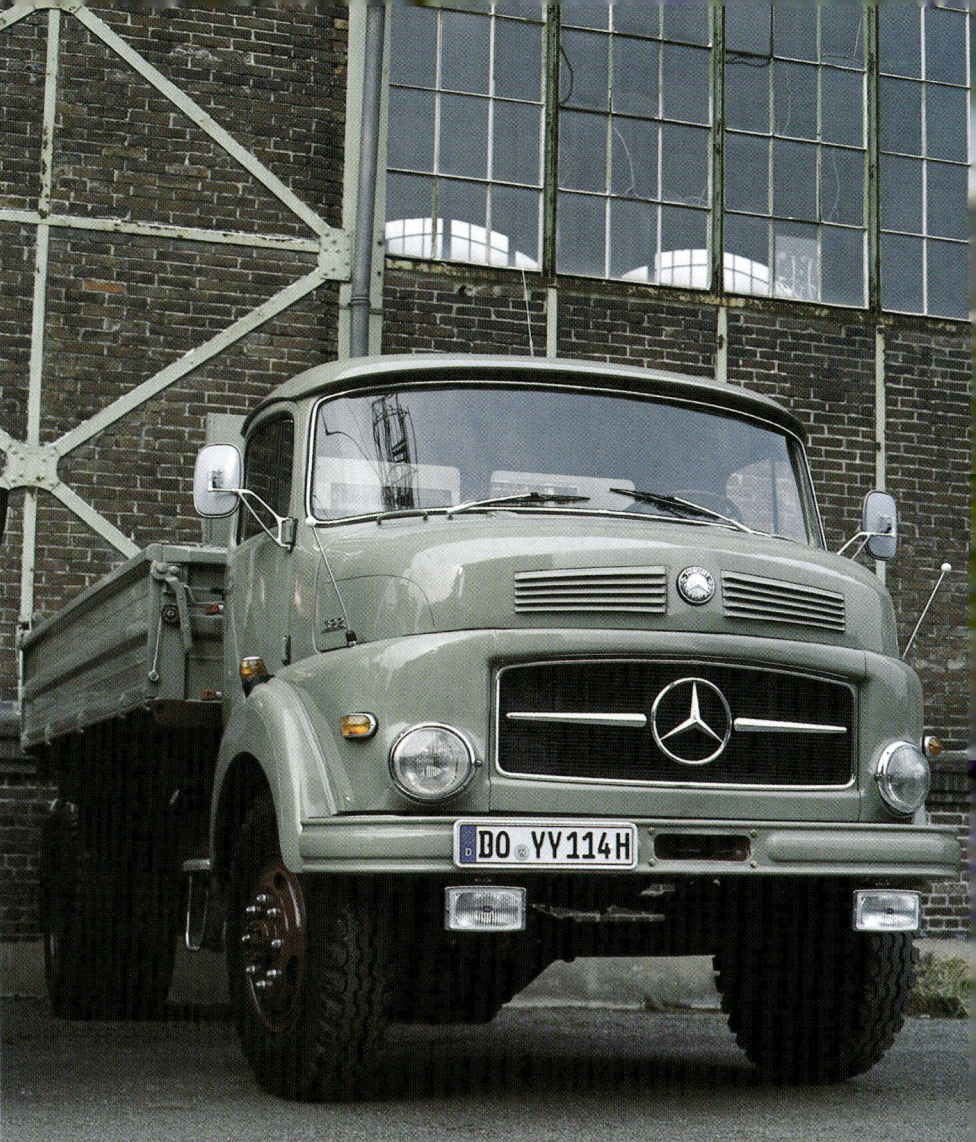

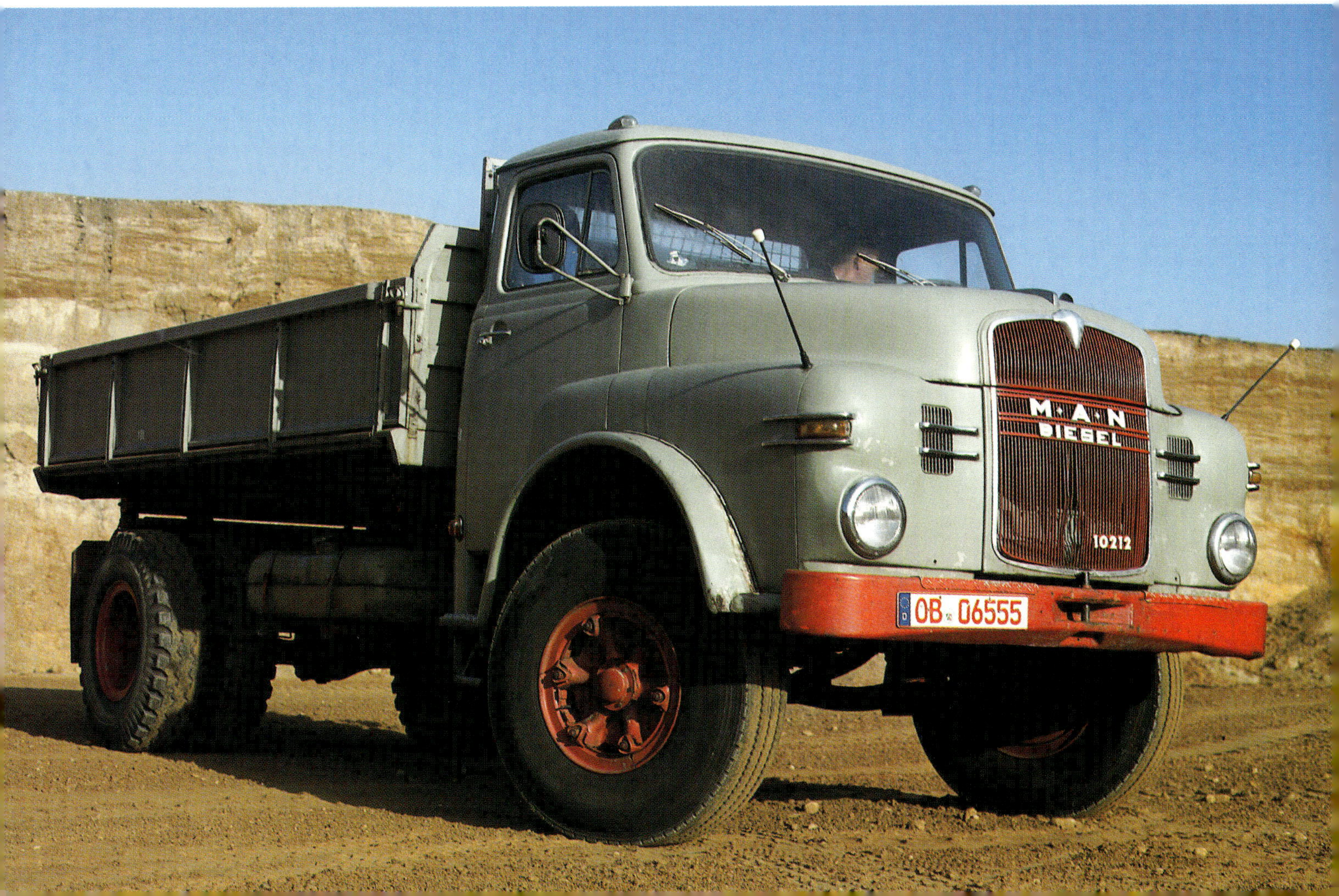
M·A·N
DIESEL
10212
OB 06555

Die Daimler-Benz AG stand der in den 50er Jahren auf den Markt drängenden neuen Frontlenkerbauweise zunächst eher zurückhaltend gegenüber und meinte, diese Linie als kurzzeitige Modeerscheinung abtun zu können, so daß es bis 1957 dauerte, ehe mit dem Modell LP 321 ein mit einem werkseigenen, verrundeten Fahrerhaus gestaltetes Modell dieser Bauart erhältlich war. Diese weitgehend unveränderte Kabine wurde auch für den 6-t-Nachfolgetyp LP 322 verwendet, der im Zuge der 1963 erfolgten Umbenennung aller Daimler-Benz-Typen zum LP 1113 wurde. 1964 erfolgte der Übergang vom Vorkammer- zu dem Direkteinspritzdieselmotor OM 352, dessen sechs Zylinder 126 PS aus einem Hubraum von 5675 cm³ erzeugen konnten. Von 1964 bis 1973 tat der abgebildete Pritschenwagen dieses Typs Dienst bei einer Lebensmittelgroßhandlung, bevor er von einer Fahrschule übernommen und 1987 stillgelegt wurde. Sein jetziger Besitzer, Frank Diesing in Radevormwald, restaurierte das Fahrzeug in vierjähriger Arbeit.

Unten: Das überaus geländegängige Büssing-Frontlenkermodell des Typs BS 15 AK erschien erstmals im Jahr 1968 als Nachfolgemodell des bekannten, mittlerweile aber im Design nicht mehr recht zeitgemäßen Haubenwagens Burglöwe SAK und war, anstelle der bei Büssing häufig verwendeten Unterflur-Motoren, mit einem konventionellen, stehenden Antriebsaggregat ausgerüstet. Dieses im Jahr 1970 gebaute Fahrzeug war bis 1978 Eigentum der Mannheimer Verkehrsbetriebe und wurde danach als Baustellenfahrzeug eingesetzt. Nach einem Hinterachsschaden erfolgte 1989 die Stillegung. Willy Küster in Essen konnte den mit dem Sechszylinder-156-PS-Direkteinspritz-Diesel des Typs S 7 D mit 7416 cm³ Hubraum ausgerüsteten Kipper anschließend erwerben und hatte ihn bis zum April 1991 wieder in den heutigen Zustand zurückversetzt. Mit einer Nutzlast von gut acht Tonnen – das zulässige Gesamtgewicht beträgt 15 t – ist das Fahrzeug auch heute noch voll betriebsfähig.

1997 wurde die Aufarbeitung dieses 1962 gebauten, heute in restaurierter Form relativ selten anzutreffenden Mercedes-Benz-LP-334-Frontlenker-Fernlastwagens durch den in Hennef/Sieg ansässigen Kfz-Werkstattbesitzer Werner Ottersbach vollendet, der das äußerlich noch gut erhaltene Fahrzeug bereits 1991 erworben hatte. Das Fahrzeug wurde während seiner aktiven Dienstzeit von der in der Nähe Gifhorns ansässigen Brauerei Wittingen eingesetzt und gehörte nach Ausmusterung bereits ab etwa 1980 mit zu den wenigen historischen Nutzfahrzeugen, die bei den ersten Treffen, z. B. in Bad Laer oder Warstein, als Publikumsmagneten fungierten. So einfach aus dem Ärmel zu schütteln war diese mustergültige Restaurierung aber selbstverständlich nicht, und es vergingen mehrere Jahre, bis der mit einem Sechszylinder-200-PS-Triebwerk bestückte Mercedes, sozusagen in Etappen, fertig gestellt werden konnte. Bis heute wurden alle Baugruppen komplett überholt. Mittlerweile ergänzt ein zwillingsbereifter Zweiachsanhänger, der ebenso wie der Motorwagen mit neuen Segeltuchplanen ausgerüstet worden ist, den Frontlenker zu einem mustergültigen Fernverkehrslastzug der frühen 60er Jahre.

Unten: Die Schotterwerke Schneider & Söhne in Gammesfeld konnten bereits 1983 einen 1962 gebauten und beim Steinbruchbetrieb Teufel bei Balingen abgestellten Kipper des Typs Büssing LU 11 Commodore übernehmen. Bis etwa 1980 hatte sich das Fahrzeug noch im Werksverkehr zeitweise im Einsatz befunden und war in der übrigen Zeit in einer überdachten Remise abgestellt. Allerdings hatte bei dem Lastwagen die Standzeit unter freiem Himmel äußerlich doch Spuren in Form dicker Rostränder hinterlassen. Die „inneren Werte" waren aber noch durchaus intakt, so dass neben einigen Blecharbeiten und kleineren Reparaturen nur eine Neulackierung fällig war, um aus dem angerosteten Frontlenker wieder ein ansehnliches Fahrzeug herzustellen.

Als Hans Vogel in Richterich bei Aachen zu Beginn der 80er Jahre von dem beabsichtigten Verkauf eines Opel-Blitz Mannschafts- und Gerätewagens des 2-t-Modells 3,5-42 durch die Freiwillige Feuerwehr Obing am Chiemsee in Bayern erfuhr, setzte er alle Hebel in Bewegung, um dieses damals schon sehr seltene Fahrzeug erwerben zu können. Kurz darauf ging der 1935 gebaute, mit einem Sechszylinder-64-PS-Vergasermotor und seitengesteuerten Ventilen sowie 3417 cm³ Hubraum bestückte Opel, der weniger als 10000 Kilometer auf dem Buckel hatte, in seinen Besitz über. Da bekanntlich Feuerwehrfahrzeuge – ganz gleich wie alt – immer gut gepflegt und einsatzbereit gehalten werden, hatte Hans Vogel nicht allzu viel Mühe, den kleinen Pritschenwagen wieder auf Vordermann zu bringen. Vor einigen Jahren erhielt der Feuerwehrwagen, dessen Entwicklung auf einen aus den USA übernommenen Lastkraftwagen zurückging und der seit 1931 bei Opel in Deutschland in Serie – ab 1935 mit einem modifizierten Fahrerhaus – gefertigt wurde, eine neue Lackierung und damit das Aussehen eines zivilen Lastkraftwagens.

Unten: Die in Paris ansässige, 1919 gegründete Firma Citroen stellte ab 1921 leichte Nutzfahrzeuge her. Dieser kleine, sauber restaurierte und 1929 gebaute Pritschenwagen mit Plane und Spriegel des Typs 4 C war im Sommer 2000 auf einem Nutzfahrzeugtreffen in der Pfalz zu sehen. Sein wassergekühlter Vierzylinder-Vergasermotor konnte 36 PS erzeugen, dessen Kraft auf die Hinterräder übertragen wurden.

Dieser leichte, für zwei Tonnen Nutzlast ausgelegte Mercedes-Benz-Lo-2000-Lastkraftwagen mit seinem Vorkammer-Dieselmotor des Typs OM 59 von Daimler-Benz mit 3770 cm³ Hubraum konnte seine Maximalleistung von 55 PS bei 2000 U/min abgeben und damit eine Höchstgeschwindigkeit von 65 km/h erreichen. Er wurde im Jahr 1935 gebaut und lief anschließend viele Jahre im Raum Eisenach. Seine letzten Einsatzjahre verbrachte der Lkw bei einem privaten Zirkus-Unternehmen in der ehemaligen DDR. Im Jahr 1986 wurde der seltene Lkw von Lothar Kühnemuth in Frankershausen als Schrottfahrzeug – mit beidseitig gebrochenem Rahmen und ohne Aufbau – erworben und in der Folgezeit völlig restauriert. Der kleine Lastkraftwagen, im Übrigen zur damaligen Zeit die erste Lkw-Konstruktion mit schnelldrehendem Vorkammer-Dieselmotor in Deutschland, ist seither des öfteren Gast auf vielen Veteranenveranstaltungen.

Unten: Dieser vorzüglich gepflegte, im Jahr 1939 gefertigte Citroen des 2-t-Typs t 23 U konnte zu Beginn der 80er Jahre als voll für den Straßenverkehr zugelassener Oldtimer bei der Bedachungsfirma und Bauklempnerei Karl-Heinz Schroer in Dortmund-Sölde fotografiert werden. Das damals in Frankreich und auch in Deutschland bis Kriegsende recht verbreitete Modell wurde von einem Vierzylinder-Vergasermotor angetrieben, der 48 PS bei 1911 cm³ Hubraum zu leisten imstande war und damit eine Maximalgeschwindigkeit von 75 km/h entwickelte. Der durchschnittliche Benzinverbrauch lag bei 15 l auf 100 Kilometer.

Unten: Erstmals 1936 wurde das neue Opel-Blitz-3-t-Modell des Typs „S" vorgestellt, das ein Jahr später mit dem neuen Sechszylinder-75-PS-Vergasermotor mit 3626 cm^3 Hubraum, das auch im Pkw-Modell „Admiral" Verwendung fand, ausgerüstet wurde. In dieser Ausführung blieb der Opel-Blitz „S" der Standard-Lkw in Deutschland und wurde bis Anfang August 1944 im Opel-Lastwagenwerk Brandenburg produziert. Die Zuverlässigkeit dieses Lastwagens war geradezu sprichwörtlich und das günstige Verhältnis von Nutzlast zu Leergewicht damals unerreicht. Er konnte nämlich bei einem zulässigen Gesamtgewicht von 5,7 t genau 3260 kg Ladung befördern. Aus dem Jahr 1939 stammt dieser Dreitonner, der früher im Bezirk Halle gelaufen war und über ein nicht der Serie entsprechendes Speditionsfahrerhaus mit geteilter Frontscheibe verfügt. Als der Autor diesen mit Plane und Spriegel ausgerüsteten Lastwagen im Sommer 1998 bei seinem neuen Besitzer, der Spedition Lakebrink in Harsewinkel, fotografieren wollte, musste der weder fahrbereite noch für den Straßenverkehr zugelassene Lkw von einem Gabelstapler mehrere 100 Meter über eine belebte, öffentliche Straße zu dem ausgewählten Fotopunkt geschleppt werden, wozu allerdings ein gehöriges Maß an Überredungskunst erforderlich war.

Rechte Seite oben: Friedrich Wilhelm Rögels, der Geschäftsführer des gleichnamigen Speditionsbetriebs in Remscheid, ist stolzer Besitzer dieses Mercedes-Benz-L-3000-Pritschenwagens, der bisher noch auf keinem Fahrzeugtreffen und außerhalb der Ausstellungsräume der Wuppertaler Daimler-Benz-Niederlassung, wo er normalerweise verwahrt wird, gesichtet werden konnte. Für einen Fototermin am 13.6.1988 aber ließ Rögels dieses Schmuckstück auf eigener Achse zum Speditionshof nach Remscheid-Lüttringhausen überführen. 1983 konnte der Wagen, der zuletzt als Schleppwinde auf einem Segelflugplatz im württembergischen Wendlingen Dienst tat, mit defekter Zylinderkopfdichtung erworben werden. Begonnen hatte die Laufbahn dieses heute sehr seltenen, 70 PS starken Veteranen Ende des Jahres 1940, als der Lkw von einer Autovermietung in Weilheim an der Teck neu beschafft wurde. 1942 wurde eine Imbert-Holzgasanlage zur Verbrennung „heimischer" Kraftstoffe installiert, die die Nutzlast infolge des Gewichtes der Anlage um mehr als 400 kg verringerte. 1947, als wieder ausreichend flüssige Kraftstoffe zur Verfügung standen, baute man den Lkw erneut auf Dieselbetrieb um. Die sehr gründlichen Überholungsarbeiten an dem Wagen zogen sich bis etwa 1987 hin und wurden auch vom Betriebsleiter der Daimler-Benz-Niederlassung Mannheim unterstützt. Danach sah der blau lackierte L 3000 so aus, als wenn er vor knapp 50 Jahren von Rögels werksseitig beschafft worden wäre.

Rechte Seite unten: Dieser im Jahr 1936 gebaute Vomag des Typs 3 LR 443 wurde 1982 südlich von Narvik in Nordnorwegen auf einem Schrottplatz entdeckt, wo er in den Wirren des Krieges auf dem Rückzug der deutschen Truppen stehen geblieben war. Trotz der langen Standzeit war das Fahrzeug technisch noch recht gut in Schuss; lediglich der Aufbau fehlte und die übrigen Holzteile waren stark verwittert. Dr. Peter Borstel in Dissen erwarb das seltene Fahrzeug und ging nach erfolgter Restaurierung des Fahrerhauses daran, einen neuen Aufbau zu erstellen. Dabei waren ihm die bei der ortsansässigen Firma Homann-Magarinewerke noch vorhandenen Fotos eines in den 30er Jahren dort im Einsatz befindlichen Fahrzeugs des gleichen Typs sehr behilflich. So wurde auf das Fahrgestell ein diesem Fahrzeug exakt nachempfundener Pritschenaufbau mit Plane und Spriegel gesetzt, den man dazu noch mit einer zeitgenössischen Werbung für die gute Fri-Ho-Di-Magarine versah. Der voll fahrbereite Vomag bringt 7,4 t auf die Waage, besitzt ein 85-PS-Triebwerk und erreicht eine Höchstgeschwindigkeit von 45 km/h.

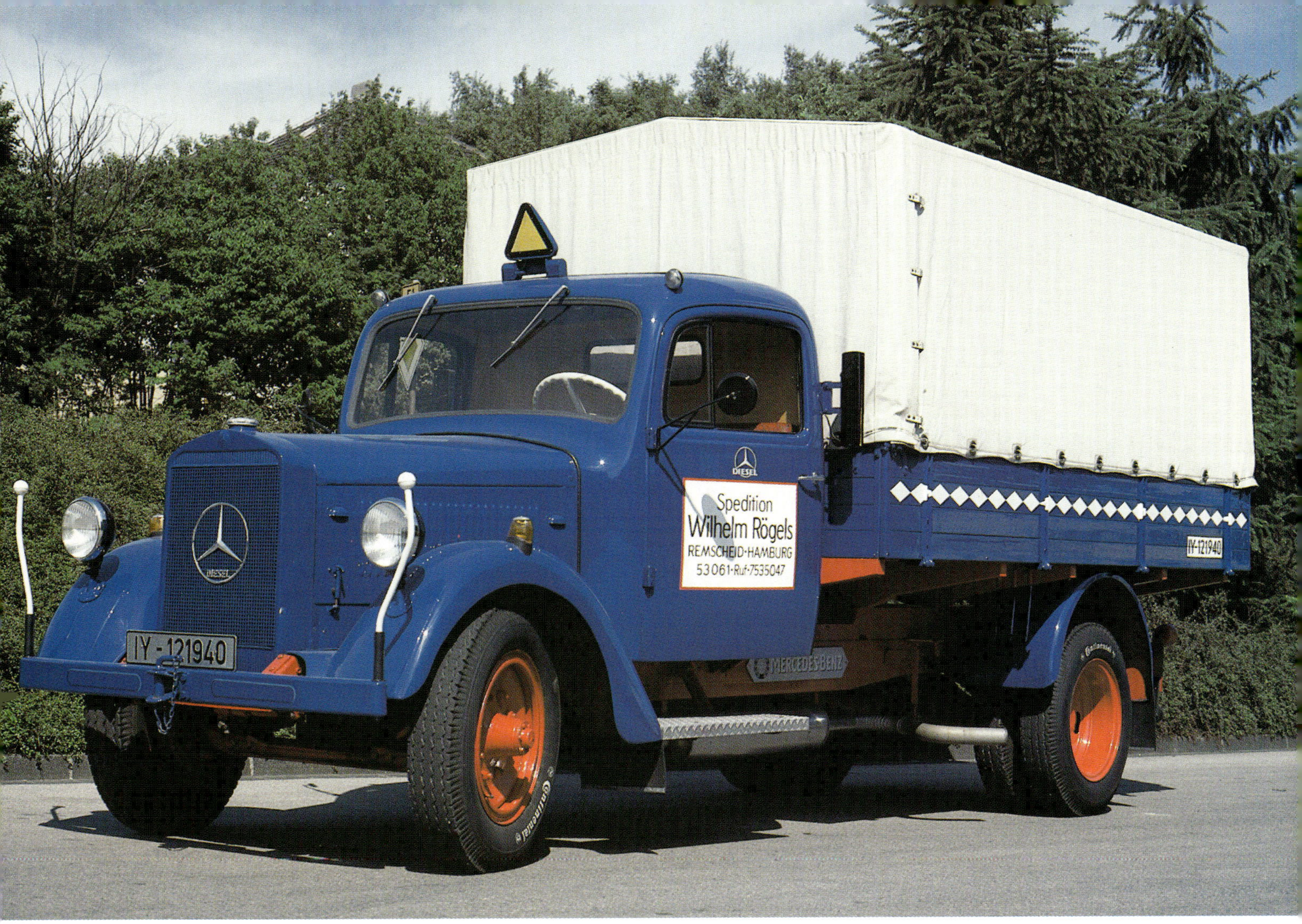
Spedition
Wilhelm Rögels
REMSCHEID-HAMBURG
53061-Ruf-7535047
IY-121940
IY-121940

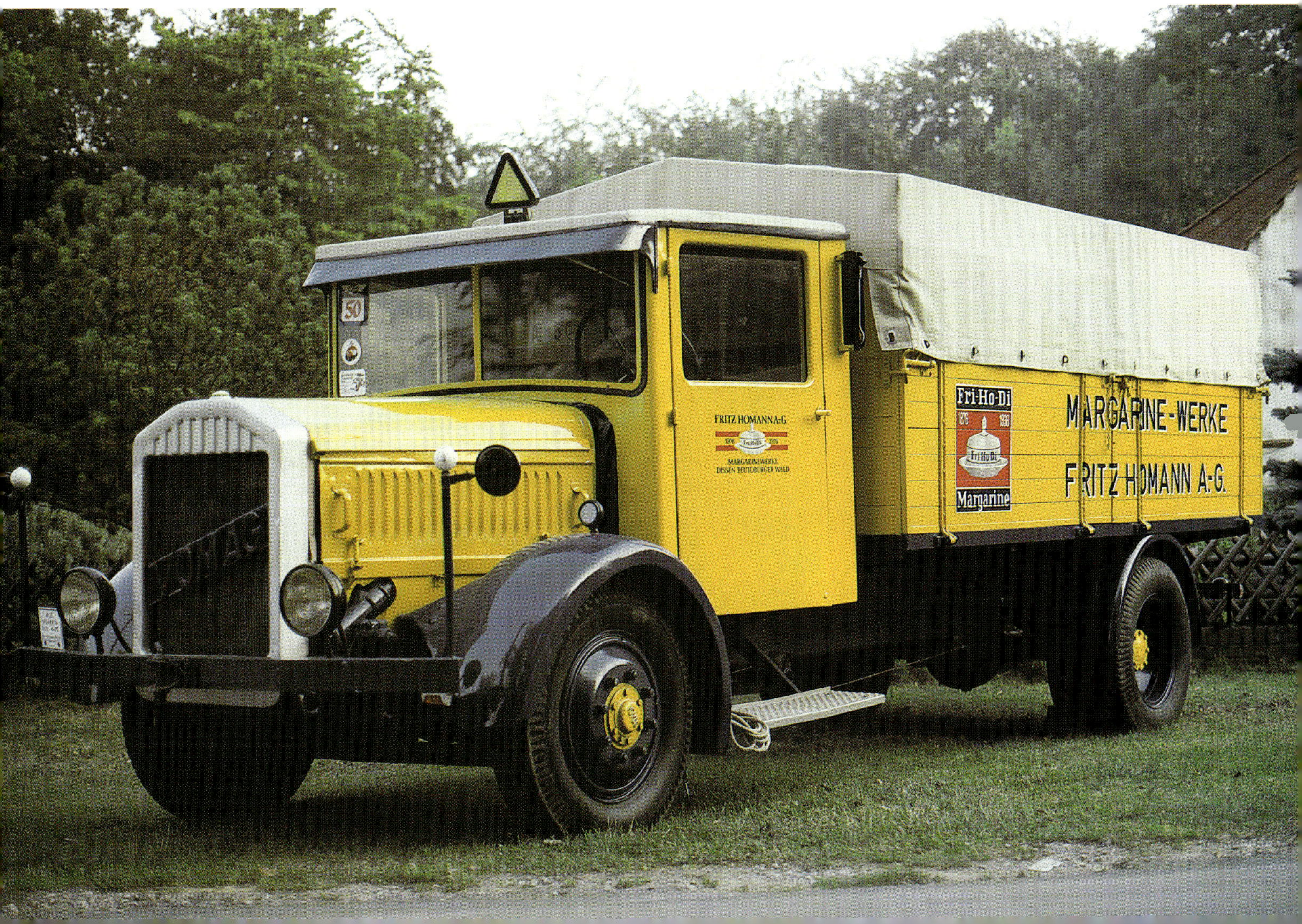
MARGARINE-WERKE
FRITZ HOMANN A.-G.
Fri-Ho-Di
Margarine
FRITZ HOMANN A.G

Oben: Einige heute wohl kaum noch zu klärende Rätsel hält dieser zur Sammlung Robert Fehrenkötters in Sassenberg gehörende Büssing-NAG 5000 bereit. Denn der Lastwagen wurde bereits 1943 als Typ 4500 für die Deutsche Wehrmacht gebaut, kurioserweise aber erst im November 1945 für die Stadtverwaltung Kirchheim an der Teck als Typ 5000 zugelassen. Wie dem auch sei, dort verrichtete der 105er-Büssing – dem man die vereinfachte Bauweise der Kriegsfertigung ansehen kann – zuverlässig seinen Dienst bis zum Jahr 1958. Anschließend befand sich der Lkw als Reservefahrzeug, u. a. für Schneeräumdienste, noch bis 1968 in den Händen seiner Erstbesitzerin. Der Umbau zu einem Abschleppwagen für einen Halter im Raum Kaiserslautern erfolgte darauf, und 1975 wanderte der betagte Veteran dann endgültig auf den Schrott. Aus diesem Endstadium vor der sicheren Zerlegung – total heruntergekommen, mit vermodertem Fahrerhaus und ohne Aufbau – rettete ihn Robert Fehrenkötter schließlich im Jahr 1984. Um aus diesem Gebilde wieder ein schmuckes Fahrzeug zu machen, vergingen mehr als sechs Jahre intensiver Restaurierungsarbeit, bei der viele Teile, u. a. der komplett fehlende Aufbau, neu erstellt werden mussten. Ebenso erging es dem Fahrerhaus, das nicht mehr zu retten war. Ende 1999 aber war das zeitintensive Werk endlich fertig, und der Büssing kann sich wieder auf eigener Achse zu Veranstaltungen bewegen.

Rechts: Von dem legendären wassergekühlten Sechszylinder-Vorkammer-Dieselmotor des Typs LD 6, besser bekannt unter der Bezeichnung „105er-Büssing", wurde dieser allradgetriebene Büssing-NAG 4500 A-1 angetrieben, der sich vor allem als schwerer, geländegängiger Lastkraftwagen 4,5 t (4 x 4) ab 1941 bei der Deutschen Wehrmacht im Einsatz befand. Die Motorleistung von 105 PS erreichte das 7413-cm³-Aggregat bei 1800 U/min, was durch eine höhere Verdichtung gegenüber dem Vorgänger erzielt werden konnte. Das Modell wurde nach dem Schell-Typenprogramm in die 4,5-t-Einheits-Nutzlastklasse eingeordnet und von Büssing in Braunschweig bis 1945 gefertigt. Bei einem Eigengewicht von 5450 kg konnten 4650 kg zugeladen werden. Wenn es sein musste aber auch erheblich mehr, denn der 4500 war – wie fast alle Lastkraftwagen der damaligen Zeit – von sehr solider und robuster Konstruktion. Die Höchstgeschwindigkeit des sehr beliebten Modells lag bei 65 km/h, bei einem Verbrauch von etwa 28 l auf der Straße (42 l waren es im Gelände). Der 105er war das erste, allerdings nun in Straßenausführung gebaute Modell – die Allradversion wurde nicht mehr benötigt und war auch von den Alliierten verboten –, das nach Kriegsende wieder gefertigt werden konnte. Dieser von Hermann Lieber in Hannover hervorragend restaurierte Allradlastwagen wurde in einen im früheren Alltagsbetrieb wohl nur selten anzutreffenden Zivil-Lastwagen umgewandelt. Hier zu sehen bei der Ausfahrt auf einem Treffen in Bad Laer.

Rechts unten: Seit 1949 wurde das Fünftonnen-Daimler-Benz-Modell Mercedes-Benz L 5000 wieder in einer friedensmäßigeren Optik angeboten, d. h. anstelle des noch aus der Kriegszeit stammenden, teilweise aus Pressspan gefertigten Holzfahrerhauses wurde eine mit verrundeten Kanten gestaltete Stahlblechkabine verwendet. Ferner wurden wieder Stoßstangen, Peilstäbe und abgerundete, bis an die Motorhaube reichende Kotflügel angebaut. Auch über den Hinterrädern waren zum Schutz des Pritschenbodens nun wieder Kotflügel angebracht. Das 1949 gebaute Exemplar, das ein Versmolder Sammler wieder herrichtete, verfügt noch über den Sechszylinder-Vorkammer-Dieselmotor des Typs OM 67/4 mit 7274 cm³ Hubraum und 112 PS, das eine Höchstgeschwindigkeit von 62 km/h erlaubt. Nach über sechsmonatiger intensiver Restaurierungsarbeit gelang es, wieder einen sowohl technisch als auch optisch ansprechenden Lastkraftwagen zu erstellen.

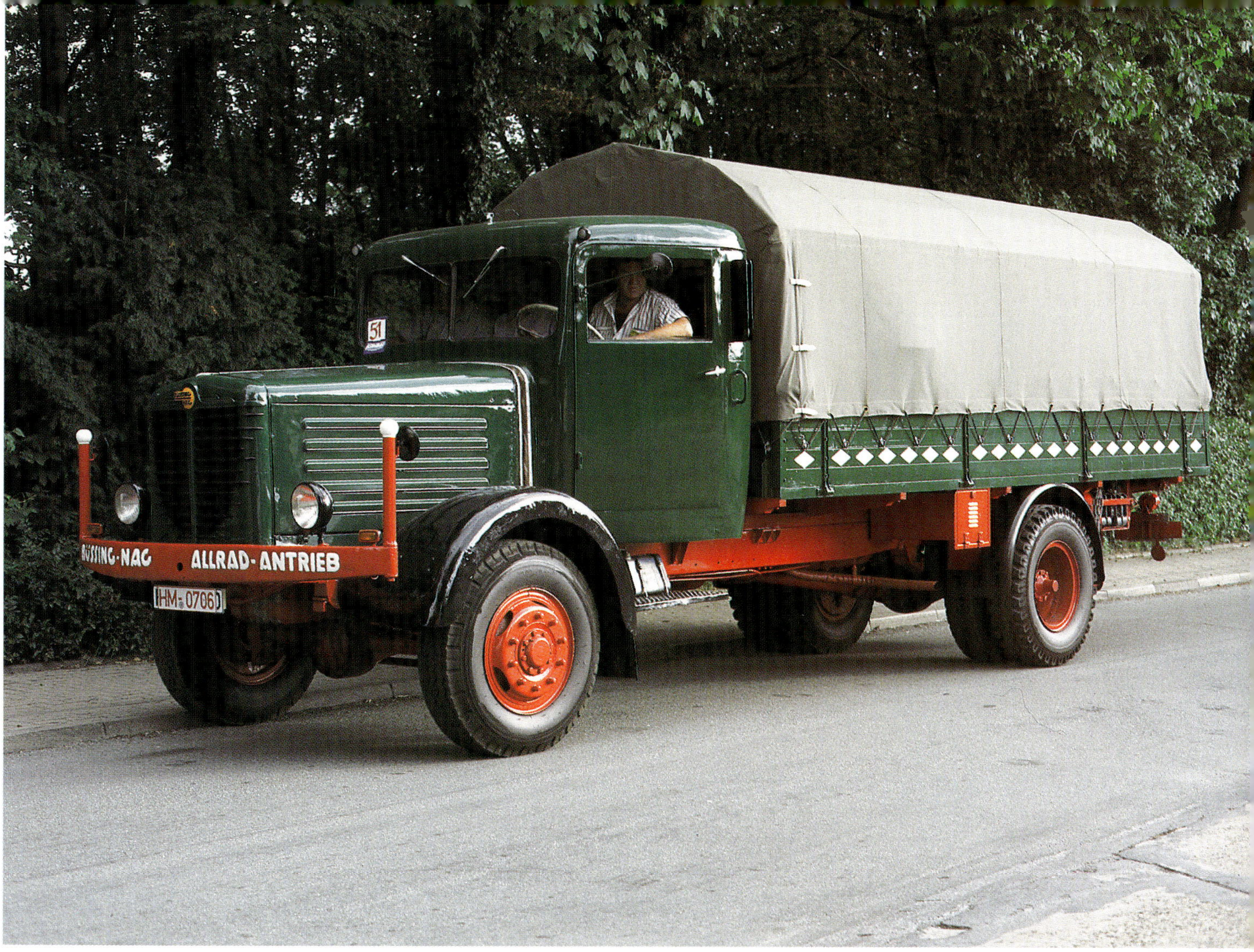
51
ALLRAD-ANTRIEB
HM 0706

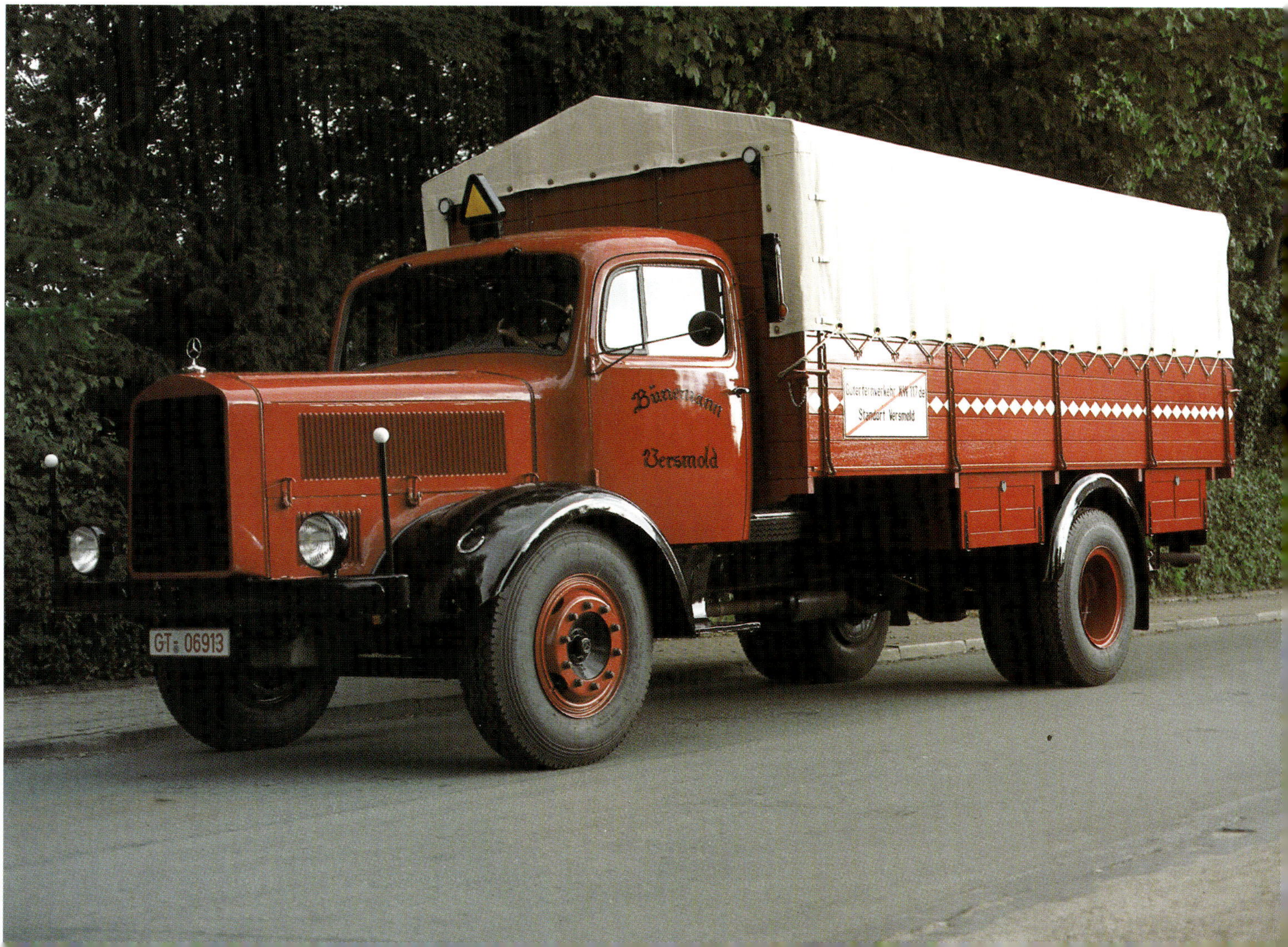
Versmold
GT 06913

Oben: Als der Autor im Frühjahr 1983 das Stadtreinigungsamt von Münster besuchte und einen 1951 gebauten Magirus-S-3500-Streuwagen für den Winterdienst fotografierte, ahnte er nicht, dass ihm das gleiche Fahrzeug – nur völlig verändert – 17 Jahre später, im Jahr 2000, erneut begegnen würde. Dieser Streuwagen stand seinerzeit zwar bereits auf der „Abschussliste", wurde aber nicht in die Zerlegung gegeben. Irgendwann gelangte der Streuwagen dann über Oberhausen 1993 an den Dorstener Speditionsbetrieb Franz Suden. Ein Kipper war auf einem solchen Fahrgestell im Fuhrgeschäft des Vaters vorhanden gewesen. Suden rüstete daher den mit einem luftgekühlten Vierzylinder-85-PS-Antriebsaggregat ausgerüsteten ehemaligen Streuwagen unter Einbau eines neuen, baugleichen Antriebsaggregats zu einem handbetätigten Kipper mit Teha-Kippbrücke um und beendete im Jahr 1995, wie man sieht erfolgreich, die Restaurierungsarbeiten.

Unten und rechte Seite unten: Mit zu den ersten erspähten Nutzfahrzeug-Fotomotiven des Autors gehörte dieser rote im Sommer 1980 abgelichtete und bereits in seinem vergriffenen Buch „Alte Laster – Geschlossene Aufbauten/Sonderkonstruktionen" vorgestellte Mercedes-Benz-L-5000-Wassertankwagen des Zirkus Krone in München. Das 1950 gebaute Fahrzeug mit Stahlfahrerhaus und Sechszylinder-112-PS-Vorkammer-Dieselmotor wurde Mitte der 80er Jahre bei seinem letzten Besitzer überflüssig und stand zum Verkauf. Hermann Bisquolm, Spediteur im niederbayerischen Ramsau-Reichertsheim, hörte davon und konnte den sich noch in recht passablem Zustand befindlichen Mercedes für seine Fahrzeugsammlung erwerben. Er restaurierte den L 5000 von Grund auf und baute den Mercedes in sauberer und solider Arbeit zu einem Pritschenwagen mit Plane und Spriegel um. Das Bild des nun blauen Lkw entstand 1990 nach Fertigstellung der Arbeiten.

Oben: Dieser Büssing 8000 des leistungsgesteigerten Modells S 13 wurde 1952 für die Westberliner Spedition Grahe als Fernverkehrslastwagen in Dienst gestellt und am Ende seiner aktiven Laufbahn als Trägerfahrgestell für einen Baukran im Raum Viersen genutzt. 1981 entdeckte Hellmut Buscher, einer der Begründer der Nutzfahrzeug-Oldtimer-Zunft und damals selbst Besitzer eines 8000er-Büssings, das schon sehr heruntergekommene Kranfahrzeug auf einem Schrottplatz am Niederrhein und konnte Robert Fehrenkötter zur Übernahme dieses damals schon recht raren Fundes gewinnen. Berechtigte Zweifel kamen hinsichtlich der weiteren Verwendbarkeit dieses Schrotthaufens auf. Ob daraus überhaupt jemals wieder ein vorzeigbares Fahrzeug entstehen könnte? Neben dem schlechten Allgemeinzustand des Lastwagens waren vom Vorbesitzer am Fahrerhaus – darauf hatte man ja den Kran gelagert – allerlei Umbauten vorgenommen worden, so dass es ein komplett verändertes Erscheinungsbild aufwies. Umso erleichterter aber waren alle Beteiligten, als man den gewaltigen, 180 PS starken Sechszylindermotor nach über zehnjähriger Standzeit ohne Probleme wieder zum Laufen brachte. Die Entscheidung für die Aufarbeitung des Büssing war damit gefallen. Immerhin vergingen aber bis zu dessen Fertigstellung noch volle zwei Jahre, und als das mächtige Fahrzeug 1982 in Bad Laer dem staunenden Publikum vorgestellt wurde, bildete es den Grundstein für Robert Fehrenkötters umfangreiche Oldtimersammlung. Der Büssing ist in den letzten Jahren auch häufig mit einem passenden, dreiachsigen, mit einem Zentralrohrrahmen ausgestatteten Schmitz-Fernverkehrsanhänger unterwegs, der von den Auszubildenden des Unternehmens restauriert worden war.

Gäbe es bei den zu einem zweiten Leben wiedererweckten Oldtimer-Lastkraftwagen eine Bewertung von Originalität, zeittypischem Erscheinungsbild und Qualität der geleisteten Restaurierungsarbeit, hätte Helmut Hoffmanns Mercedes-Benz-L-6600-Fernverkehrslastwagen sicherlich gute Chancen auf eine Prämierung im Bereich ganz weit oben gehabt. Es ist schon geradezu erstaunlich, welch schönes Fahrzeug aus dem alten, schon ziemlich heruntergekommenen „Sechssechser" mit Aufbau und Fernverkehrsfahrerhaus (mit Schwalbennest) des Kölner Karosseriebauers Hall entstanden ist, den seinerzeit die ebenfalls in Köln ansässige Firma Michael Esser zum Transport von Kartoffeln, Eiern und anderen Landhandelsprodukten verwendet hatte. Heinz-Bruno Hecker in Warstein konnte den großen Mercedes erst einmal sicherstellen, nachdem der seinen aktiven Dienst Ende der 70er Jahre quittiert hatte. Er gab den bisher unrestaurierten L 6600 an Helmut Hoffmann weiter, da dieser über bessere Restaurierungsmöglichkeiten verfügte. Dort wurden die Arbeiten an dem imposanten Fahrzeug aber immer wieder unterbrochen, da die Realisierung anderer Projekte vorgezogen wurde, und der Mercedes immer wieder aufs Abstellgleis gestellt. Trotz allem setzte man im Laufe der Zeit verschiedene Originalteile wie das im Jahr 1987 fertig gestellte Fahrerhaus, Motor, Getriebe und andere Bauteile instand. Im Sommer 1996 aber galt es: Der Wagen sollte in einer Rekordzeit von nur drei Wochen zur großen Sternfahrt anlässlich der 100-Jahr-feier in Wörth fertig werden. Wären die vielen Vorarbeiten nicht schon erledigt gewesen, wäre man mit der angesetzten Zeitplanung wohl baden gegangen! Zuvor aber war – in unermüdlicher Tag- und Nachtarbeit – innerhalb von zwei Wochen ein neuer Pritschenaufbau entstanden. So mussten die einzelnen Bestandteile des Lastwagens wie bei einem Puzzle „nur" noch zusammengebaut werden. Trotzdem war die Zeit überaus knapp bemessen, aber gerade noch ausreichend. An der Spitze eines Konvois rollte der „nagelneue" L 6600 pünktlich durch das Werkstor des Mercedes-Werkes in Wörth, wo er verständlicherweise für viel Aufsehen sorgte. Eingeweihte Kreise warten jetzt noch auf die Fertigstellung eines adäquaten Dreiachsanhängers.

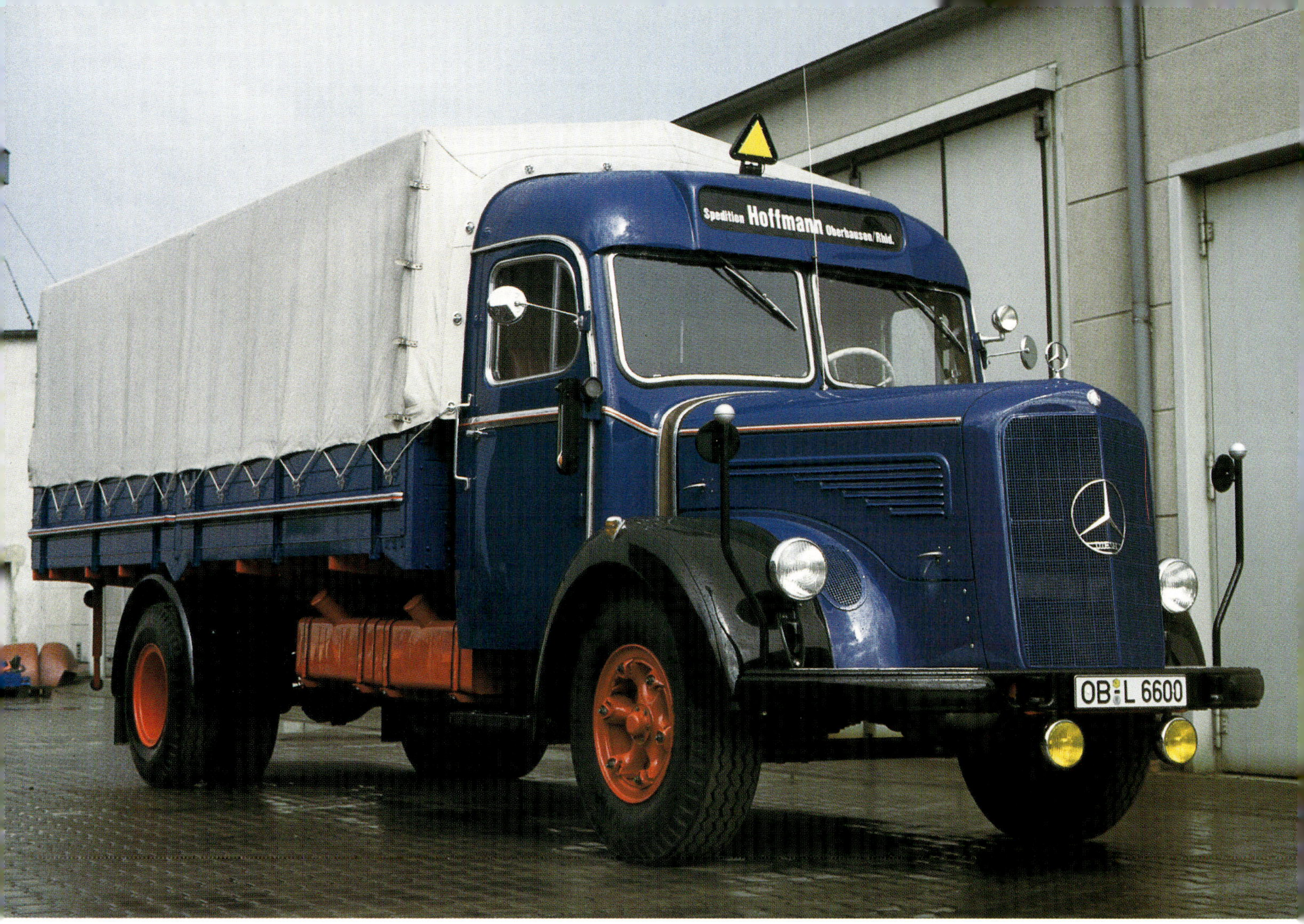
Spedition Hoffmann Oberhausen/Rhld.
OB L 6600

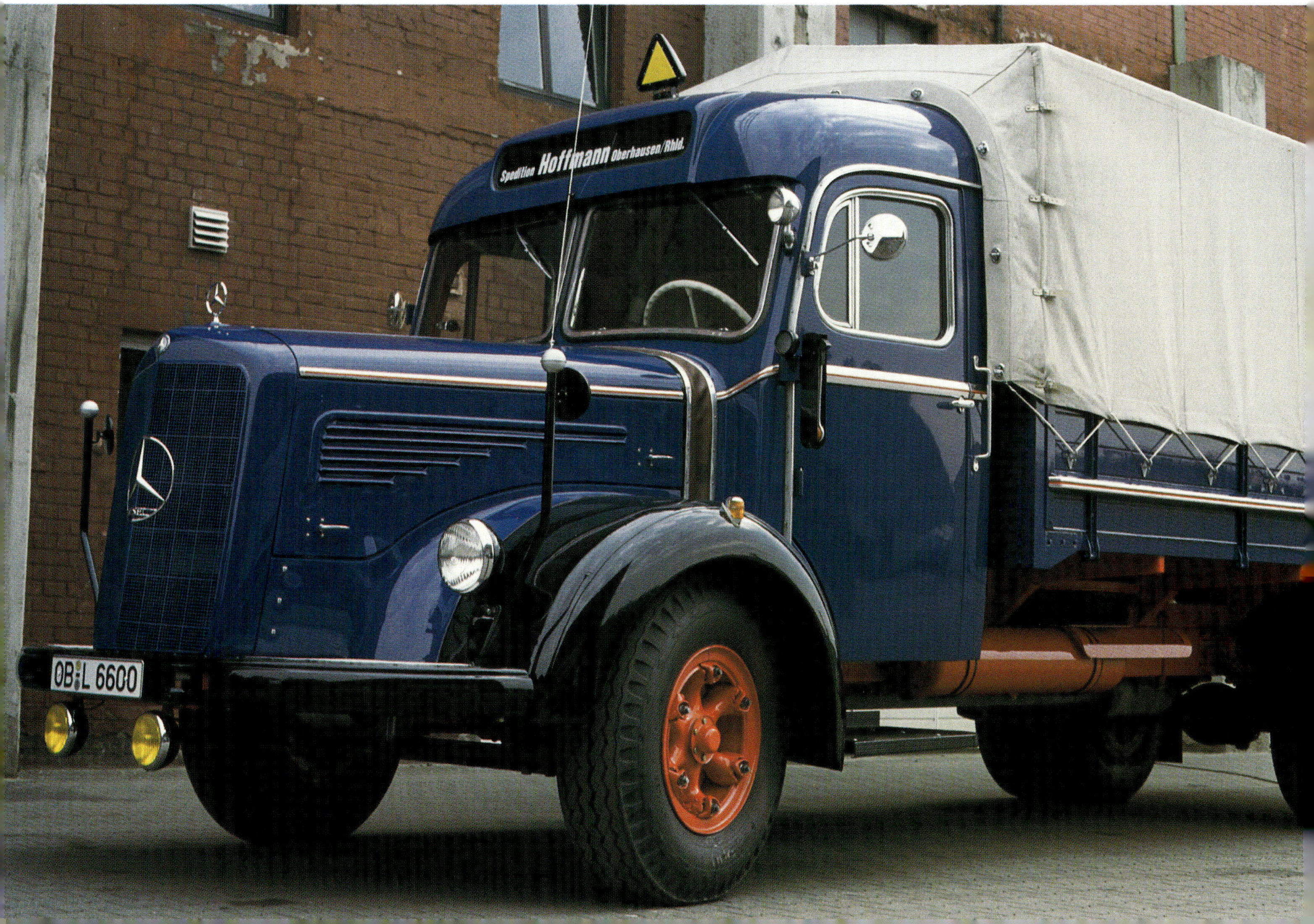
Spedition Hoffmann Oberhausen/Rhld.
OB L 6600

Oben: In Münster waren MAN-Fahrzeuge in den 50er Jahren für kommunale Dienste häufig anzutreffen. 1955 beschaffte diese Kommune einen Fünftonner des Typs MAN 515 L 1 mit Sechszylinder-115-PS-M-Motor, der als Streuwagen für den Winterdienst mit einer Ansatzplatte für einen Schneepflug ausgerüstet war. Als der MAN Ende der 70er Jahre aus dem Verkehr gezogen wurde, ging er durch mehrere Hände, bis ihn der Arnsberger Spediteur Wilhelm Gössling vor etwa 15 Jahren erwerben und komplett restaurieren konnte. Dabei wurde der bisherige Aufbau entfernt und durch einen solchen in Pritschenbauart ersetzt, so dass – einmal abgesehen von Motorhaube und Fahrerkabine – nichts mehr an das frühere Aussehen des Fahrzeugs erinnerte. Dieses Frontporträt zeigt den kleinen MAN auf einem Treffen im Sommer des Jahres 2000.

Rechts oben: Durch puren Zufall wurde Gerhard Bender in Freudenberg im Siegerland auf diesen von ihm authentisch wieder hergerichteten MAN 745 L 1 aufmerksam. Sein größter Wunsch war zwar ein Fahrzeug des legendären Typs F 8 gewesen, aber da die Beschaffung dieses einstigen MAN-Flaggschiffs heute nahezu illusorisch geworden ist, war er Feuer und Flamme, als ihm 1992 von einem größeren Hauben-MAN in der Nähe von Bitburg berichtet wurde. Beim Besichtigungstermin stellte sich heraus, dass es sich um einen 745er-Kipper handelte, der noch ab und zu für den Getreidetransport in der Landwirtschaftl eingesetzt wurde. Die Unterlagen besagten, dass der 1957 gebaute MAN nur bis zum 30.9.1968 für den öffentlichen Straßenverkehr zugelassen gewesen war. Seither verbrachte er seinen Lebensabend auf dem Gut bei Bitburg. Schon bald konnte Bender den MAN mit seinem sechszylindrigen 145-PS-M-Motor mittels Tieflader nach Freudenberg überführen. Die insgesamt über fünf Jahre laufende Totalrestaurierung wurde sachkundig vorgenommen. Bender demontierte die Kippbrücke und errichtete an ihrer Stelle eine längere Speditionspritsche auf dem Fahrgestell. Das Fahrerhaus war noch von solider Substanz und musste nur gründlich überarbeitet werden. Motor und Getriebe waren in einem derart guten Zustand, dass bis auf wenige Arbeiten und Abdichtungen kein weiterer Aufwand anfiel. Ein Fahrzeugbauunternehmen in Siegen fertigte die passende Holzpritsche mit Spriegel, die mit einer zeittypischen Leinenplane abgedeckt wurde. Bender wählte eine durchaus dem Stil der 50er Jahre entsprechende Lackierung, denn während Kotflügel, Rahmen und Felgen in rot lackiert wurden, ließ ein schöner dunkler Blauton Motorhaube, Fahrerhaus und Pritsche in neuem Glanz erstrahlen. Um den Oldtimer auch sonntags einsetzen zu können, wurde das zulässige Gesamtgewicht von ursprünglich 14 auf 7,5 t reduziert.

Rechts unten: Die MAN fertigte bereits seit 1940 das 4,5-t-Modell ML 4500, das entweder mit Hinterrad- oder auch Allradantrieb fast ausschließlich für die Deutsche Wehrmacht gefertigt wurde. Dieser sehr robuste Lkw verfügte über ein Sechszylinder-Direkteinspritz-Dieselaggregat mit 110 PS Leistung, das nach dem so genannten „G-Verfahren" arbeitete, was auf dessen kugelförmigen Verbrennungsraum hindeutete. Nach Kriegsende konnte die Fertigung dieses Modells in bescheidenem Umfang wieder aufgenommen werden, und 1946 wurde die Nutzlast des nun als MK bezeichneten Modells auf 5 t erhöht und die Motorleistung des D-1040-G-2-Diesels auf 120 PS gesteigert. In dieser Ausführung blieb der Typ bis 1950 in der Produktion. Hier ein originalgetreu wieder hergerichteter MK mit Plane und Spriegel aus dem Jahr 1949.

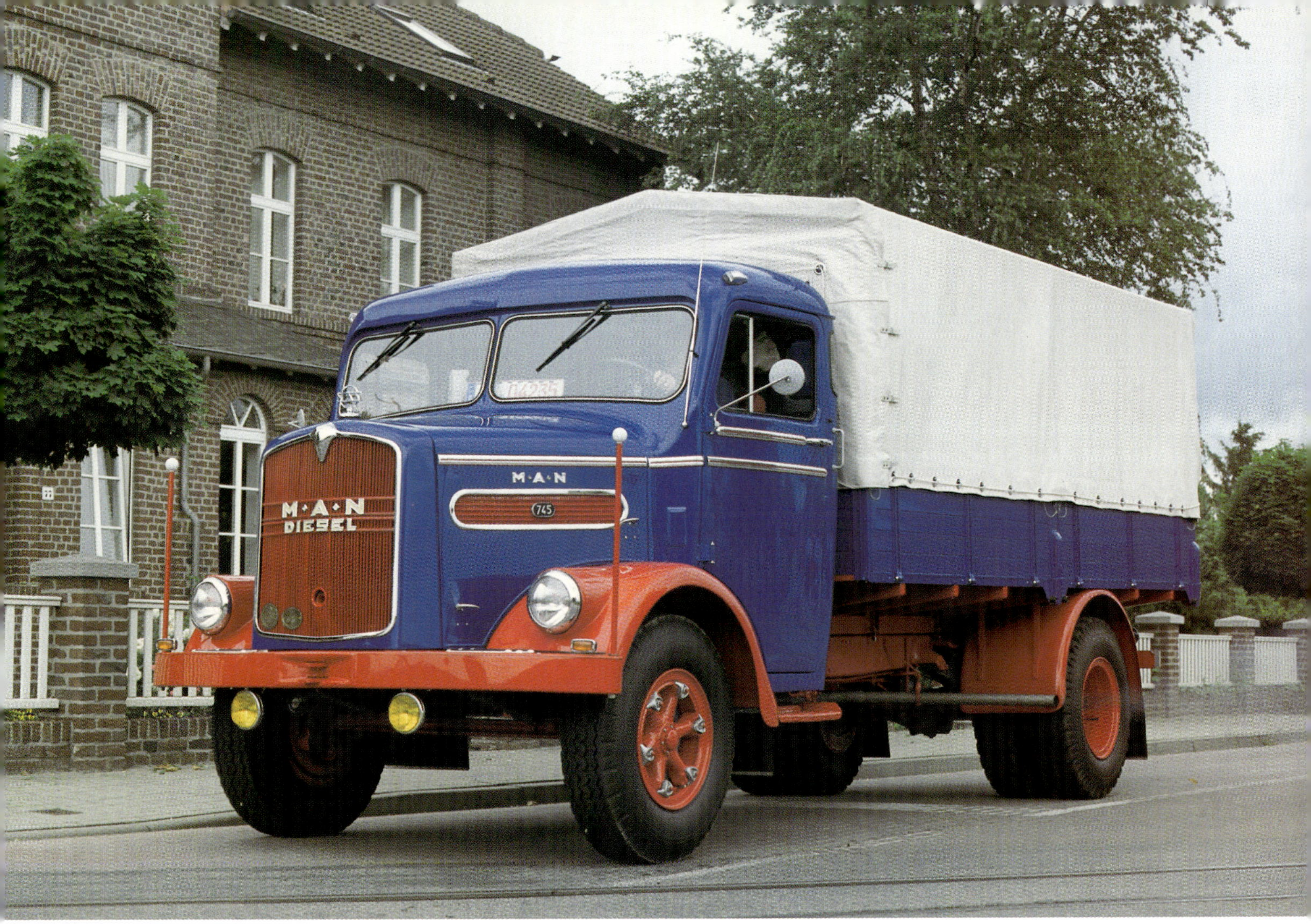
M·A·N
M·A·N
DIESEL
745

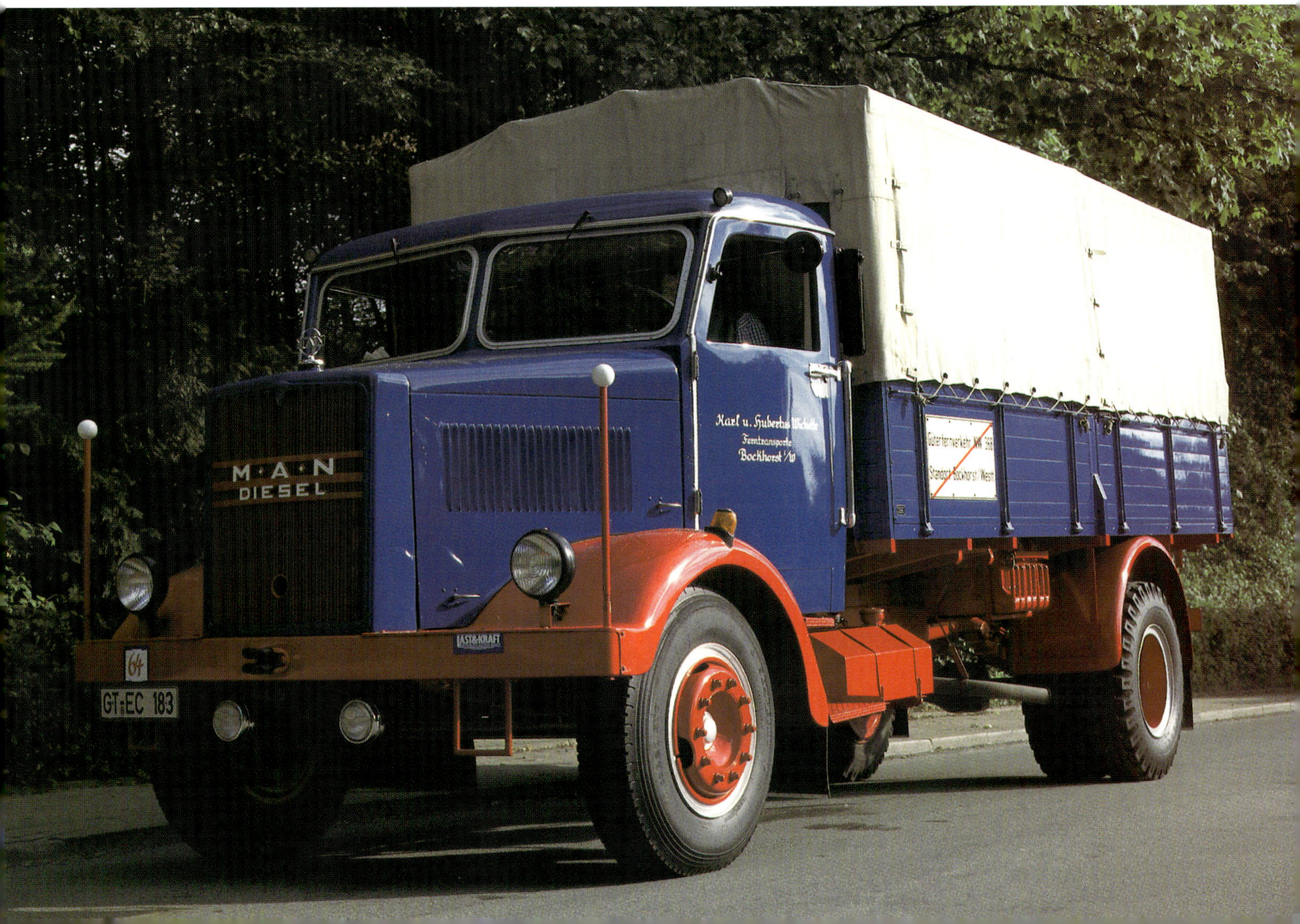
M·A·N
DIESEL
GT-EC 183

Oben: 1995 wurde der abgebildete Büssing des Typs 7500 S von Mitarbeitern der Barre-Brauerei in Lübbecke bei einer Mindener Abschleppfirma entdeckt. Es handelte sich um ein mit einem Sechszylinder-Dieselmotor ausgerüstetes, 150 PS starkes Fahrzeug, das – im September 1954 erstmals zugelassen – am Ende seiner aktiven Laufbahn aus einem Bremer Speditionspritschenwagen zu einem gelb lackierten Abschleppfahrzeug umgebaut worden war. Da der Büssing einen noch recht brauchbaren Eindruck hinterließ, wurde er von der Brauerei käuflich erworben, die das Fahrzeug nach erfolgter Restauration als Werbeträger einsetzen wollte. Allerdings erwiesen sich die Arbeiten an dem über 40 Jahre alten Fahrzeug als viel umfangreicher, als man zunächst angenommen hatte. Der Holzrahmen des Fahrerhauses musste in aufwendiger Arbeit von einer Fremdfirma neu angefertigt werden; ebenso erging es vielen Blechteilen, die einfach nicht mehr zu retten waren. Dafür aber erwiesen sich Innenleben, Technik und Motor des betagten Lastwagens als recht brauchbar, so dass man sogar auf Öffnung und Zerlegung des Triebwerks verzichten konnte. Alle übrigen Aggregate wurden demontiert und überholt. 1998 war der Büssing komplett aufgemöbelt und erstrahlte wieder in neuem Glanz.

Unten: Das Daimler-Benz-Modell L 325 hatte seinen Ursprung im 4,5-t-Typ L 4500, den es schon während des Krieges gegeben hatte. Zug um Zug wurde die Nutzlast weiter erhöht und analog dazu auch die Typenbezeichnungen geändert. Ab Beginn des Jahres 1952 wurde dem mittlerweile zum L 5000 aufgerückten Lastwagen ein neuer nach dem Vorkammer-Verfahren arbeitender Sechszylindermotor mit 120 PS verpasst. Nachdem abermals eine Nutzlaststeigerung stattgefunden hatte und Fahrerhaus und Motor-

haube den übrigen Lkw-Modellen der Daimler-Benz-Angebotspalette angeglichen worden waren, wurde der Typ im Jahr 1954 um weitere 500 kg aufgelastet und der Sechstonner nun als L 325 bezeichnet. Auch ein mit 125 PS stärkeres Triebwerk – das sechszylindrige OM 325 – gelangte nun zum Einbau. In dieser Ausführung wurde das Modell bis zum Jahr 1957 unverändert gefertigt. Helmut Hoffmann in Oberhausen ließ den abgebildeten, 1955 gebauten Lkw dieses Typs in der zweiten Hälfte der 80er Jahre zu einem offenen Pritschenwagen restaurieren. Einige Jahre später erhielt das Fahrzeug Spriegel und eine Segeltuchplane, wodurch sein Erscheinungsbild durchaus positiv beeinflusst wurde.

Oben: Die beeindruckende Haube eines restaurierten Büssing 6000 S aus dem Jahr 1952, fotografiert 1980 auf dem Nutzfahrzeugtreffen in Bad Rothenfelde.

Unten: Der 1951 erstmals vorgestellte Krupp-Lastwagen des Typs „Büffel-L-50" war mit 5 t Nutzlast hinsichtlich seiner Zulademöglichkeiten unterhalb des stärkeren Modells „Mustang" angesiedelt. Unter der entsprechend kürzeren, verrundeten Haube war ein dreizylindriger-Dieselmotor mit 4350 cm³ Hubraum und 110 PS Leistung am Werk, der wie alle damaligen Krupp-Motoren nach dem Zweitaktsystem arbeitete. 1953 erfolgte bei diesem nun als L 55 bezeichneten Modell die Steigerung der Nutzlast auf 5,5 t und gleichzeitig war auch wahlweise eine Antriebsversion mit Kompressor erhältlich. Zwei Jahre später verschwand diese Ausführung des „Büffel" aus dem Programm. Ein solches, 1955 gebautes, originalgetreu restauriertes Exemplar mit Plane und Spriegel gehört dem bayerischen Spediteur Hermann Bisquolm, der den weiten Weg zu einem Krupp-Treffen zu Beginn der 90er Jahre in Essen nicht gescheut hatte.

Links oben: Mit dem seit 1950 lieferbaren Modell L 28 hatte Hanomag einen leichten Diesel-Lastwagen im Angebot, der sich auf Anhieb gut verkaufte. In den folgenden Jahren entwickelte sich aus diesem Grundtyp eine ganze Fahrzeugpalette, die – bei äußerlich weitgehend identischem Erscheinungsbild – mit Nutzlasten bis zu drei Tonnen aufwarten konnte und über Motorleistungen von bis zu 70 PS (mit Roots-Gebläse) verfügte. Dieser im Raum Hildesheim beheimatete, restaurierte 2,5-Tonner des Typs L 28 ist mit einem Vierzylinder-65-PS-Dieseltriebwerk ausgerüstet und war 1986 auf einem Fahrzeugtreffen im Sauerland zu sehen.

Links: Aus dem bewährten B 3000 der Kriegszeit entstand bei den Borgward-Werken in Bremen zunächst das seit 1950 gefertigte Modell B 4000, das ab Herbst 1953 durch den 4,5-t-Typ B 4500 nach oben hin abgerundet wurde. Hatte dieser Wagen anfänglich ein Sechszylinder-Dieseltriebwerk mit 95 PS zur Verfügung, wurde das Aggregat im Jahr 1957 durch eines mit 110 PS Leistung ersetzt. Durch eine veränderte Hinterachsübersetzung gelang es, die Höchstgeschwindigkeit auf 85 km/h zu steigern. Der seit 1959 als B 555 bezeichnete, überaus zuverlässige Lastkraftwagen wurde bis 1961, dem Jahr des Borgward-Konkurses, gefertigt. Der abgebildete B-4500-Lkw war 1997 zu dem Treffen auf dem Autohof Wörnitz angereist.

Oben und rechts: Die Kölner Ford-Werke hatten nach Kriegsende zunächst die Lastwagen-Typen „Rhein" und „Ruhr" in der Fertigung, die mit Vergasertriebwerken bestückt waren. Im Laufe des Jahres 1951 wurde eine neue Modellpalette auf den Markt gebracht, die neu gestaltete und gleichzeitig breitere, mit viel Chrom versehene Motorhauben besaß. Die Nutzlast dieser neuen Modelle variierte zwischen 2 und 3,5 t. Die Verkaufsbezeichnungen wurden so geändert, dass man aus ihnen die Nutzlast in Kilogramm ableiten konnte. Neu im Angebot befand sich ein dieselgetriebenes Fahrzeug, der Ford FK 3500 D mit Sechszylinder-Wirbelkammer-Dieselmotor, der aus 4080 cm³ Hubraum anfangs 94, später 90 PS, erzeugen konnte und bis 1954 in der Produktion war. Es war der erste Diesellastwagen, der von Ford in Deutschland angeboten wurde. Das abgebildete Fahrzeug ist ein solches Modell, das ein Sammler in Erkelenz wieder herrichtete.

Einen hervorragenden optischen Eindruck hinterlässt dieser mit einem Holzaufbau und verchromter Kühlermaske restaurierte Mercedes-Benz L 3500/42 aus dem Jahr 1953. Der Lastkraftwagen besitzt die damals übliche Daimler-Benz-Standard-Sechszylinder-Maschine des Typs OM 312 mit 90 PS Leistung und 4580 cm³ Hubraum.

Unten: Dem 4,5-Tonnen-Modell Mercedes-Benz L 312 wurde ab 1957 ein optisch – bis auf die verstärkte Bereifung – nahezu gleich aussehendes Fahrzeug mit 5,5 t Nutzlast – der Typ L 321 – zur Seite gestellt. In dieses Fahrzeug gelangte der Sechszylinder-OM-321-Dieselmotor mit 110 PS zum Einbau. Als höchste Geschwindigkeit waren 90 km/h möglich. Nach mit 4829 gefertigten Einheiten nur relativ mäßigen Verkaufserfolgen wurde die Produktion des L 321 im Jahr 1959 zugunsten des Kurzhaubenmodells L 322 eingestellt. Den L 321 gab es mit drei unterschiedlichen Radständen, nämlich 3,60 m, 4,20 m und 4,83 m, sowie als Kipper, Sattelschlepper und in einer Allradausführung. Auf dem Foto ist ein damals erst kurz zuvor aus dem aktiven Dienst ausgeschiedener, 1958 gebauter L 321 mit 4,83-m-Langpritsche auf einem Treffen im Jahr 1986 zu sehen.

Ein sehr schönes Fahrzeug ist auch dieser 1957 gebaute Mercedes-Benz L 311 mit seinen typisch niederländischen Aufbaumerkmalen, der von der Spedition A. Daris & Zn. erhalten wird. Dieser L 311 besitzt das damals übliche, 100 PS starke OM-312-Triebwerk von Daimler-Benz und ist in den letzten Jahren ein ziemlich regelmäßiger Gast auf Veteranentreffen sowohl in den Niederlanden als auch im grenznahen deutschen Raum.

Unten: Dieser Mercedes-Benz L 311/36 von Lothar Franz in Neuburg a. d. Donau aus dem Jahr 1957 besitzt den kurzen 3,60-m-Radstand und wurde seinerzeit als erstes Motorfahrzeug des Ellwanger Stadtmüllers in Dienst gestellt – zuvor fuhr dieser noch mit einem Pferdefuhrwerk. Ausgerüstet war der Mercedes mit der Sechszylinder-100-PS-Maschine, die eine Höchstgeschwindigkeit von 90 km/h erlaubte. Der neue Lkw wurde aber nur wenig herangenommen und legte – nur im Nahverkehr eingesetzt – bis 1978 nur rund 40000 Kilometer zurück. Nach der Stilllegung des Mühlenbetriebes wurde der in einer Ecke deponierte Lkw einfach vergessen, bis Herr Franz den total eingestaubten, ansonsten aber noch gut erhaltenen Lkw wiederentdeckte und 1984 erwerben konnte. Das Fahrzeug präsentiert sich auch noch knapp 15 Jahre später in einem äußerlich nahezu unveränderten Originalzustand.

Oben: Magirus stellte das 90 PS starke, mit einem luftgekühlten Dieselmotor ausgerüstete Rundhauben-Modell Sirius 90 L erstmals auf der Frankfurter IAA 1959 vor. Dieses schöne Exemplar von 1962 gehört Arthur Adams, einem Spediteur in Niederzissen. Der Magirus wurde am 16.4.1964 erstmals in Pirmasens zugelassen, befand sich dort bis zum 3.2.1969 im Einsatz und wurde anschließend an einen Weinbaubedarfsbetrieb in Trier verkauft. Dort wurde auch eine hydraulische Teha-Ladebrücke nachgerüstet. Am 11.10.1987 wurde der Rundhauber endgültig stillgelegt. Adams entdeckte den Wagen im Herbst 1991 bei der Kölner Iveco-Vertretung, wo er vier Jahre lang Wind und Wetter ausgesetzt gewesen war; entsprechend marode war auch sein Zustand. Bei der folgenden Restaurierung blieb demzufolge keine Schraube mehr auf der anderen. Der Rundhauber wurde in fast neunmonatiger Arbeit mit einem Aufwand von mehr als 2000 Stunden in den jetzigen Zustand gebracht. Die Silbermetallic-Lackierung entspricht sicherlich nicht dem Originalfarbton und ist Geschmackssache. 1994, zur großen Oldtimer-Fernfahrt nach Budapest, war der erste große Auftritt, und seither hat die Familie Adams mit ihrem Rundhauber schon unzählige Veteranentreffen besucht. Seit einiger Zeit ist das Fahrzeug mit einem zweiachsigen Anhänger gekuppelt. 1995 wurde – äußerlich nicht sichtbar – der Motorwagen zu einem Wohnmobil, sogar mit Nasszelle, ausgebaut.

Rechte Seite oben: Das Versmolder Dachziegelwerk Heinrich Tappmeyer beschaffte 1957 diesen Magirus-S-4500-Mercur-Lastwagen mit kurzem Radstand und setzte den robusten Fünftonner bis etwa Mitte der 80er Jahre ein. Bestückt war das Rundhaubenmodell mit dem V-6-Zylinder-Antriebsaggregat des Typs F 6 L 614 mit Luftkühlung von Deutz, das bei einem Hubraum von 7983 cm^3 125 PS Leistung erzeugen konnte. In den 90er Jahren konnte dieser Lastwagen mit seiner runden Alligatorhaube von einem Sammler übernommen werden, der den noch in gutem Zustand befindlichen Wagen wieder auf Vordermann brachte. Hier zu sehen bei Dr. Borstels Veteranentreffen in Bad Laer.

Rechts unten: Zu einem ausgesprochenen Erfolgsmodell entwickelte sich das erstmals auf der Frankfurter IAA 1951 vorgestellte und zuverlässige Modell HS 100 der Kasseler Henschel-Werke, von dem zusammen mit seinen ähnlich aussehenden Nachfolgetypen im Laufe der Zeit weit über 20000 Einheiten verkauft werden konnten. In dem 4,5-Tonner wirkte der nach dem Lanova-Verbrennungsverfahren konstruierte Sechszylinder-Diesel des Typs 512 DI mit einem Hubraum von 5431 cm^3, der eine Leistung von 100 PS bei 2400 U/min erzeugte. Den HS 100 gab es als Pritschenwagen, Kipper oder Sattelzugmaschine. 1953 wurde der hier abgebildete Henschel von den Dornier-Werken bei München als Sattelschlepper mit einem Strüwer-Tanksattelauflieger in Dienst gestellt. Bei der 1988 erfolgten Übernahme durch den heutigen Besitzer Michael Küster in Essen hatte der Henschel lediglich eine Laufleistung von 55000 Kilometern erbracht. Unendlich viel Arbeit musste in die Restaurierung zu einem Pritschenwagen mit verlängertem Fahrgestell investiert werden. Hilfreich waren dabei alte Prospekte, Aufzeichnungen, Fotografien und Risszeichnungen, ohne die das Werk nicht hätte vollendet werden können.

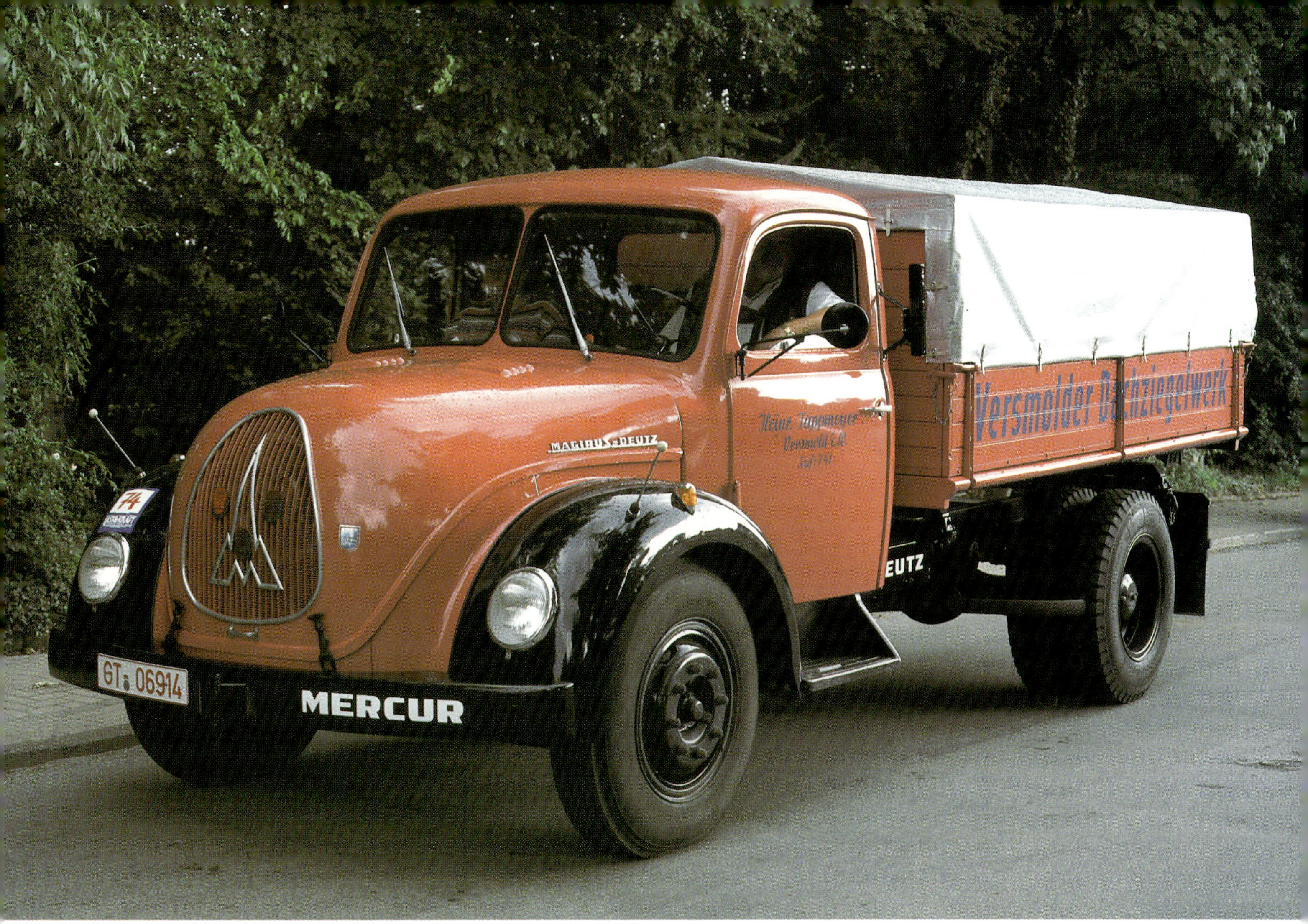
Versmolder Dachziegelwerk
MAGIRUS-DEUTZ
GT 06914
MERCUR

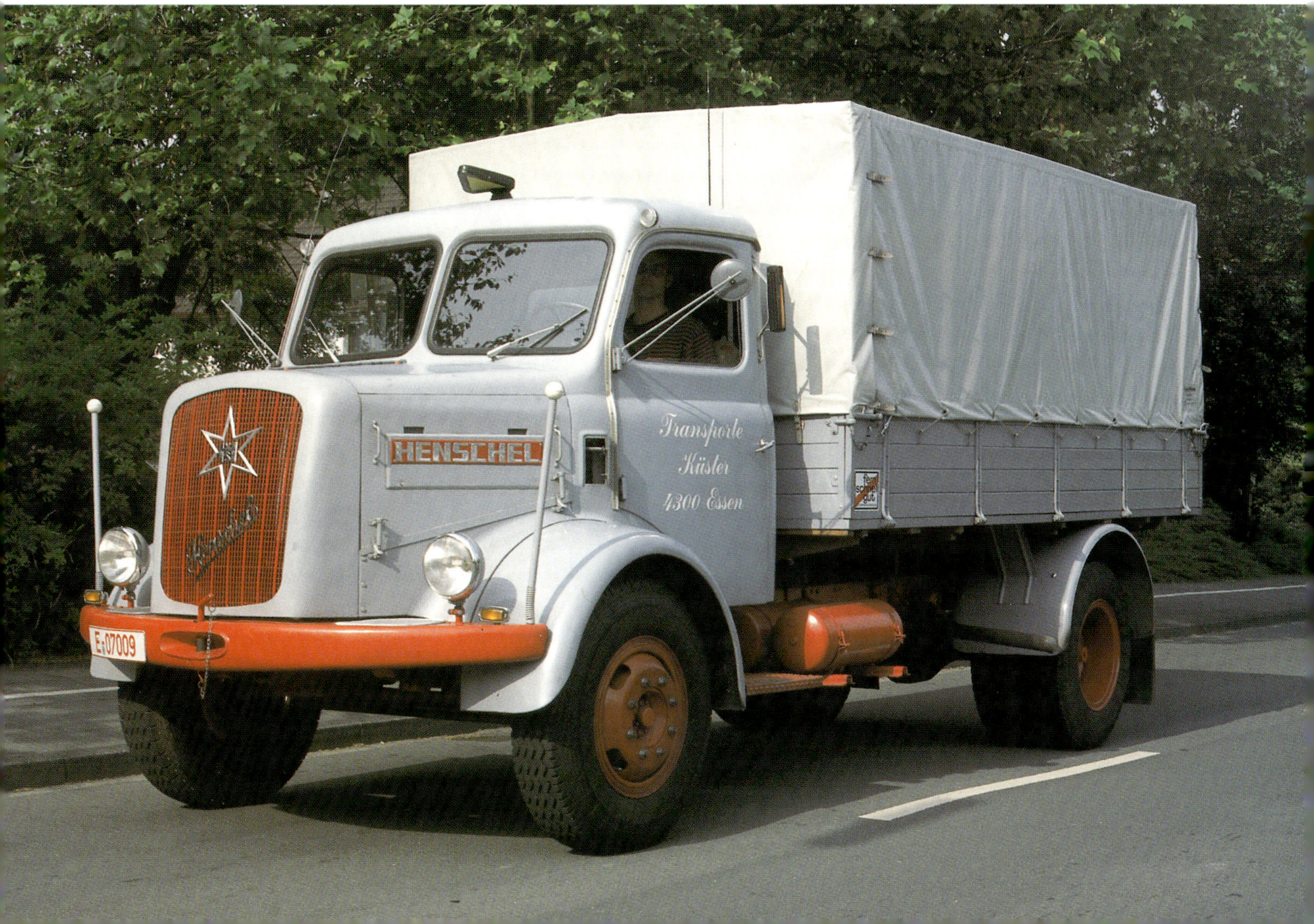
HENSCHEL
Transporte
Küster
4300 Essen
E 07009

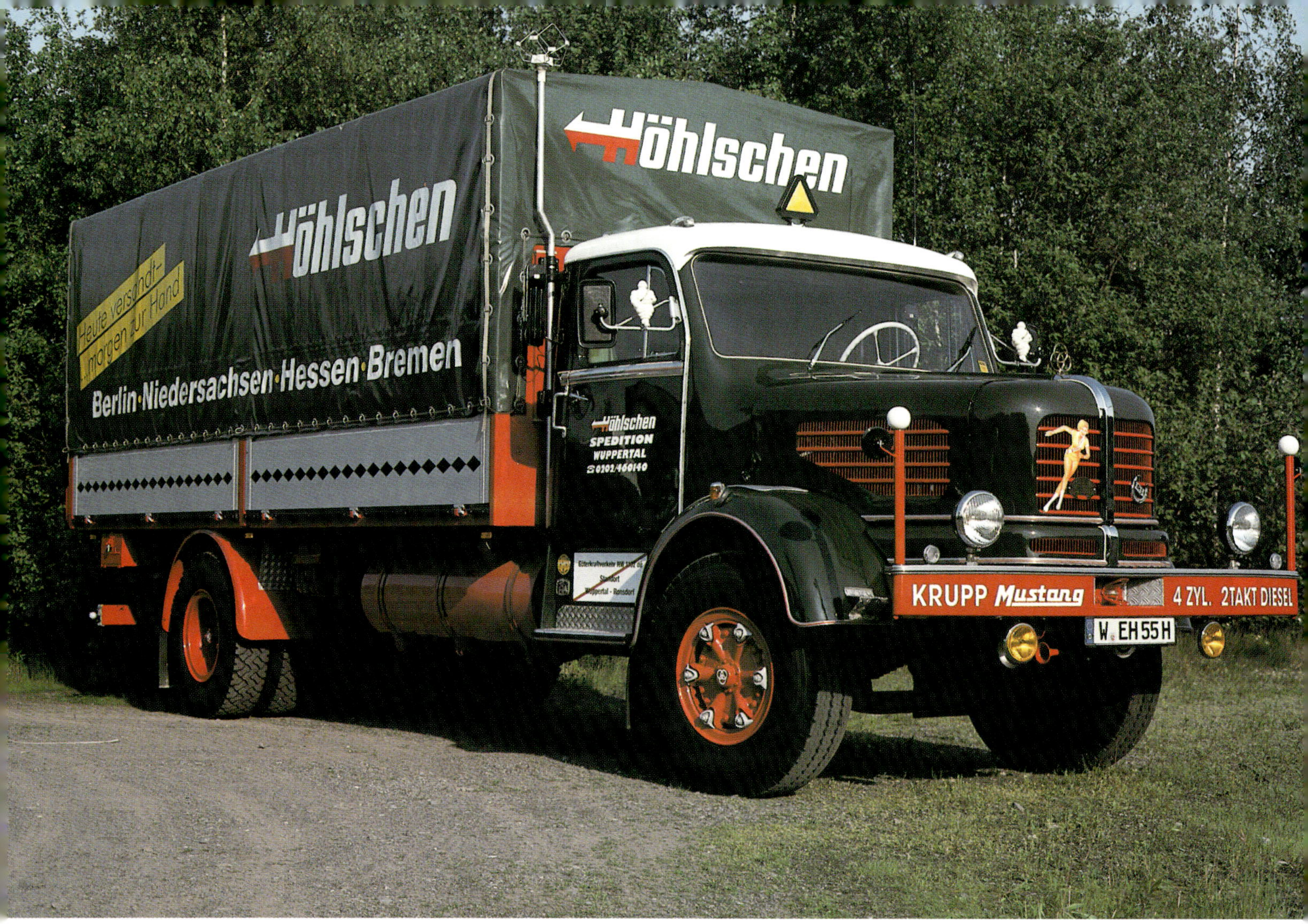
Höhlschen
Höhlschen
Berlin·Niedersachsen·Hessen·Bremen
Höhlschen
SPEDITION
WUPPERTAL
KRUPP Mustang
4 ZYL. 2TAKT DIESEL
W EH 55 H

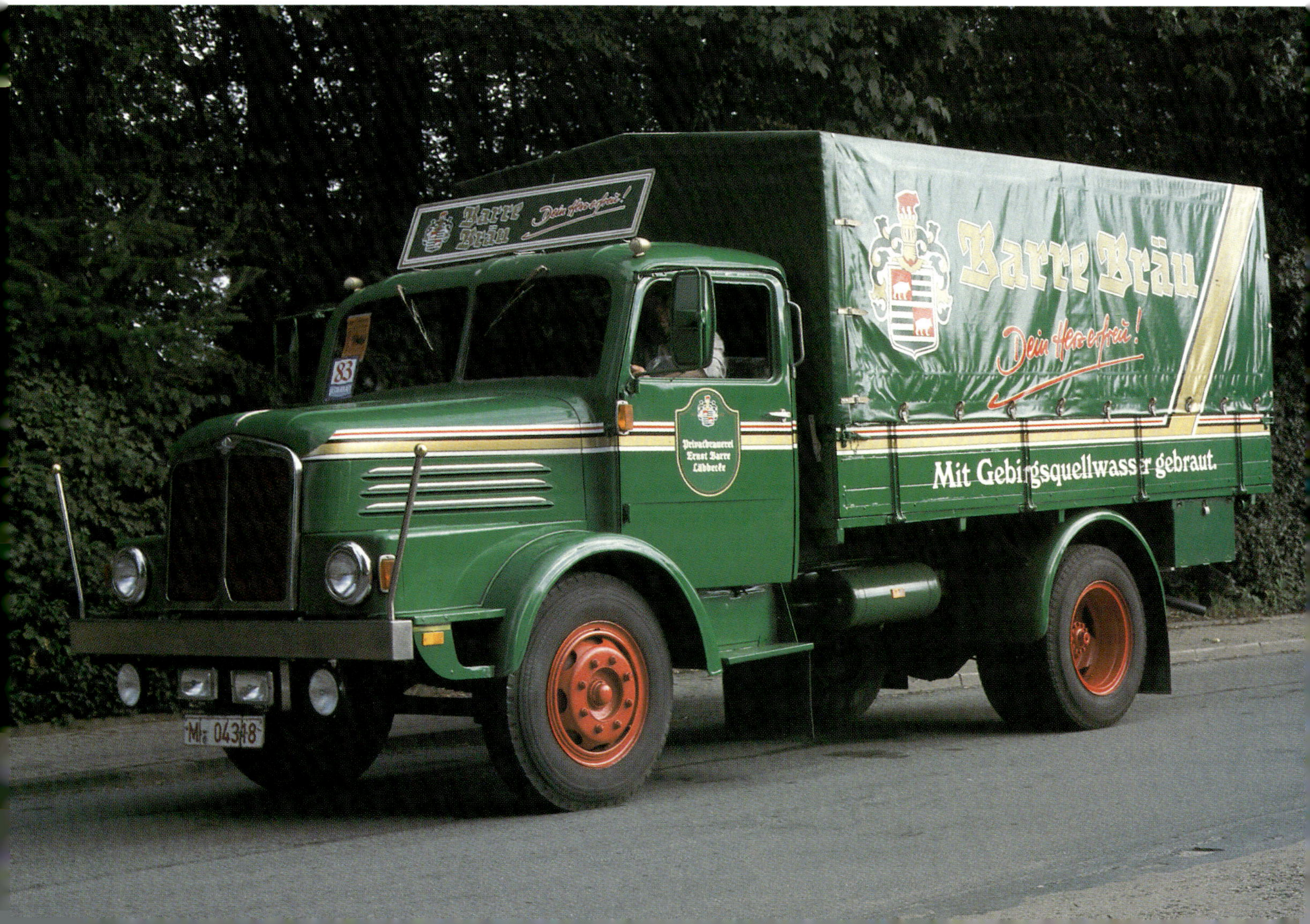
Barre Bräu
Barre Bräu
Mit Gebirgsquellwasser gebraut.

Links oben: Dieser mit Plane und Spriegel ausgerüstete Krupp-Mustang-Lkw des Typs 801 aus dem Jahr 1960, wurde von Ewald Höhlschen 1986 bei einem Schausteller in Zweibrücken ausfindig gemacht, der das Fahrzeug damals als Sattelzugmaschine einsetzte. Obwohl sich der Krupp noch im Einsatz befand und zugelassen war, muss-ten doch viele seiner Teile im Zuge der erforderlichen Totalrestaurierung erneuert oder ausgetauscht werden. Den 186 PS starken Motor und das Getriebe unterzog man einer kompletten Überholung. Auch die Antriebsräder für die Hinterachse mussten neu gedreht werden. Bei dieser Gelegenheit änderte man die Getriebeübersetzung, so dass der Krupp anstelle von früher 68, jetzt 93 km/h Höchstgeschwindigkeit erreichen kann. Der Tank wurde auf 400 Liter vergrößert und trug damit dem beabsichtigten Einsatzzweck, als voll fahrtauglicher Oldtimer auch Fernstrecken zurücklegen zu können, Rechnung. Sowohl bei Fahrerhaus als auch beim Pritschenaufbau waren Neuaufbauten fällig. Zum Schluss erhielt der Krupp dekorative Trilex-Räder. Die Arbeiten waren so umfangreich, dass sie erst sechs Jahre nach Erwerb des Fahrzeugs an dem nun chromblitzenden Oldtimer abgeschlossen werden konnten. Das gar nicht alt wirkende Fahrzeug kann, wenn Not am Mann ist, im regulären Alltagsbetrieb eingesetzt werden und Geld verdienen helfen. Daher wurde die Größe des Pritschenaufbaus auch bei diesem Fahrzeug an die Maße heutiger Euro-Paletten angeglichen.

Links unten: Ein bestens instand gesetzter, 1962 gebauter DDR-Lkw des Typs IFA S 4000-1 mit 4 t Nutzlast gehört zum mittlerweile recht beachtlichen Oldtimer-Fuhrpark der Brauerei Barre in Lübbecke. Der bei einem volkseigenen Betrieb im Dienst gestandene Lkw konnte kurz nach der Wende übernommen werden und wurde in der üblichen grünen Firmenlackierung wieder instand gesetzt. Der S 4000-1 besitzt den Vierzylinder-Wirbelkammer-Dieselmotor des Typs EM 4-22 mit 6024 cm^3 Hubraum, der 90 PS bei 2200 U/min leistet. In dieser Ausführung wurde das Modell bis 1967, dem Erscheinungsjahr des Frontlenkers IFA W 50, gefertigt.

Rechts: Frontansicht eines in den Niederlanden restaurierten Büssing-Commodore in der Export-Ausführung.

Unten: 1994 wurde die Restaurierung dieses schönen Büssing Commodore SS von 1963 von Gerhard Theis in Oberroßbach im Westerwald beendet, der schon seit jeher zur Marke Büssing – speziell aber zum Commodore – eine besondere Beziehung hatte. Bevor aber an die Wiederherstellung des früher als Muldenkipper gelaufenen Büssings herangegangen werden konnte, musste auf dem hauseigenen Grundstück eine Halle gebaut werden, in der

zwei Lkw Platz finden konnten. Als Ersatzteilspender dienten drei ähnliche Fahrzeuge, die – neben vielen Blechteilen – Chassis, Fahrerhaus, Achsen und Antrieb nach ihrer Demontage lieferten und so dazu beitrugen, aus dem verrosteten Büssing wieder ein schmuckes Fahrzeug machen zu können. Besonderer Wert wurde auf die originalgetreue Aufarbeitung als Pritschenwagen gelegt, bei der auf jedes Detail geachtet wurde. Ein zum Fahrzeug passender Dreiachsanhänger wurde ebenfalls restauriert. Der langhaubige Commodore von Büssing ist mit dem wassergekühlten Sechszylinder-Wirbelkammer-Vorkammer-Diesel des Typs S 11/200 bestückt, der aus 11413 cm^3 Hubraum eine Leistung von 192 PS herausholen kann.

Oben: Ein ausgesprochener Fernverkehrslastwagen der beginnenden 60er Jahre war der ansehnliche Büssing LU 11/16 Commodore, der bei vielen Speditionsbetrieben in Deutschland Verwendung fand. Dieser schwere, mit 192 PS sehr leistungsstarke Frontlenker war in dieser Branche sehr beliebt und verbreitet und gehörte damals zum typischen Erscheinungsbild auf Autobahnen und Fernstraßen, bevölkerte Speditionshöfe und Rastplätze. Büssing war mit diesem Unterflurmodell ein ganz großer Wurf gelungen, man erreichte damit zeitweise bis zu 50 % Marktanteil bei Fernverkehrsfahrzeugen. Der hervorragend restaurierte Lastkraftwagen dieses Typs – Baujahr 1963 – gehört der Dortmunder Spedition Fuest, die den Wagen vor einigen Jahren in einem total heruntergekommenen Zustand von einem auf Schwertransporte spezialisierten Betrieb im Raum Zweibrücken übernehmen konnte. Zuvor befand sich das Fahrzeug viele Jahre im Werksverkehr der Firma John Deere, Mannheim, im Einsatzdienst. Man benötigte ungefähr zwei Jahre, um aus dem abgetakelten Frontlenker wieder ein vorzeigbares Fahrzeug zu machen. Dabei wurden sowohl Fahrerhaus, als auch die Aurepa-Pritsche neu aufgebaut. Der Aufwand hat sich gelohnt, denn der Commodore sieht sprichwörtlich wie aus dem Ei gepellt aus. Ein Dreiachsanhänger befindet sich zur Zeit noch in Arbeit.

Rechte Seite oben: Als das traditionsreiche Backnanger Unternehmen Kaelble endlich zu Beginn des Jahres 1962 – nach einer durch die Seebohmschen Gesetze verursachten mehrjährigen Entwicklungspause für neue Lkw-Modelle – mit dem Frontlenker-Fernverkehrslastwagen K 652 LF am Markt auftrat, war das Rennen für Kaelble eigentlich schon gelaufen. Die Mitbewerber hatten auf die 1960 erfolgten Veränderungen des Gesetzgebers schneller mit Neukonstruktionen reagiert. Dadurch verlor Kaelble viele Kunden. Gerade 50 Exemplare dieses Typs, mit einem Sechszylinder-192-PS-Vorkammer-Dieseltriebwerk mit 11945 cm³ Hubraum, verließen bis 1964 die Backnanger Werkshallen. Zwei 1963 gebaute Lastwagen dieses Typs befanden sich im Werksverkehr der Firma Kaelble noch bis Ende der 70er Jahre im Einsatz und konnten schließlich von Paul-Christian Unschuld in Aachen übernommen werden. Dieser übereignete 1988 beide Fahrzeuge Wolfgang Albers in Hamburg, der als Ergebnis seiner Restaurationsbemühungen im Sommer 1996 ein Exemplar fertig stellen konnte. Die Arbeiten wurden durch den Restaurator Christian Kunad und durch die Backnanger Karosseriefirma Knapp & Söhne, die bereits 1963 das Fahrerhaus erstellt hatte, durchgeführt. Im Dezember 1997 erfolgte der Verkauf des Wagens an Anton Brüggemann in Warendorf, der das Chassis verlängerte und einen ganz neuen, als Wohnmobil ausgebauten Aufbau erstellen ließ. Bereits im Frühjahr 1998 waren die Arbeiten durchgeführt, und durch die rege Teilnahme des Ehepaars Brüggemann an vielen Nutzfahrzeug-Oldtimertreffen wurde der schöne Kaelble in der Szene bald recht bekannt. Interessierten Kreisen sei an dieser Stelle verraten, dass sich auch ein entsprechender Anhänger in Arbeit befindet.

Rechte Seite unten: Ein echter Tausendfüßler mit Wackenhut-Fahrerhaus, noch dazu aus dem Museumsfahrzeugbestand von DaimlerChrysler, präsentiert sich hier bei der Ausfahrt beim Wörnitzer Treffen des Jahres 1997. Der Mercedes-Benz LP 333, der wegen seiner beiden lenkbaren Vorderachsen auch Tausendfüßler genannt wurde, war ein typisches Produkt der Seebohmschen Gesetzgebung, die Maße und Gewichte der Lastzüge willkürlich begrenzte, um den Lkw-Verkehr künstlich zu drosseln und damit die Bundesbahn stärker zum Zuge kommen zu lassen. Diese neuen Verordnungen brachten für das Transportgewerbe und die Lkw-Industrie drastische Einschränkungen und Veränderungen mit sich, verhalfen andererseits aber den Frontlenkermodellen zu einem schnellen Durchbruch. Der mit dem Sechszylinder-Dieselmotor des Typs OM 326 mit 200 PS Leistung und 10809 cm³ Hubraum bestückte Frontlenker konnte bei einem zulässigen Gesamtgewicht von 16 t eine Nutzlast von 9 t befördern. Mit einem 16-Tonnen-Anhänger konnte er also auch in der Zeit vor 1960, dem Jahr, in dem die strengsten Bestimmungen endlich wieder gemildert wurden, als 32-t-Zug fahren. Vom Tausendfüßler – früher in großen Stückzahlen gefertigt – gibt es nur noch ganz wenige Fahrzeuge in Deutschland, so dass man dieses mustergültig restaurierte Exemplar durchaus zu den Raritäten unter den noch vorhandenen historischen Lkw-Typen zählen kann.

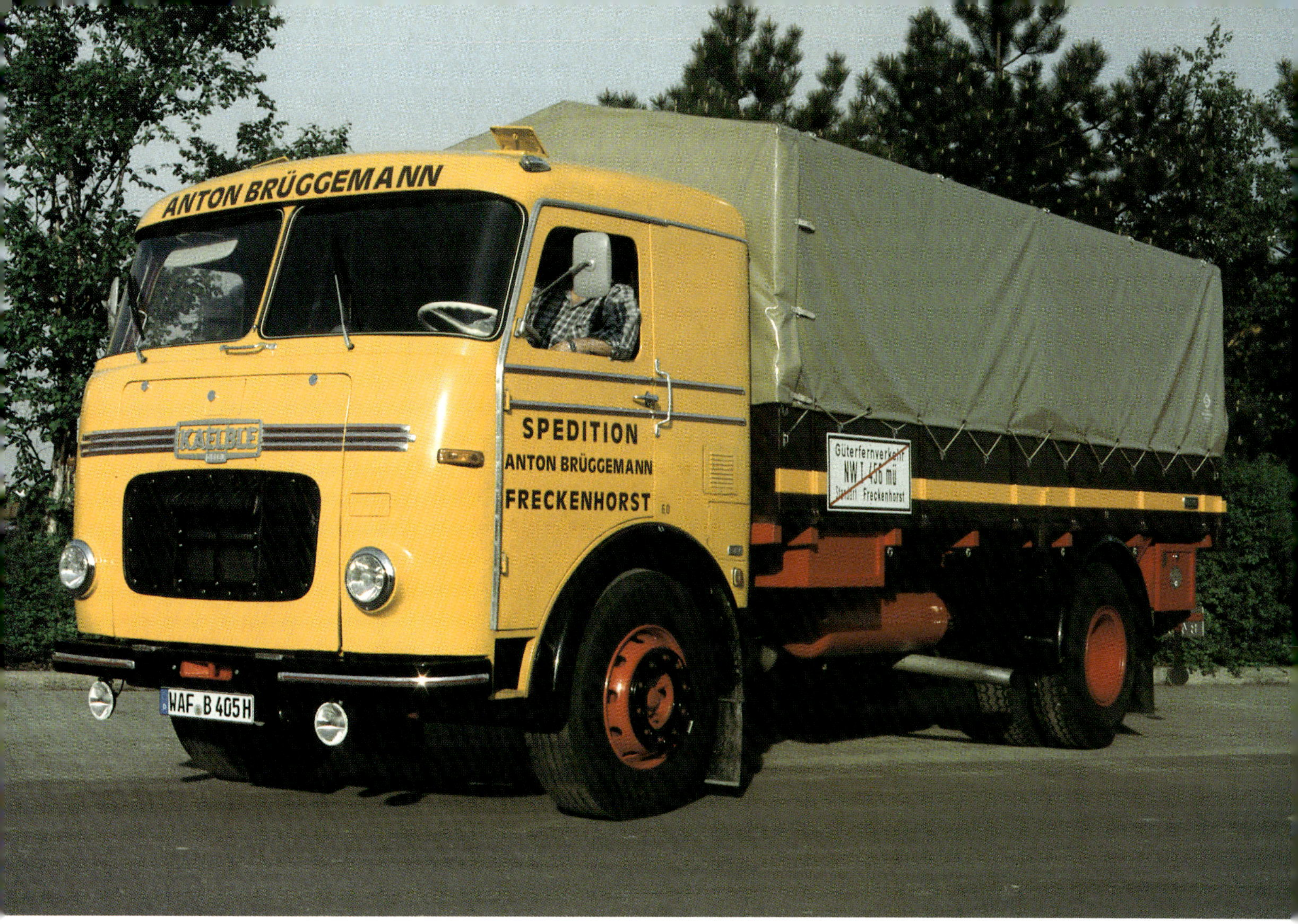
ANTON BRÜGGEMANN
SPEDITION
ANTON BRÜGGEMANN
FRECKENHORST
WAF B 405H

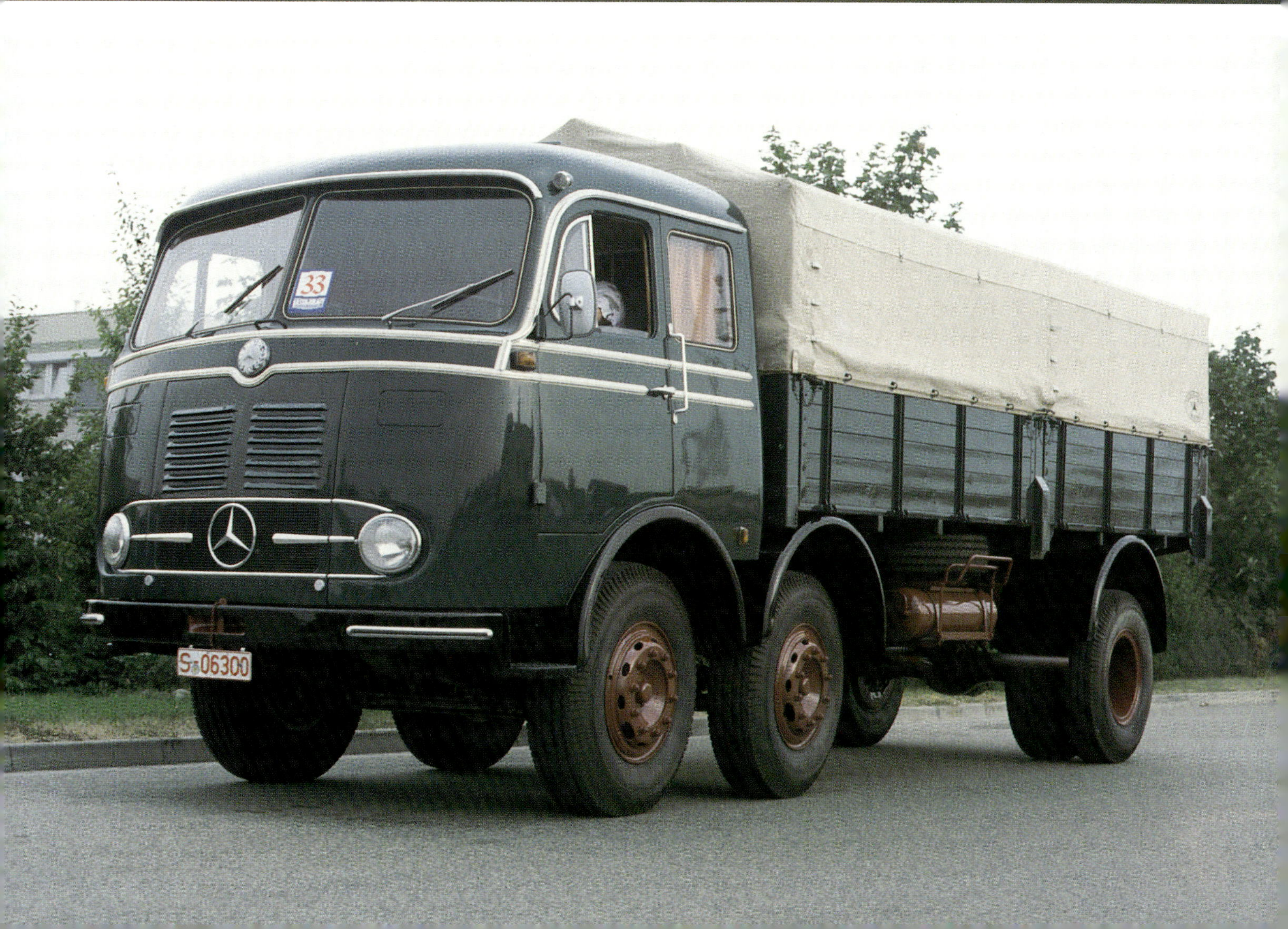
33
S 06300

Unten: Ein schwerer Fernlastwagen war der Büssing BS 16 L, ein 1968 vorgestellter 16-t-Lkw, der mit dem wassergekühlten Sechszylinder-Direkteinspritz-Unterflur-Diesel des Typs U 12 D mit 12316 cm³ Hubraum und, ab 1971, mit einer Motorleistung von 320 PS (mit Abgas-Turboaufladung) ausgerüstet war. Die ab 1969 verwendeten neuen Fahrerhäuser unterschieden sich von den vorherigen durch den Wegfall des traditionellen Büssing-Markenemblems, der verchromten, an der Front angebrachten so genannten „Spinne". Den Hinweis auf die Markenzugehörigkeit gab neben dem Namenszug auf der Front nur noch ein in ein Rechteck gesetzter Löwe. Der Büssing gehört dem Spediteur Franz Lipperts in Birgden bei Gangelt, der ihn 1972, zum Ende der Büssing-Fertigung, für seinen Betrieb erwarb und ihn immer selbst steuerte. In seiner aktiven Dienstzeit legte der Wagen über 1,2 Mio. Kilometer zurück. Bei 800000 Kilometer musste der Motor wegen eines Lagerschadens ausgetauscht werden. Ansonsten ist bei diesem Fahrzeug alles noch im Originalzustand.

Rechte Seite oben: In den 50er Jahren waren die Rüsselsheimer Opel-Werke bekanntlich Marktführer im Bereich der leichten Lastkraftwagen. Nicht zuletzt durch die Tatsache, dass sich bei Opel – ganz im Gegensatz zur Konkurrenz – kein verbrauchsgünstiger Dieselmotor im Angebot befand und das Unternehmen weiterhin allein auf die Vergaserbauweise setzte, ging diese führende Position in den folgenden Jahren verloren. Auch alle nachfolgenden Versuche, mit neuen Modellen verlorenes Terrain wieder wett zu machen, führten langfristig zu keinem Erfolg. Seit 1968 gab es daher den optisch aktualisierten Opel-Blitz 2,1 bzw. 2,4 t wahlweise auch mit einem Peugeot-Dieseltriebwerk. Aus dem Jahr 1972 stammt dieser Opel-Blitz 2,4 t, der mit einem herkömmlichen Sechszylinder-Vergasermotor mit Wasserkühlung, 2490 cm³ Hubraum und 80 PS Leistung, die bei 4500 U/min erreicht wurden, ausgerüstet ist. Das Fahrzeug war ursprünglich ein Feuerwehrfahrzeug und lief zum Schluss als Straßensprengwagen im Raum Aschaffenburg, bevor es 1997 von der jetzigen Besitzerin, der Firma Knetsch in Mettmann, übernommen wurde. Nachdem der Wagen sowohl technisch als auch optisch überholt und ein Pritschenaufbau mit Plane und Spriegel erstellt worden war, wird dieser Oldtimer noch heute im Betrieb eingesetzt.

Rechte Seite unten: Zwischen 1963 und 1970 befand sich das Daimler-Benz-Kurzhauben-Modell L 710, das für 4 t Nutzlast ausgelegt war, in der Fabrikation. In diesem mittelschweren Lastkraftwagen kam ein Sechszylinder-Direkteinspritz-Diesel mit 100 PS und 5675 cm³ Hubraum zum Einbau. Den L 710 gab es als Pritschenwagen, Kipper, Sattelschlepper sowie in Allradausführung. Dieses Exemplar, von seinem Besitzer Alexander Jöst in Mannheim liebevoll „Der Königsbacher" genannt, wurde vom Daimler-Benz-Werk Wörth am 11.7.1967 an eine Getränkegroßhandlung in Koblenz ausgeliefert und dort im November 1984 abgemeldet. Jöst entdeckte den Lkw genau drei Jahre später bei einem Mannheimer Lkw-Händler und konnte den noch in recht gutem Zustand befindlichen Lkw, bei dem nur eine Reparatur im Bereich der Vorderachse erforderlich war, für wenig Geld vor der Verschrottung retten und zum Einsatz im Güternahverkehr seines Fuhrgeschäftes heranziehen. Bei den Fahrern war der „Königsbacher" trotz fehlender Servolenkung sehr beliebt und daher gerne gefahren. 1993 wurde der Lkw auf 3,5 t Nutzlast abgelastet. Überwiegend erfolgte der Einsatz des Lkw im Dienst der bahnamtlichen Rollfuhr im Stückgutverkehr für die Güterabfertigung. Im Juni 1999 ist der Lkw bei einem Kilometerstand von 400000 mit der ersten Maschine stillgelegt worden.

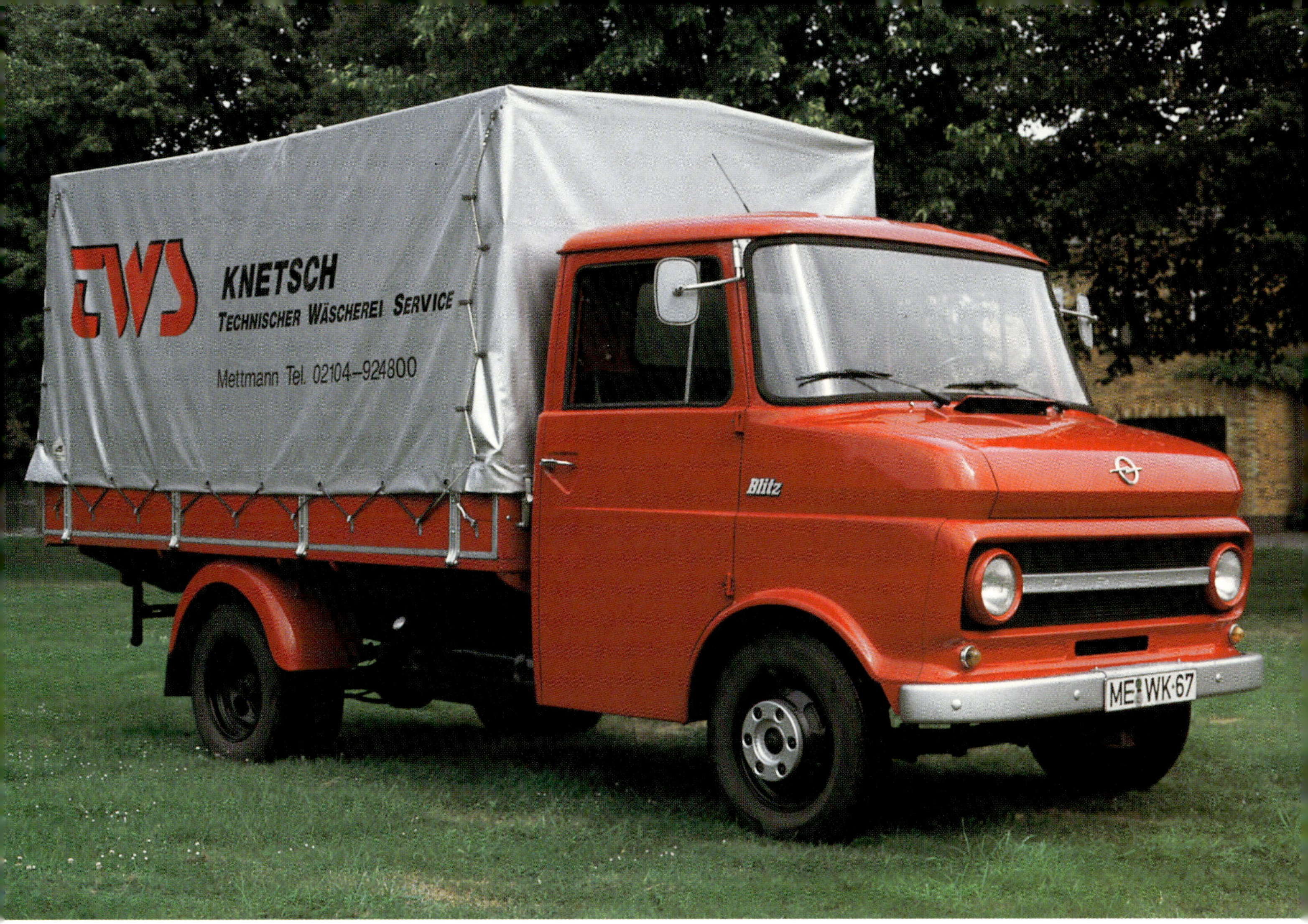
KNETSCH
TECHNISCHER WÄSCHEREI SERVICE
Mettmann Tel. 02104–924800
Blitz
ME WK 67

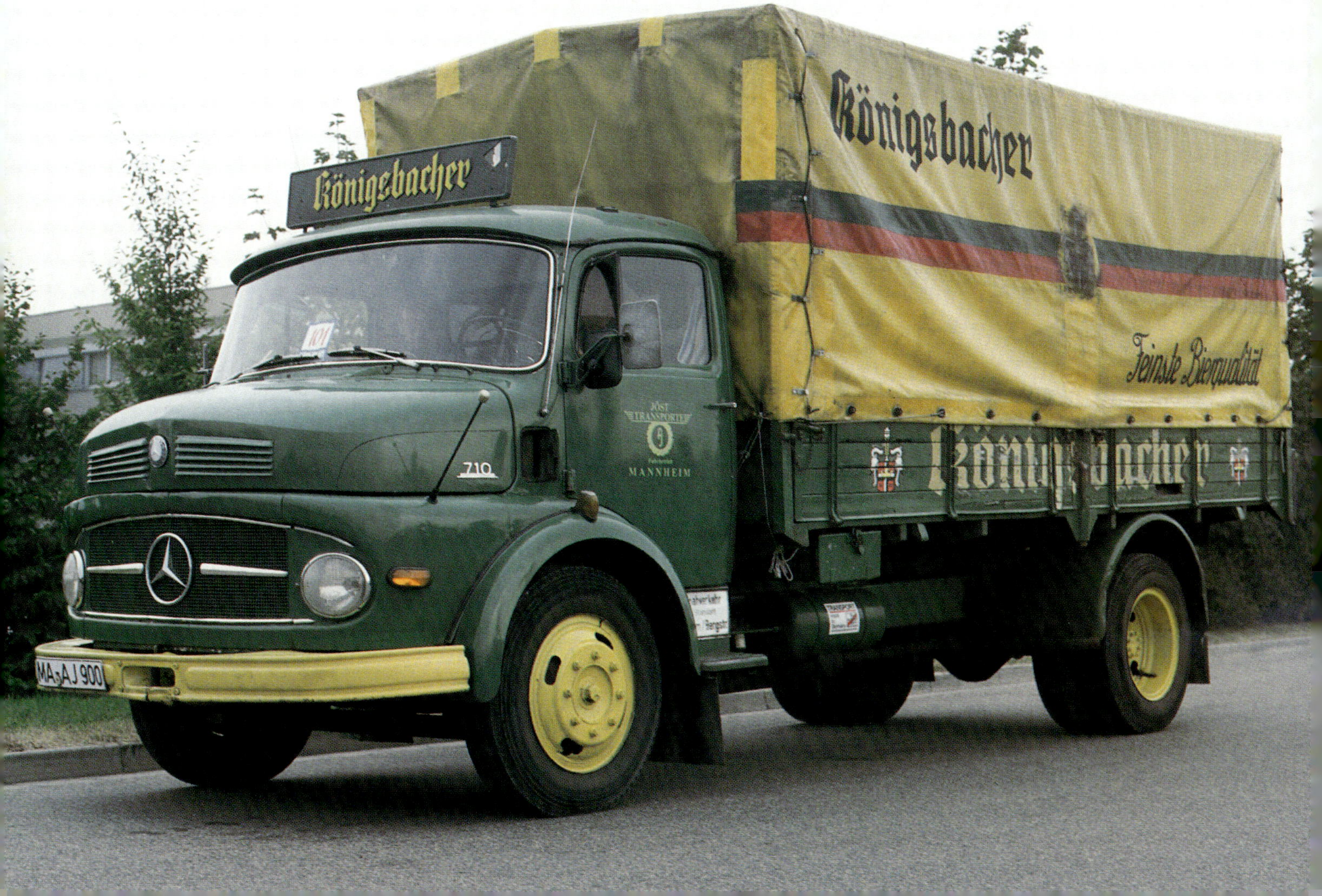
Königsbacher
Königsbacher
Feinste Bierqualität
710
MANNHEIM
MA AJ 900

Aus dem dreiachsigen Allradwagen HS 22 bzw. HS 26 hervorgegangen sind die ab 1967 als H 221 bzw. H 261 bezeichneten Modelle, die mit neuen wassergekühlten Sechszylinder-Direkteinspritz-Dieselmotoren mit 11943 cm³ Hubraum und 230 PS Leistung bestückt wurden. Die Ausführung H 261 kam für den Betrieb im Gelände mit 26 t zulässigem Gesamtgewicht (im Straßenverkehr nur mit Ausnahmegenehmigung einsetzbar) zur Verwendung. Dieser von Werner Wehmeier, einem Spediteur in Dinslaken, restaurierte und für den schweren Baustelleneinsatz vorgesehene H 261 aus dem Jahr 1968, befand sich ursprünglich im Raum Bad Oeynhausen im Einsatz und ist hier auf einem Treffen des Jahres 1988 zu sehen. Mittlerweile ist der Wagen an einen kleinen ostfriesischen Gartenbaubetrieb abgegeben worden, wo er noch eine Zeit lang aktiv verwendet wurde.

Erstmals auf der IAA 1963 stellte die Daimler-Benz AG mit der Typenbezeichnung L 2220 einen schweren dreiachsigen Baustellenkipper vor, der für 22 t zulässiges Gesamtgewicht ausgelegt war und im Gelände auch mit 26 t belastet werden konnte. Aus diesem Modell hervorgegangen ist der seit 1969 lieferbare Typ L 2624, der mit dem wassergekühlten Sechszylinder-Direkteinspritz-Diesel OM 355 mit 11580 cm³ Hubraum und 240 PS Leistung ausgerüstet ist. Der schwere Dreiseitenkipper, den es auch für verschiedene Sonderaufbauten im Baubetrieb, z. B. als Betonmischer oder in der Ausführung als dreiachsige Sattelzugmaschine für Auflieger-Kippmulden oder Betonmischer-Auflieger gab, wurde ab 1973 im ehemaligen Henschel-Werk Kassel gefertigt, wo die Lkw-Produktion bis zum Jahr 1980 aufrecht erhalten wurde. Dieser L 2624 mit Trilex-Rädern aus dem Jahr 1971 gehört der Firma Ernst Rommel & Sohn in Fellbach-Schmiden in der Nähe von Stuttgart.

Mit 26 t zulässigem Gesamtgewicht schon ein gewichtiges Baustellenfahrzeug ist dieser mit Kippmulde ausgerüstete dreiachsige Magirus-Eckhauber vom Typ 210 D 26 AK 6x6 aus dem Jahr 1967, den Harald Kilper, Inhaber eines kleinen Transportbetriebes in Rutesheim, auftreiben konnte und unter Verwendung zahlreicher Neuteile und mit viel Eigenarbeit zusammen mit seinem Bruder restaurierte. Dadurch konnten die Kosten des Projektes in überschaubaren Grenzen gehalten werden. Der bullige Eckhauber gehört damit zu den wenigen erhaltenen Fahrzeugen dieses Typs. Bis auf die in Eigenarbeit angefertigten Bordwände und die für schlauchlose Bereifung ausgelegten Felgen entspricht der Magirus dem Originalzustand. Der so wiederhergestellte Eckhauber ist selbstverständlich voll alltagstauglich.

Den schweren Dreiachs-Frontlenker F 221 von Henschel, der mit einer kippbaren Fahrerkabine ausgerüstet ist, gab es nicht nur als Pritschenwagen, als Sattelzugmaschine oder mit Sonderaufbauten, sondern auch als 6x4-Dreiseitenkipper (Ausführung F 221 K) für Erdbewegungen mit einer Motorleistung von bis zu 230 PS (ab 1969 sogar 240), die aus dem wassergekühlten Sechszylinder-Direkteinspritz-Diesel mit 11943 cm^3 Hubraum herausgeholt wurden. Der F 221 konnte 13,5 t befördern. Diese Modellreihe befand sich zwischen 1967 und 1974 in der Fertigung. Im 1968 wurde dieser vorzüglich restaurierte F 221 K gebaut, der an einem Fahrzeugtreffen im August 2000 teilnahm. Sein Besitzer, Gerd Sköries in Dransfeld, konnte den schweren Dreiachser 1989 bei einem Kilometerstand von rund 680000 von einem Göttinger Beton- und Kieswerk übernehmen. Das Fahrzeug besitzt nun einen Austauschmotor und ist seit 1993 äußerlich und innerlich topfit wieder hergestellt.

Oben: Dieser Henschel-HS-90-Anhängerzug aus dem Jahr 1957 gehört Piet van Berne, Inhaber der gleichnamigen Spedition in der Nähe Nijmegens in den Niederlanden. Der kleine Frontlenker, der mit einem 90 PS starken Unterflurdieselmotor ausgerüstet ist, begann seine Laufbahn als Vorführfahrzeug bei der Henschel AG in Kassel. Zwei Jahre später funktionierte man den Pritschenwagen zum Kipper um und verkaufte ihn an einen Kohlenhändler in Bad Wildungen, wo er sich bis 1990 im Einsatz halten konnte. Piet van Berne erwarb das Fahrzeug 1992 und konnte sich noch ein zweites, als Ersatzteilspender vorgesehenes Exemplar dieses Typs in seinem Heimatland sichern. Da der Hauptrahmen des holländischen Lkw für die Restaurierung verwendet wurde, behielt der Henschel sein ursprüngliches niederländisches Kennzeichen, wie es in diesem Land üblich war. 1996 war die Wiederherstellung dieses kleinen, wieder zu einem Pritschenwagen mit Mahagoni-Ladepritsche umgerüsteten und durch einen 1952 gebauten DAF-Anhänger komplettierten Frontlenkers abgeschlossen. Im Übrigen ist dies zumindest der einzige betriebsfähige Lkw dieses Typs, der bis heute erhalten blieb.

Unten: Dieser 1967 gebaute Krupp-KF-980-Frontlenker-Kipper mit 3,70-m-Radstand und 16 t zulässigem Gesamtgewicht befand sich noch Ende der 80er Jahre bei einem Fuhrbetrieb im Raum Bad Ems an der Lahn im Einsatz. Das Fahrzeug war mit dem Krupp-Cummins-V-8-Diesel des Typs V 8-265 mit 12850 cm³ Hubraum und 265 PS Leistung bestückt und war hier mit einem einfach bereiften Zweiachsanhänger Anfang der 90er Jahre zu einem Krupp-Treffen nach Essen gekommen.

Oben: Zur Gattung der Kurzhaubenmodelle gehörte der zwischen 1970 und 1973 bei der MAN im Verkaufsprogramm befindliche Hauben-Schwerlastwagen des Typs 13.256 H, der mit dem MAN-D-2156-MT-2-Sechszylinder-Direkteinspritz-Dieselmotor mit Abgas-Turbolader und 10344 cm³ Hubraum ausgerüstet war. Leistungsmäßig erreichte das Triebwerk dieses stilistisch überarbeiteten Kurzhaubers 256 PS bei 2200 U/min. Sehr verbreitet war dieser robuste, klassische MAN als Kipper in der Bauwirtschaft, wozu auch das hier abgebildete Fahrzeug – ein 1970 gebauter MAN 13.256 HK, der mit einem zweiachsigen Schenk-Anhänger aus dem Jahr 1964 gekuppelt ist – gehört. Der Motorwagen wurde von der Firma Greß GmbH & Co. KG, Leonberg, für Kiestransporte, vornehmlich auf der Route von Stuttgart nach Karlsruhe, eingesetzt. 1979 wechselte der Kipper seinen Besitzer und wurde bei Straßenbauarbeiten im Raum Stuttgart aufgebraucht. 1992 konnte die Firma Greß ihren alten Lkw bei einem Gebrauchtwagenhändler in Plochingen zurückkaufen und unterzog ihn einer Generalüberholung, bevor man ihn auf Fahrzeugtreffen den kritischen Augen des fachkundigen Publikums aussetzte. Der bis zu 92 km/h schnelle Kipper kann 8,4 t, der Anhänger 11,5 t Nutzlast befördern, womit ein zulässiges Lastzuggewicht von 32 t erreicht wird.

Unten: Ein sauber restaurierter, mit einem doppelbereiften Zweiachsanhänger gekuppelter Mercedes-Benz-LP-328-Frontlenker ist hier zu sehen. Dieser mittelschwere Lastkraftwagen mit zulässigen Gesamtgewicht von 9 t und seinem modern geformten Ganzstahlfahrerhaus mit gerundeter, einteiliger Panorama-Frontscheibe wurde zwischen 1961 und 1963 gebaut und war noch mit einem sechszylindrigen 110-PS-Vorkammer-Dieseltriebwerk mit 5100 cm³ Hubraum bestückt. Der Wagen war auf dem Kasseler Nutzfahrzeugtreffen im August 2000 zu sehen. Von Ingo Coners in Rekenfeld wurde eine überzeugende Restaurierungsarbeit geleistet. Beispielhaft, wie er den Oldtimer in den Originalzustand zurückversetzte.

Kein Uneingeweihter wird vermuten, dass sich hinter diesem Büssing 5000 S mit seinen zwei Anhängern zuletzt ein TroLF 2500 der Werkfeuerwehr Glanzstoffwerke Enka AG, Heinsberg-Oderbruch, verbirgt. Auch vor 20 Jahren, als es sich noch im Einsatz befand, war dieses seltene Löschfahrzeug nur einer Handvoll auf Feuerwehrfahrzeuge spezialisierter Fotografen und Sammler bekannt. Der Wagen hatte eine wechselvolle Zukunft vor sich, als er im Oktober 1948 als Lastkraftwagen von den Wuppertaler Glanzstoffwerken in Dienst gestellt wurde. Schon kurze Zeit später erfolgte die Abgabe an das Zweigwerk in Oberbruch, wo der Büssing zwischen 1962/63 von der Firma Total in Ladenburg zu einem Pulverlöschfahrzeug für die Werkfeuerwehr umgebaut wurde. In diesem Zustand blieb dieses Einzelstück bis zum Sommer 1990 im Einsatz. Als Franz Lipperts in Birgden davon erfuhr, überlegte er, den alten Büssing im Tausch gegen einen gebrauchten Lastwagen seines Fuhrparks zu erwerben. Seine beiden Söhne aber kamen ihm zuvor und schenkten ihm den betagten Büssing zu seinem 65. Geburtstag. Der Wagen war – dank der guten und regelmäßigen Wartung und Pflege bei der Werkfeuerwehr – noch einigermaßen gut erhalten. In den folgenden zwei Jahren investierten Lipperts und seine Söhne nahezu jede freie Minute, einzig und allein zu dem Zweck, den wieder zu einem Pritschenwagen umzubauenden Veteran in neuem Glanz erstrahlen zu lassen. Der Büssing wurde bis zur sprichwörtlich letzten Schraube demontiert und akribisch restauriert. Wie man sieht, ist dies sehr gut gelungen. Mit den beiden dazu passenden Anhängern entstand ein Lastzug, wie er gemäß der Straßenverkehrsordnung bis zum Jahr 1953 verkehren durfte. Hier ist der Zug bei der Ausfahrt anlässlich des Veteranentreffens von 1997 in Birgden zu bewundern.

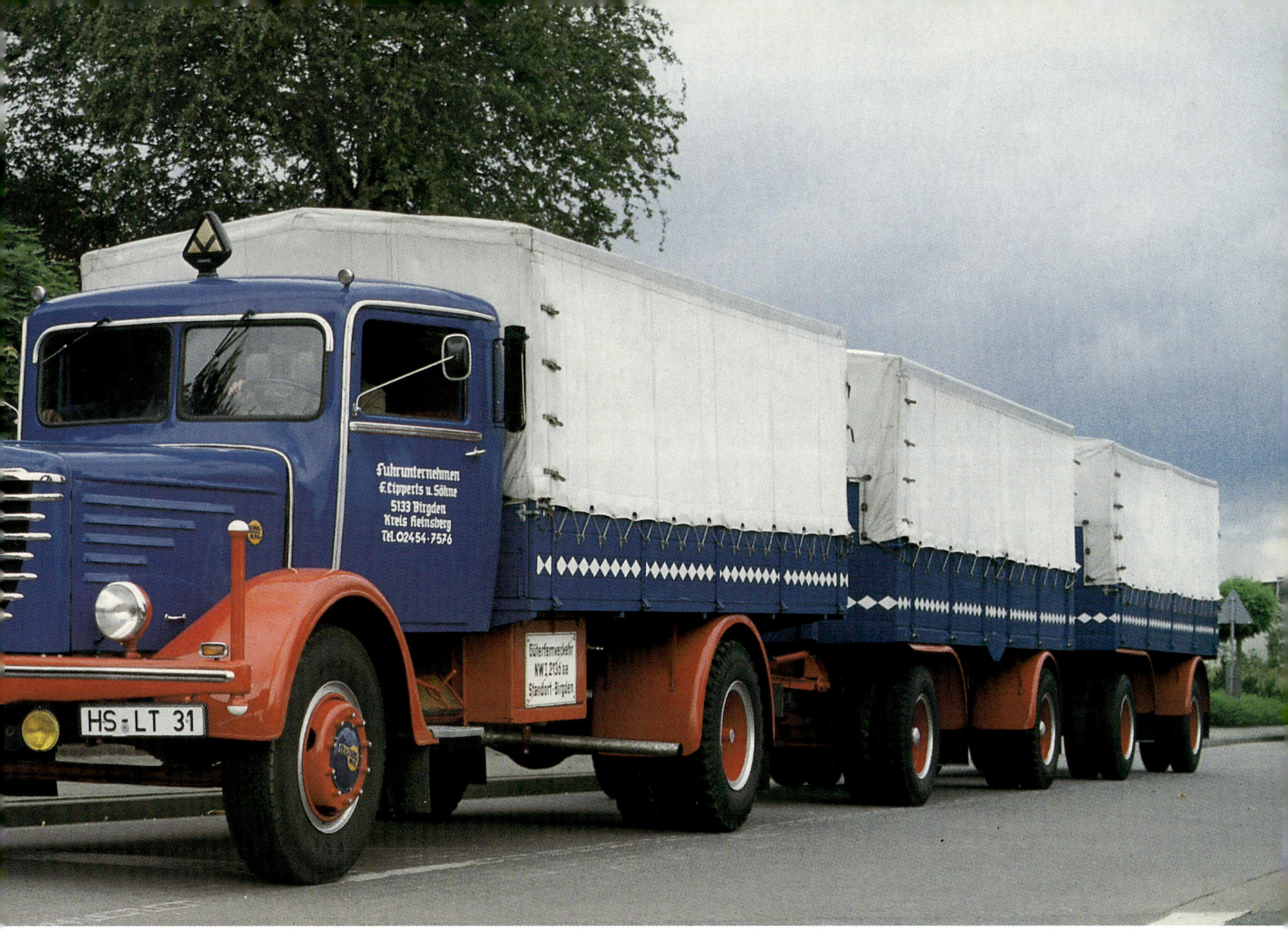
Fuhrunternehmen
F. Lipperts u. Söhne
5133 Birgden
Kreis Heinsberg
Tel. 02454-7576
HS-LT 31
Güterfernverkehr
NW I 2136 aa
Standort-Birgden

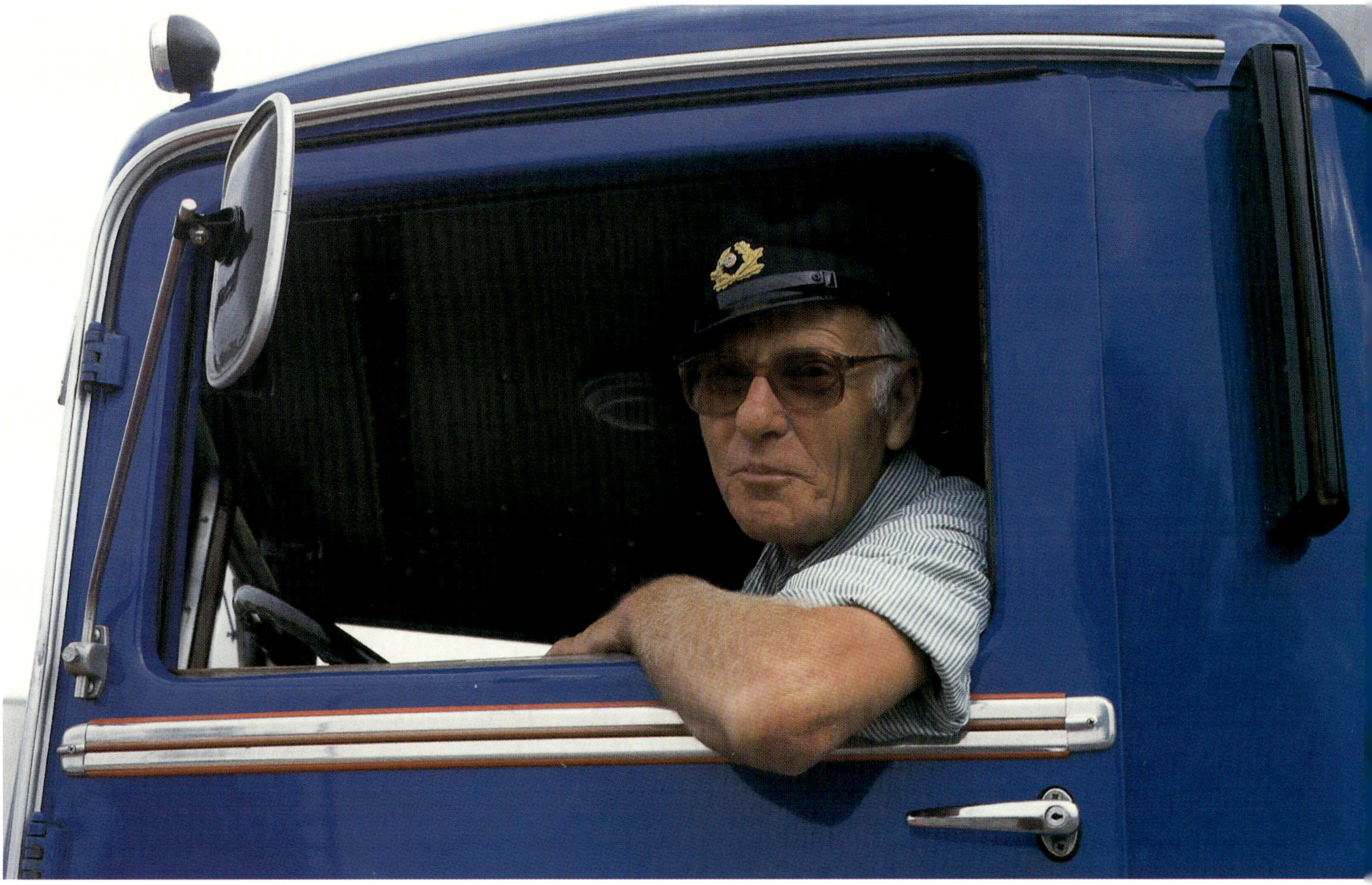

Dieser 1957 für die Westberliner Spedition Otto Lantermann erstmals zugelassene Krupp-Mustang-Fernverkehrszug wurde nach nur kurzer Einsatzzeit auf einer Interzonenfahrt zwischen Helmstedt und Berlin wegen eines im Grunde genommen nur geringfügigen Vergehens von den DDR-Grenzorganen beschlagnahmt. Aber die Beförderung einer kleinen Sendung Tränengas-Wurfkörper für die Westberliner Polizei bedeutete für die sozialistischen Machthaber Anlass und einen willkommenen Grund dafür, den fast nagelneuen Lastzug festzuhalten und ersatzlos zu beschlagnahmen. Der Zug wurde zunächst dem Ostberliner VEB Kraftverkehr zur Verwendung zugeteilt, wo er in den folgenden Jahren den Brüdern Horst und Günter Kemper, die den Krupp später wieder übernehmen sollten, und damals als Fahrer der zum Rheinisch-Westfälischen-Frachten-Kontor (RWFK) gehörenden Spedition Lantermann eingesetzt waren, ziemlich regelmäßig auf der Transit-Autobahn zwischen Berlin und Helmstedt begegnete. Irgendwann Ende der 70er Jahre aber verlor sich seine Spur, bis der Krupp im Fuhrpark eines kleinen, privaten Speditionsbetriebes in Laußnitz nördlich von Dresden, der noch verschiedene Oldtimer-Lastwagen aus dem Westen, u. a. zwei Krupp Titan, regelmäßig einsetzte, gesichtet wurde. Auch als Filmrequisit des DEFA-Studios in Babelsberg, fand der Mustang Verwendung. Nach der Wende gelangte der Krupp auf nicht mehr rekonstruierbaren Wegen in den Westen und von dort zu einem holländischen Lkw-Sammler, der den Krupp nur deshalb an Horst Kemper zurückgab, weil dieser den Nachweis führen konnte, dass es dasselbe Fahrzeug war, das seinerzeit der Spedition Lantermann gehört hatte. Der Krupp war mittlerweile schon sehr stark heruntergekommen, die Pritsche war entfernt worden und jede Menge Rost zierte den alten Veteran. In den nächsten zwei Jahren wurde der Patient auf der Intensivstation der Berliner KGV/Scania-Vertretung bis zur buchstäblich letzten Schraube auseinander genommen und alle Einzelteile auf Herz und Nieren überprüft. Motor und Getriebe mussten ausgetauscht werden (hier half mit entsprechenden Ersatzteilen Helmut Hoffmann in Oberhausen) und auch viele andere Teile waren nicht mehr zu verwenden. Anfang 1994 wurden diese Arbeiten, ebenso wie die Restauration eines dreiachsigen Eylert-Anhängers, beendet, und seither hat der beeindruckende Krupp-Fernverkehrszug an vielen nationalen sowie auch grenzüberschreitenden Veranstaltungen teilgenommen.

Diesen ansehnlichen, mit viel Chrom versehenen, in manchen Teilen allerdings nicht dem Originalzustand entsprechend gestalteten Magirus-S-6500-Rundhauber-Fernverkehrslastzug ließ der bekannte Wuppertaler Spediteur und Fahrzeugsammler Ewald Höhlschen im Jahr 1999 restaurieren. Dieser Typ war auch in den 50er Jahren im Fuhrpark seiner Spedition vertreten gewesen. Daher war Höhlschens Wunsch durchaus verständlich, dass er diesen bislang einzig erhaltenen Fernverkehrs-Rundhauber mit seinem 175 PS starken, luftgekühlten V-8-Triebwerk entstehen ließ. Während das Chassis von einer früher bei der Berufsfeuerwehr Stuttgart beheimateten mechanischen DL 30 stammte, kam das Fahrerhaus eines Feuerwehr-Hilfsrüstkranwagens aus dem Saarland zur Verwendung, das den Vorteil hatte, dass es weitgehend der ursprünglichen Bauart der Fernverkehrskabinen entsprach. Diese vielen unterschiedlichen Komponenten mussten im Zuge der aufwendigen Restaurierungsarbeiten an das neu zu entstehende Fahrzeug angepasst werden, was sehr viel Arbeit bereitete. Ein instandsetzungsintensiver Motorschaden war dann zu allem Überfluss noch zu beheben. Bis auf die reichlich tief angebaute Pritsche und die Höhlschen-typischen Kunststoffplanen und Alubordwände, über deren Schönheit man sich – trotz der nicht absprechbaren Zweckmäßigkeit – durchaus streiten kann, war doch ein sehr interessantes Fahrzeug mit einem dazu passenden Schmitz-Dreiachs-Anhänger entstanden, das in der Szene für erhebliches Aufsehen aber auch für geteilte Reaktionen sorgte. Unten ist ein Einblick in die geöffnete, wie das gefräßige Maul eines Alligators wirkende Motorhaube des beeindruckenden Fahrzeugs zu sehen.

Oben: Horst Anhalts neuestes Restaurierungsobjekt, und zur Zeit das Flaggschiff seiner beeindruckenden Oldtimerflotte, ist dieser 1997 fertig gestellte Henschel-HS-165-T-Fernverkehrslastwagen mit Kögel-Fahrerhaus und dazu passendem Dreiachsanhänger. Das seltene Fahrzeug war vor seiner Aufarbeitung hellblau lackiert und wurde im Raum Goslar als Kranfahrzeug eingesetzt. Anhalt konnte dieses seltene Fahrzeug, von dem nur noch Rahmen, Fahrerhaus und Motor vorhanden waren, 1996 aus den schier unerschöpflichen Lagerbeständen Helmut Hoffmanns in Oberhausen übernehmen. Obwohl die vorhandenen Teile sich in einem noch relativ guten Zustand befanden, benötigte man mehr als 2000 Arbeitsstunden, und länger als ein Jahr intensiver Arbeit, um den Henschel in der firmeneigenen Werkstatt total zu zerlegen und in akribischer Manier aufzuarbeiten und teilweise auch neu aufzubauen. Der Innenraum der neu erstellten Pritsche wurde – äußerlich nicht sichtbar – als Wohnmobil ausgebaut. Der mit einem Schmitz-Spuraggregat ausgerüstete, 1951 gebaute Anhänger war als Plattformanhänger bis 1997 in Berlin gelaufen und wurde dem äußeren Erscheinungsbild des Motorwagens angepasst. Der schöne, mit einem nach dem Lanova-Verbrennungsverfahren arbeitenden Sechszylinder-165-PS-11045-cm³-Triebwerk ausgerüstete Anhängerzug erreicht mit 66 km/h seine höchste Geschwindigkeit. Der Motorwagen ist für eine Nutzlast von gut neun Tonnen ausgelegt.

Rechte Seite oben: 1955 wurde dieser Mercedes-Benz L 312, ein Lastwagen der 4,5-t-Nutzlastklasse, der noch mit einer Motorleistung von 90 PS bestückt war, gebaut. Der Lastkraftwagen wurde im Jahr 1995 durch Friedhelm Fuhr in Kreuztal-Krombach von einer Erdbeerplantage in Bad Laasphe übernommen und anschließend, da der Zahn der Zeit an dem Fahrzeug schon gewisse Spuren hinterlassen hatte, bis zur letzten Schraube auseinander genommen und restauriert. Die Front des mit einem passenden Zweiachsanhänger gekuppelten Motorwagens ist zwar oberhalb der Stoßstange mit vielen Plaketten versehen, aber diese fallen aufgrund der dunklen Farbgebung des Fahrzeugs nicht unbedingt negativ ins Auge.

Rechte Seite unten: Bei den französischen Streitkräften in Deutschland befanden sich teilweise noch bis zum Beginn der 90er Jahre 40 Jahre alte Lkw deutscher Fertigung im Einsatzdienst. Das waren überwiegend Fahrzeuge der Marke Daimler-Benz, so die Typen LA 3500 und L 5000 aber auch andere. Aus dem reichen Potenzial dieser olivgrünen Fahrzeuge konnte in der Folgezeit so mancher Sammler ein in der Regel gut instand gehaltenes Exemplar erwerben und ihm nach entsprechender Aufarbeitung ein ziviles Erscheinungsbild geben. Denn wo sonst gab es solche Gelegenheiten in den 90er Jahren noch? Zu einem ähnlichen Schluss kam auch die Attendorner Spedition Kost, als der Wunsch konkretisiert wurde, zum 50-jährigen Firmenjubiläum einen restaurierten Fernverkehrslastzug vorzustellen, wie man ihn in den 50er Jahren im firmeneigenen Fuhrpark antreffen konnte. Im Mai 1991 traf das begehrte Objekt, ein 1950 gebauter Mercedes-Benz L 5000, ausgerüstet mit einem sechszylindrigen 112-PS-Vorkammer-Dieselmotor, beim neuen Besitzer ein, der die auszuführenden Restaurierungsarbeiten in der eigenen Werkstatt in Angriff nehmen ließ. Die Arbeiten gingen zügig voran, bis der Werkstattmeister, unter dessen Leitung die neue Lkw entstehen sollte, unerwartet verstarb und ein in dieser Richtung kompetenter Nachfolger nicht zur Verfügung stand. Nachdem ein Versuch, den teilrestaurierten Mercedes bei einem Restaurateur im Schwarzwald wieder herstellen zu lassen, zu keinem Ergebnis geführt hatte, wurden die weiteren Arbeiten der in Sachen Lkw-Restauration versierten Firma Dreyer in Alfeld übertragen. Im August 1995 – gerade noch rechtzeitig zum Treffen am Autohof Wörnitz – konnten diese Arbeiten schließlich erfolgreich abgeschlossen werden. Ein zum Fahrzeug passender zweiachsiger Anhänger wurde auch gefunden, so dass dieser im originalgetreuen Stil der 50er Jahre hervorragend wiederhergestellte Lastwagenzug überall für Bewunderung und Aufsehen sorgt.

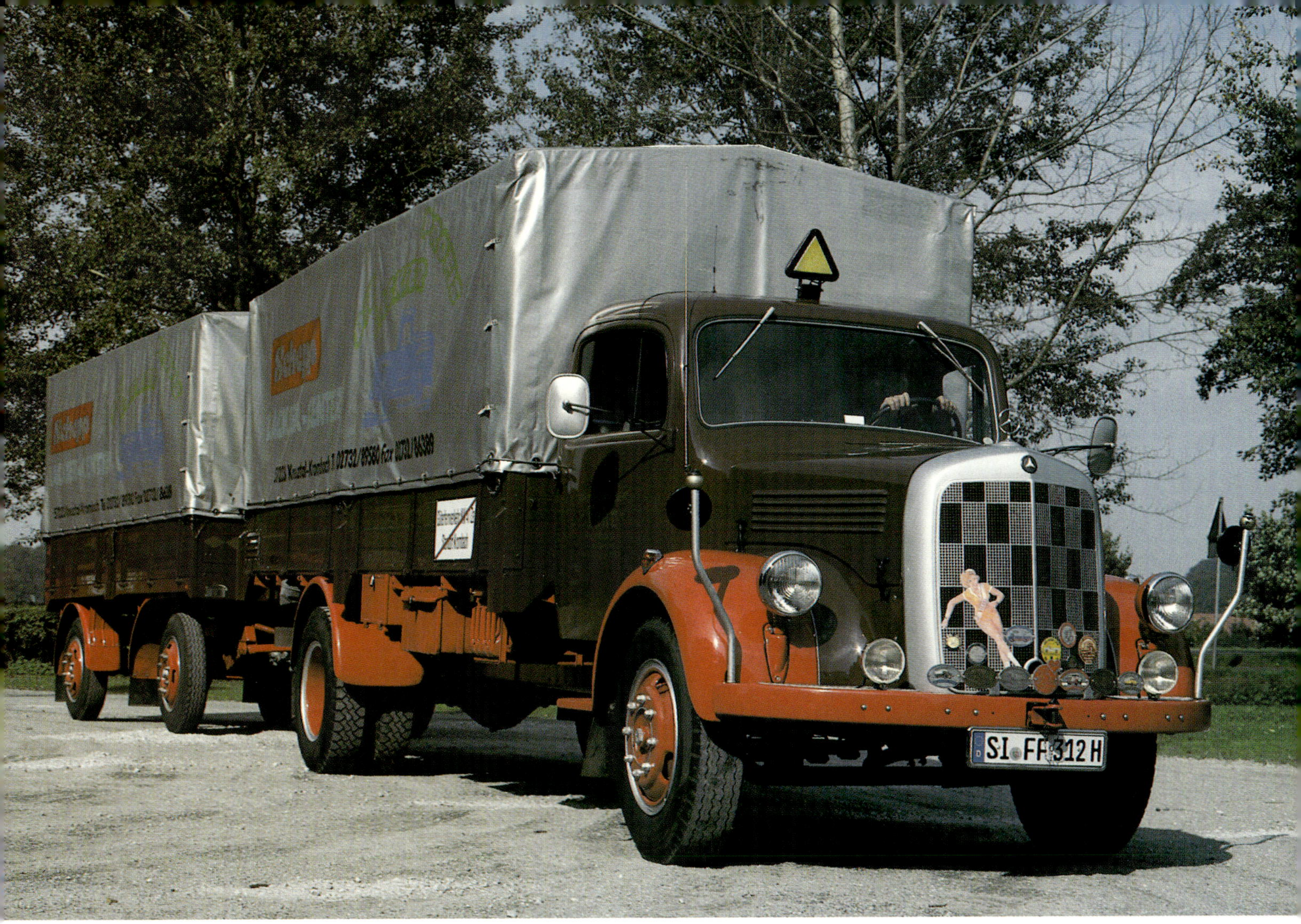
SI FF 312 H

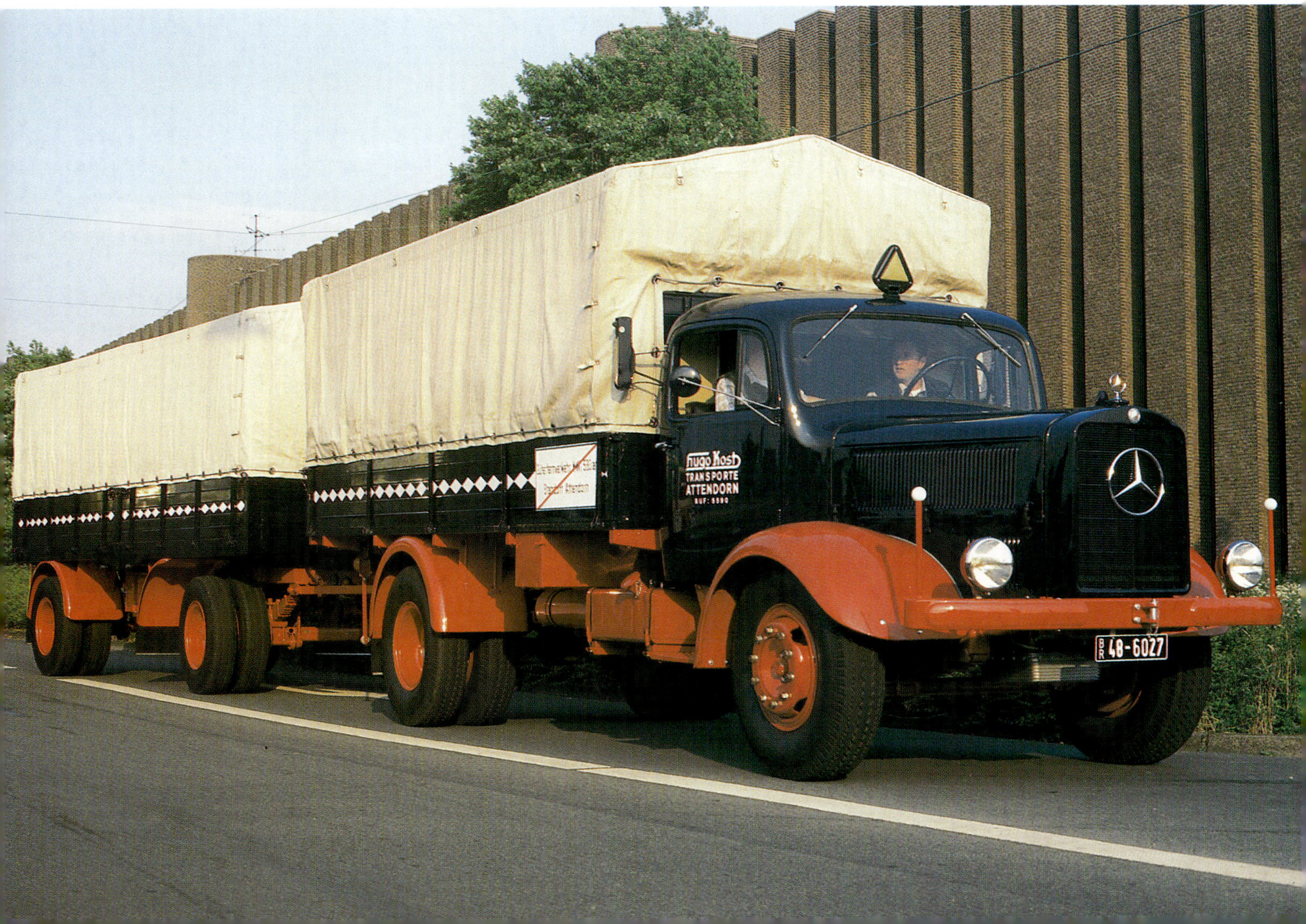
hugo Kost
TRANSPORTE
ATTENDORN
48-6027

Oben: Im Sommer 1999 sorgte dieser Jürgen Sütel in Kiel gehörende neurestaurierte Büssing-NAG-5000-S-Kofferzug in der Szene für einige Überraschung, handelte es sich doch um einen in dieser Form überaus selten vertretenen Nutzfahrzeug-Oldtimer, den sein Besitzer in einen Zustand versetzt hatte, wie er zur Zeit seines Herstellungsjahrs – nämlich 1948 – durchaus ausgesehen haben könnte. Dabei war dies ursprünglich gar kein Kofferfahrzeug gewesen, sondern ein Pritschenwagen, der die ersten zehn Jahre seines Lebens bei einer Hamburger Brauerei damit verbrachte, die Kundschaft mit frischem Gerstensaft zu versorgen. Die folgenden Jahre waren mit wechselhaften Tätigkeiten durchsetzt, und ein Schrotthändler, der das noch voll funktionsfähige Fahrzeug von der Brauerei übernommen hatte, stellte es als Requisit für Filmaufnahmen, u. a. für den Kriegsfilm „Die Brücke von Arnheim" zur Verfügung. Danach verlieren sich die Spuren. Tatsache ist, dass der Büssing irgendwann auf den Schrott wanderte, aus dessen total verrottetem Wrack schon Bäume herauswuchsen, als ein Freund Helmut Sütels diesen nur noch aus Motor, Rahmen und Fahrerhausresten bestehenden Torso etwa 1993 vor dem weiteren Verfall bewahrte und damit begann, ihn wieder herzurichten. Im Jahr 1997 konnte Sütel den bereits teilrestaurierten Wagen übernehmen und versah ihn mit einem alten, in Berlin beschafften Kofferaufbau. Nach zwei Jahren war die Aufarbeitung des Zuges – einschließlich eines aus Hamburg stammenden ehemaligen Werkstattanhängers aus dem Jahr 1965 – endgültig abgeschlossen. An der makellosen Restaurierungsarbeit wird wohl niemand etwas auszusetzen haben.

Rechte Seite oben: Dieser wie neu wirkende Magirus-O-3500-Möbelwagen mit dazu passendem Anhänger gehört Wolfgang Esser, Inhaber einer Mönchengladbacher Möbelspedition und in der Szene bereits hinlänglich bekannt als Organisator von Oldtimerveranstaltungen. Erst 1995 wurde er durch eine in der Rubrik „Noch zu retten?" erschienene Anzeige in dem Fachblatt „Last & Kraft" auf den in Mannheim stehenden, noch als Heulager genutzten, 1955 gebauten Möbelwagen aufmerksam. Das damals blau überpinselte Fahrzeug war in einem relativ vollständigen Zustand. Da das Fahrzeug nur etwa zehn Jahre seiner aktiven Dienstzeit als Möbelwagen verbracht hatte, wies sein Sechszylindermotor nur eine relativ geringe Laufleistung auf. 1992 wurde es abgemeldet. Wolfgang Esser wurde mit dem Besitzer durch Tausch gegen einen älteren, in seinem Betrieb überzähligen Möbelkofferanhänger als Lagermöglichkeit für das Heu schnell handelseinig. Anfang Januar 1996 rückte ein Tieflader-Sattelzug an, auf den das Fahrzeug verladen wurde. Nach umfassenden Restaurierungsarbeiten erstrahlt dieser wohl einzige noch erhaltene Rundhauber-Möbelwagen wieder in neuem Glanz und konnte im Herbst 1997 anlässlich eines von Esser organisierten Fahrzeugtreffens im Rahmen des Mönchengladbacher Stadtfestes erstmals dem Publikum vorgestellt werden.

Rechte Seite unten: Als dieser Büssing des Typs BS 16 L im Jahr 1972 entstand, war das Ende des traditionsreichen Nutzfahrzeugherstellers in Braunschweig schon nahe, denn bereits im Vorjahr hatte die MAN die Mehrheit des Grundkapitals von Büssing übernommen, so dass diese Marke endgültig aufgehört hatte, als selbstständiges Unternehmen zu existieren. Die 16-t-Baureihe BS 16 erschien erstmals 1970 in verschiedenen Motorleistungsvarianten, und Ende 1971 wurde die Leistung der stärksten, mit einer Abgas-Turboaufladung ausgestatteten Motor-Ausführung auf 320 PS angehoben. Der Sechszylinder-Direkteinspritz-Diesel besaß einen Hubraum von 12316 cm^3 Hubraum und zählte damit zu den leistungsfähigsten Fernverkehrslastwagen. Der hier gezeigte BS-16-L-Fernverkehrs-Kofferzug wurde im genannten Jahr als Pritschenwagen in Dienst gestellt, aber etwa zwei Jahre später nach Albstadt verkauft. Dort verbrachte er – bei nur mäßiger Auslastung – seine weitere Dienstzeit, bis er von Didier Florentin in Freiburg zu Beginn der 90er Jahre übernommen werden konnte. Da sich das Fahrzeug noch in einem passablen technischen Zustand befand, waren – abgesehen vom recht desolat wirkenden Pritschenaufbau, der durch einen Koffer ersetzt wurde – nur wenige Instandsetzungsarbeiten durchzuführen. Im Sommer 1993 war der Büssing fertig und Didier Florentin konnte zu Beginn des Jahres 1998 einen mit dem Fahrzeug korrespondierenden Dreiachsanhänger finden.

Oben und links: Diesen beeindruckenden Mercedes-Benz-L-6600-Kofferzug mit Wackenhut-Fahrerhaus aus dem Jahr 1956 (vom Baujahr her müsste es eigentlich ein L 315 sein) ließ der Nutzfahrzeugsammler Ewald Höhlschen in Wuppertal in äußerst aufwendiger Arbeit von Grund auf neu entstehen. Mitte der 80er Jahre wurden die maroden Reste des Lkw entdeckt, der früher bei der französischen Armee gelaufen war. Viele Teile an dem Fahrzeug waren nicht mehr zu retten und mussten neu gefertigt werden. So auch das Fahrerhaus, von dem eigentlich nur noch der Holzrahmen halbwegs brauchbar war. Es blieb daher nichts anderes übrig, als anhand alter Fotos die Kabine nach Augenmaß neu aufzubauen. Weit über 1000 Arbeitsstunden benötigte die damit beauftragte Restaurierungsfirma allein dafür! Motor, Getriebe und Hinterachse wurden komplett ausgetauscht. Bei dieser Gelegenheit wurde anstelle des üblichen 145-PS-OM-315-Diesels ein OM-346-Aggregat eingebaut, das 192 PS leistet, damit der Wagen auch auf längeren Fahrten leistungsmäßig etwas mehr Reserven zur Verfügung hat. Auch die Getriebeübersetzung für eine Höchstgeschwindigkeit von 85 km/h wurde neuzeitlicheren Vorstellungen und der beabsichtigten Verwendung des Oldtimers angepasst. Der Dreiachsanhänger, dessen Aufbau auf den des Motorwagens abgestimmt wurde, stammt von der Firma Hall in Köln und gehörte schon seit längerer Zeit zum Fuhrpark des Betriebes. Im Frühherbst 1996 konnte der Fernverkehrszug erstmals auf große Fahrt gehen. Auch wenn die Restaurierung des schweren Mercedes in manchen Details dem Ursprungszustand der 50er Jahre nicht exakt nachempfunden wurde, ist doch ein schönes und vor allem seltenes Fahrzeug entstanden.

Rechte Seite oben: Wolfgang Esser in Mönchengladbach fand die 1958 gebaute Henschel-77-S-95-Zugmaschine mit Sechszylinder-95-PS-Motor bei einem ortsansässigen Schausteller, der das Fahrzeug als Zugmittel für einen Imbisswagen einsetzte. Esser beabsichtigte aber zunächst keineswegs, den Henschel in den Ruhestand zu versetzen, sondern versah die Zugmaschine mit einem Kofferaufbau, um das Fahrzeug auch für Möbeltransporte, insbesondere aber als Zugmaschine für Möbelanhänger und als Gerätewagen verwenden zu können. Erst 1991, nachdem Esser Kontakte zu anderen Oldtimerfreunden geknüpft hatte, beschloss er, aus dem Henschel einen von Grund auf restaurierten Möbelwagen mit einem Sattelauflieger, den er in Aachen hatte ausfindig machen können, zu gestalten. Die Zugmaschine wurde samt Auflieger in den folgenden Monaten vollständig überholt und stellt nun wahrlich ein Schmuckstück dar, das bereits bei vielen Treffen zu sehen war.

Rechte Seite unten: Zu Emil Böllings turnusmäßig stattfindenden Nutzfahrzeugtreffen am Forum in Castrop-Rauxel kam auch ziemlich regelmäßig dieser 1966 gebaute Scania-L-50-Super-Kühl-Sattelzug aus den Niederlanden. Die renommierte schwedische Marke war ebenso wie Volvo besonders stark auf Exportgeschäfte angewiesen und in den Benelux-Ländern häufig vertreten, wo sich die robust ausschauenden Laster mit Recht einen guten Namen machten. Der mit seiner kurzen Haube sehr gedrungen wirkende L-50-Sattelschlepper mit seinem Sechszylinder-Dieselmotor des Typs DS 55, der mit Turboaufladung 120 PS leistete, war für 12 t zulässiges Gesamtgewicht ausgelegt. Die L-50-Serie lief bis 1975 in genau 4183 Exemplaren vom Band.

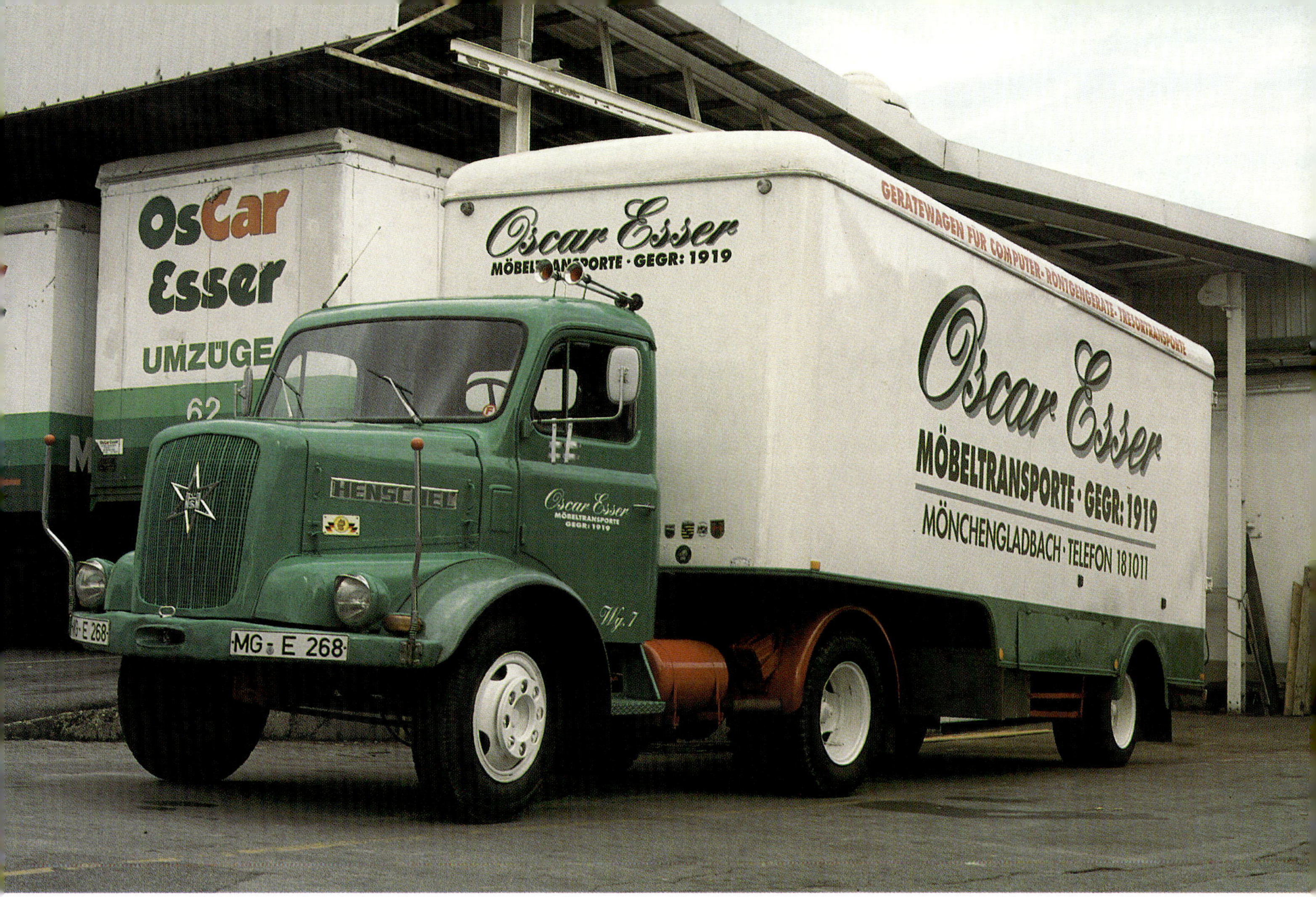
OsCar
Esser
UMZÜGE
Oscar Esser
MÖBELTRANSPORTE · GEGR: 1919
Oscar Esser
MÖBELTRANSPORTE · GEGR: 1919
MÖNCHENGLADBACH · TELEFON 181011
HENSCHEL
MG · E 268

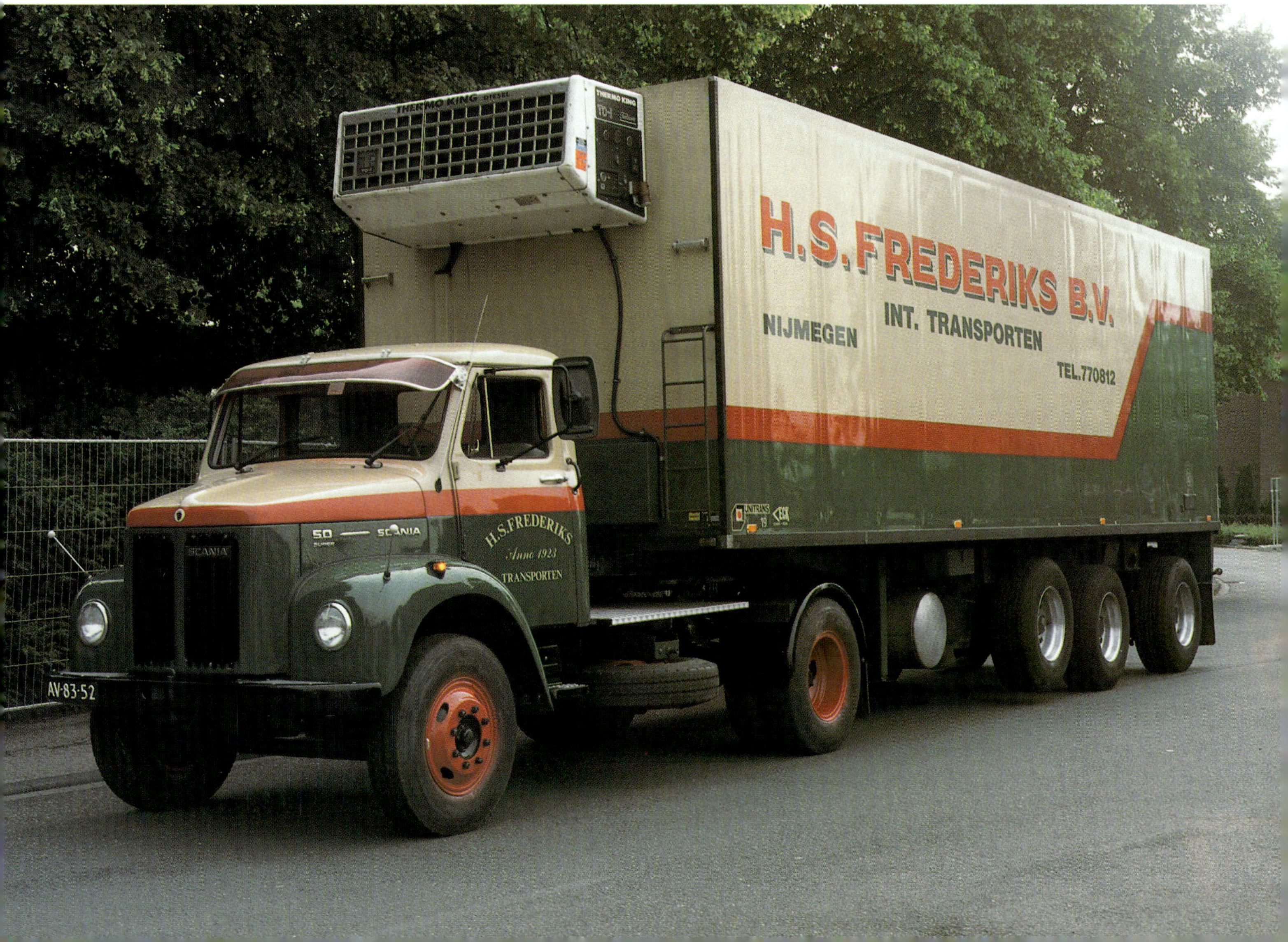
THERMO KING
H.S. FREDERIKS B.V.
NIJMEGEN
INT. TRANSPORTEN
TEL.770812
SCANIA
H.S. FREDERIKS
Anno 1923
TRANSPORTEN
AV-83-52

Oben:: Mit einer auf sechs Tonnen erhöhten Nutzlast löste im Jahr 1952 der Büssing 6000 sein Vorgängermodell des Typs 5500 ab, wobei das sechszylindrige 120-PS-G-8-Triebwerk unverändert übernommen wurde. Diese 1953 gebaute und von Jürgen Pauly in Hofheim-Wallau vorbildlich restaurierte Sattelzugmaschine mit Fernverkehrsfahrerhaus und einem zweiachsigen Langmaterialauflieger weist die Typenbezeichnung 6000 A aus, was auf den vorhandenen Allradantrieb hindeutet. Dem Fahrzeug waren in seiner aktiven Zeit schon die unterschiedlichsten Verwendungsgebiete zugeteilt worden, sei es als Sattelzugmaschine bei einem Mineralölhändler oder zuletzt als Abschleppwagen bei einer Daimler-Benz-Vertretung, wo es sich bis 1978 im Einsatz befand. Dort wurde der Büssing dann von einem Sammler entdeckt und gekauft und gelangte 1987 unrestauriert in Paulys Besitz, der dem substanziell noch recht gut erhaltenen Fahrzeug eine umfassende Verjüngungskur verpasste. Das Ergebnis dieser Bemühungen kann sich sehen lassen. In Verbindung mit dem Sattelauflieger ist ein Fahrzeug entstanden, das in dieser Form in der Alt-Lkw-Szene ziemlich einmalig ist.

Unten: Über Allradantrieb verfügt dieser Krupp-1080-A-Sattelzug mit 265-PS-Cummins-V-8-Dieselmotor und Großraum-Auflieger aus dem Jahr 1968. Das Fahrzeug gehört Gerhard Peter, einem Sammler aus dem Raum Pfaffenhofen, und wurde mustergültig restauriert. Hier zu sehen auf dem Krupp-Treffen auf dem Krawa-Gelände in Essen zu Beginn der 90er Jahre.

Zum Wohnmobil ausgebaut – äußerlich nur an den klappbaren Seitenfenstern des Aufbaus erkennbar – wurde diese 1963 gebaute Henschel-HS-140-S-Sattelzugmaschine mit Ackermann-Kofferauflieger des Baujahrs 1961. Die Zugmaschine war zuletzt als mit einem Teerkocher bestückte selbstfahrende Arbeitsmaschine im Straßenbau eingesetzt. Horst Anhalt, Spediteur in Bargen und begeisterter Sammler, konnte das komplette Fahrzeug 1990 in teilrestauriertem Zustand in Langenberg erwerben. Trotzdem benötigte Anhalt noch etwa drei Jahre, bis der jetzige Erhaltungszustand erreicht war. Der geräumige Auflieger aus dem Jahr 1962 war früher zum Transport hängender Textilien verwendet worden. Der HS-140-Sattelzug kann mit seinem 192-PS-Sechszylinder-Lanova-Dieselmotor 82 km/h Höchstgeschwindigkeit erreichen und ist einer der wenigen erhalten gebliebenen schweren Henschel-Lastwagen.

Unten: Mit 19 t zulässigem Gesamtgewicht war das von 1958 bis 1962 im Daimler-Benz-Lastwagenprogramm befindliche schwere Haubenlastwagenmodell L 334 primär ein Exportfahrzeug. Die Ausführung war als Sattelzugmaschine für ein zulässiges Lastzuggewicht von 32 t ausgelegt. Die hinsichtlich der Maße und Gewichte sehr unzweckmäßigen Verordnungen des damaligen Verkehrsministers zwangen die deutschen Nutzfahrzeughersteller zu zweigleisigen Entwicklungsprojekten, um auch auf Exportmärkten konkurrenzfähig zu sein. Die 1961 mit einem Wackenhut-Fahrerhaus gebaute Sattelzugmaschine dieses Typs war ursprünglich sicherlich mit einem Auflieger unterwegs gewesen, bevor sie als Abschleppkranwagen in Köln zum Einsatz kam. Der Vorkammer-Dieselmotor des Fahrzeugs wies einen Hubraum von 10810 cm^3 auf und erzeugte 192 PS in den sechs Zylindern. Zu Beginn der 80er Jahre kam der damals noch rot lackierte Abschleppwagen in Sammlerhände und wurde einige Jahre später von Emil Bölling wieder zu einem Sattelzug mit zweiachsigem doppelbereiftem Großraumauflieger für Massenschüttgut umgebaut und in den traditionellen rot-gelben Firmenfarben lackiert.

Ein in der Szene bislang noch unbekannter, sehr schöner dunkelblauer Mercedes-Benz LS 4500 von 1953 aus den Niederlanden mit einachsigem Tankauflieger erschien überraschend zu Franz Lipperts erstem Nutzfahrzeugtreffen im Sommer 1997. Das im Aussehen etwas fremdartig wirkende Fahrerhaus mit seiner zweckmäßigen Rundumverglasung wurde von der holländischen Firma Paul van Weelde erstellt. Der Auflieger ist einige Jahre älter und stammt aus dem Jahr 1948. Das Fahrzeug gehört der Firma C. van der Laan in Lekkerkerk.

Ebenfalls das Eigentum von Martieen Mouthaans in den Niederlanden ist dieser stattliche, 1953 gebaute Scania-Vabis-L-61-E-Sattelzug mit einem von der holländischen Firma van Doorn in Eindhoven erstellten, holzbeplankten, offenen Großraumauflieger mit Stahlgerippe. Unter der Haube dieser konventionell und solide wirkenden Sattelzugmaschine arbeitet ein wassergekühlter Sechszylinder-Dieselmotor mit Direkteinspritzung des Typs D 622 mit 8476 cm³ Hubraum, der 135 PS bei 2000 U/min zu leisten imstande ist. Die Zugmaschine ist mit einem ab 1951 in die Scania-Vabis-Lastwagen dieser Baureihe eingebauten neuen synchronisierten Fünfgang-Getriebe ausgerüstet.

Helmut Radlmeier, Spediteur im kleinen niederbayerischen Dörfchen Langenhettenbach, ist in der Lkw-Oldtimerszene schon seit Jahren kein Unbekannter mehr und hat sich durch sach- und fachkundige Lkw-Restaurierungen einen Namen gemacht. Denn jedes Fahrzeug, dessen Aufarbeitung er in die Hand nimmt, wird zu einem Schmuckstück und zeichnet sich durch saubere Arbeit und Liebe zu originalgetreuen Details aus. So auch dieser hervorragend gelungene MAN-735-L-1-ARAL-Tanksattelzug mit Stadler-Auflieger aus dem Jahr 1956, der sich hier bei dem großen Treffen 1996 im Werk Wörth der Mercedes-Benz-AG präsentierte. Die in einem sehr schlechten Zustand befindliche Sattelzugmaschine, die früher mit einem Heizölauflieger unterwegs war, wurde 1990 in Nürnberg entdeckt und von Claus Schubert vor dem sicheren Schneidbrennerende gerettet. Radlmeier, der an dem mit einem Sechszylinder-135-PS-M-Motor bestückten MAN Gefallen fand, komplettierte das Fahrzeug mit einem zweiachsigen, 1963 gebauten Tanksattelauflieger, den er im Badischen ausfindig gemacht hatte. Dieser wunderschöne Zug bringt ein zulässiges Gesamtgewicht von 32 t auf die Waage, die mit maximal 70 km/h fortbewegt werden können.

Unten: Eine schwere, allradgetriebene Kaelble-KDV-631-SF-Dreiachs-Sattelzugmaschine in Frontlenkerausführung, die ursprünglich zwischen 1951 und 1955 für den Transport von Panzern in einer Sonderserie von 191 Einheiten an die französische Armee geliefert worden war, gelangte gegen Ende der 80er Jahre in den Besitz von Emil Bölling in Castrop-Rauxel, der das mit einer 10-t-Vorbauseilwinde ausgerüstete Zugfahrzeug zu einem Tieflader ausrüstete, der in diesem Fall mit einer Hanomag-SS-55-Zugmaschine beladen wurde. Als Triebwerk für dieses Schwergewicht mit 24 t zulässigem Gesamtgewicht fand der wassergekühlte Reihen-Sechszylinder-Dieselmotor des Typs GO 130 mit 14330 cm³ Hubraum und 180 PS Leistung Verwendung.

Dieser Mercedes-Benz-L-311-Viehtransporter wurde 1958 von der Binding-Brauerei erstmals als Pritschenwagen in Betrieb genommen. Von 1970 bis 1985 war das Fahrzeug bei einem Getränkevertrieb im Einsatz. Der heutige Besitzer – der Inhaber der Fleischerei Walter Dreßler in Großalmerode – erwarb das Fahrzeug im Jahr 1988 und restaurierte es zu einem Viehtransporter. In dieser Funktion wird der Wagen sogar noch heute des öfteren eingesetzt, was Walter Dreßler aber nicht daran hindert, mit seinem schönen, aufgrund des Aufbaus nicht alltäglichen Fahrzeug auch an Nutzfahrzeugtreffen teilzunehmen. Dieser L 311 besitzt den kurzen 3,60-m-Radstand und ist mit dem damals üblichen Sechszylinder-100-PS-Dieselmotor ausgerüstet.

Dieser Mitte der 80er Jahre auf einem Nutzfahrzeugtreffen in Holland angetroffene kleine Fargo-Pickup-Kastenwagen aus dem Jahr 1929 ist ein Eintonnen-Modell, das auf der Basis des leichten Dodge-Lastkraftwagens gebaut wurde, wobei der Markenname „Fargo" aber nur als Export-Handelsmarke fungierte. Dieses bemerkenswert schöne Fahrzeug ist mit einem Sechszylinder-Vergasermotor mit 3200 cm³ Hubraum und 40 PS Leistung bestückt.

Bei Borgward in Bremen löste im Oktober 1949 das neue 1,25-t-Modell B 1250 den bisherigen Typ B 1000 ab. Der B 1250, der sich bis 1952 in der Produktion befand, besaß einen Vierzylinder-Viertakt-Vergasermotor mit 1498 cm³ Hubraum und 48 PS Leistung und war damit in der Lage, als größte Geschwindigkeit 80 km/h zu erreichen. Sehr verbreitet war dieser leichte Lastkraftwagen vorzugsweise als Lieferwagen sowie mit Kasten- oder Kofferaufbauten. Aber auch andere Aufbauversionen waren anzutreffen, wie bei diesem 1950 für einen niederländischen Besteller gebaute Fahrzeug mit einem aus Holz gefertigten Tiertransportaufbau, der speziell zur Beförderung von Ziegen vorgesehen war. Dieses hervorragend restaurierte kleine Nutzfahrzeug erschien im Mai 1998 zu einem Treffen bei Emil Bölling in Castrop-Rauxel.

Dieser leichte, in Kofferbauform gestaltete Lieferwagen ist ein 1932 gebauter, mit einem Vierzylinder-Vergasermotor ausgerüsteter Steyr des Typs 40, der von Max Zottler in Niklasdorf/Österreich sehr sachkundig wieder in den Ursprungszustand zurückversetzt worden ist.

Dieser Borgward-B-1500-F-Frontlenker-Möbelwagen gehört Wolfgang Esser in Mönchengladbach, der diesen Wagen 1994 durch Vermittlung eines Freundes übernehmen konnte. Das 1958 vom Karosseriewerk Tigtemeier in Osnabrück aufgebaute, 60 PS starke und mit 95 km/h Höchstgeschwindigkeit recht schnelle Fahrzeug besitzt ein Vierzylinder-Vergasertriebwerk mit 1493 cm³ Hubraum und wurde seinerzeit von einem Neusser Möbelhaus beschafft, das den Wagen bis Ende der 70er Jahre einsetzte und nach dessen Stillegung als Lagerraum benutzte. Da der Borgward seine letzten Jahre unter dem Dach einer Halle zugebracht hatte, war sein Gesamtzustand noch durchaus als gut zu bezeichnen. Wolfgang Esser brauchte daher vor der Neulackierung nur einige kleinere Schweißarbeiten am Fahrzeugrahmen und an den Türen vornehmen zu lassen. Seither hat das kleine, sehr ansprechend wirkende Fahrzeug an so manchem Treffen teilgenommen.

Einen Mercedes-Benz L 4500 aus dem Jahr 1952 mit Kofferaufbau und einem von der etwas fremdartigen Optik her typisch niederländisch gestalteten Fahrerhaus restaurierte ein holländischer Lkw-Sammler Ende der 80er Jahre aus einem ehemaligen Pritschen-Lastkraftwagen. Das öfter auf Veteranenveranstaltungen zu besichtigende Fahrzeug besitzt ein Sechszylinder-Vorkammer-Dieseltriebwerk mit 90 PS und ist für eine Nutzlast von 4,5 t ausgelegt, die mit einer Höchstgeschwindigkeit von ca. 80 km/h bewegt werden konnte. Der L 4500 war die nutzlastgesteigerte Variante des bekannteren 3,5-Tonners L 3500 von Daimler-Benz.

Aus dem Jahr 1956 stammt dieser hübsche Hanomag-L-28-Kofferwagen, der mit seinem vierzylindrigen 50-PS-Dieselaggregat bis etwa 1980 von einer Krefelder Käse-Großhandlung als Liefer- und Zustellfahrzeug eingesetzt worden war. Bereits 1989 erwarb der jetzige Besitzer und Restaurator Achim Hufnagel in Mönchengladbach das zwar fahrbereite, wohl aber schon etwas heruntergekommene Fahrzeug. Aus verschiedenen Gründen konnte mit dessen Aufarbeitung aber erst einige Jahre später begonnen werden. Infolge der langen Abstellzeit unter freiem Himmel war der mit einem Kunstlederdach überzogene Kofferaufbau mittlerweile in ein fortgeschrittenes Verrottungsstadium geraten, konnte aber nach Erstellung eines Hilfsrahmens wieder instand gesetzt werden. Motor und Getriebe erwiesen sich zum Glück als einwandfrei, und so wurde der nach Abschluss der Lackierungsarbeiten mit einer neuen Bereifung versehene Hanomag zügig fertig gestellt.

Dieser ansehnliche Mercedes-Benz 3,5-Tonner des Typs L 311 mit seiner verchromten Kühlermaske und dem langen 4,20-m-Radstand aus dem Jahr 1956 gehört zum Oldtimerfahrzeugbestand der Privatbrauerei Ernst Barre in Lübbecke. Ursprünglich wurde der Mercedes als Kofferfahrzeug ausgeliefert, später aber zu einem Pritschenwagen umgebaut. Seit 1993 gehört er der Barre-Brauerei. Anhand alter Fotos entschloss man sich, das Fahrzeug in den Erstzustand zurückzuversetzen. Da kein entsprechender Kofferaufbau zu finden war, wurde eine Firma damit beauftragt, diesen originalgetreu nachzubauen. Seit seiner Fertigstellung ist der Wagen häufig Gast auf Nutzfahrzeugtreffen in ganz Deutschland. Der Sechszylinder-Diesel leistet 100 PS und ermöglicht dem Fahrzeug eine Spitzengeschwindigkeit von 92 km/h.

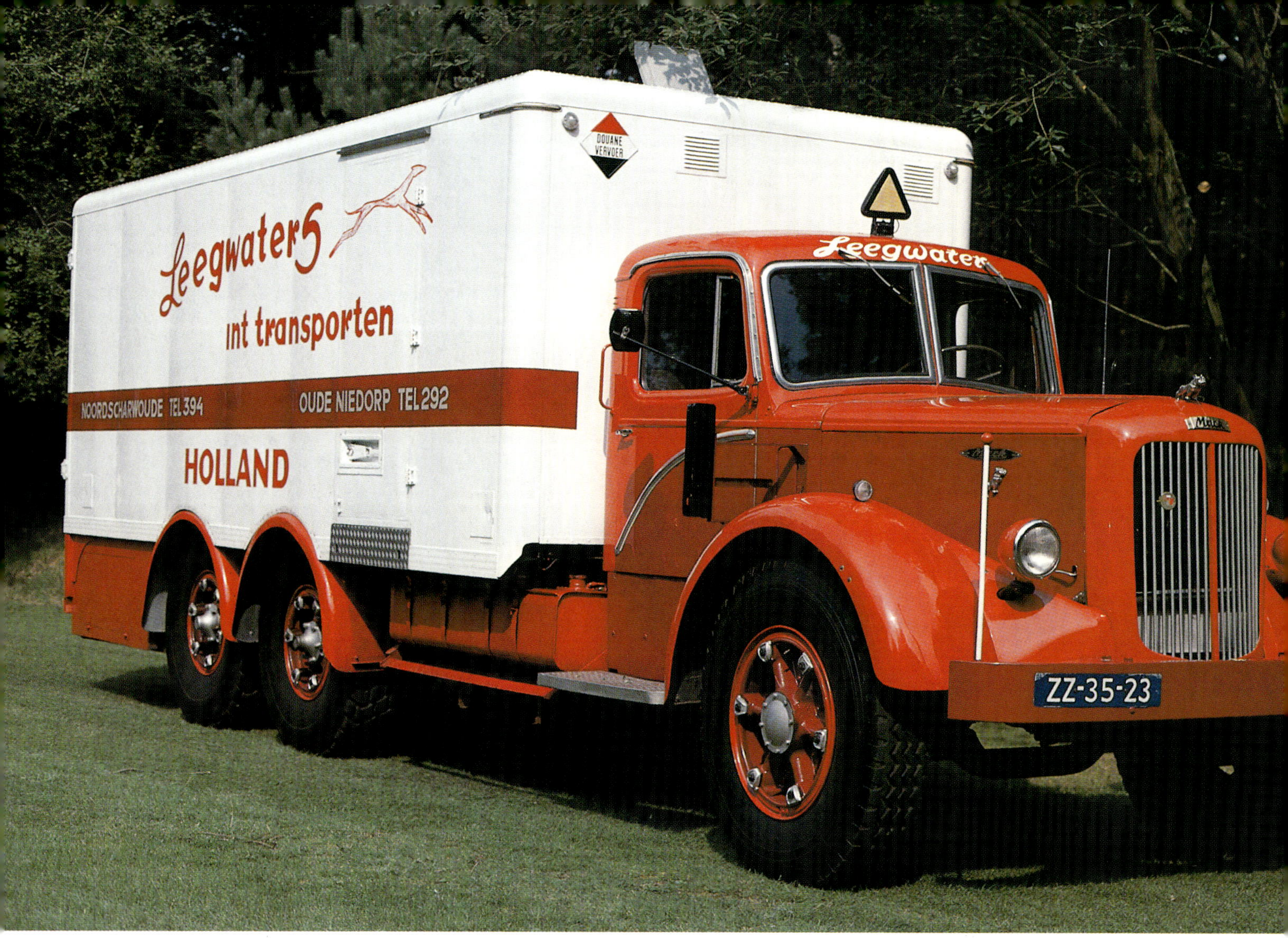
DOUANE VERVOER
Leegwaters
int transporten
NOORDSCHARWOUDE TEL394
OUDE NIEDORP TEL292
HOLLAND
Leegwater
ZZ-35-23

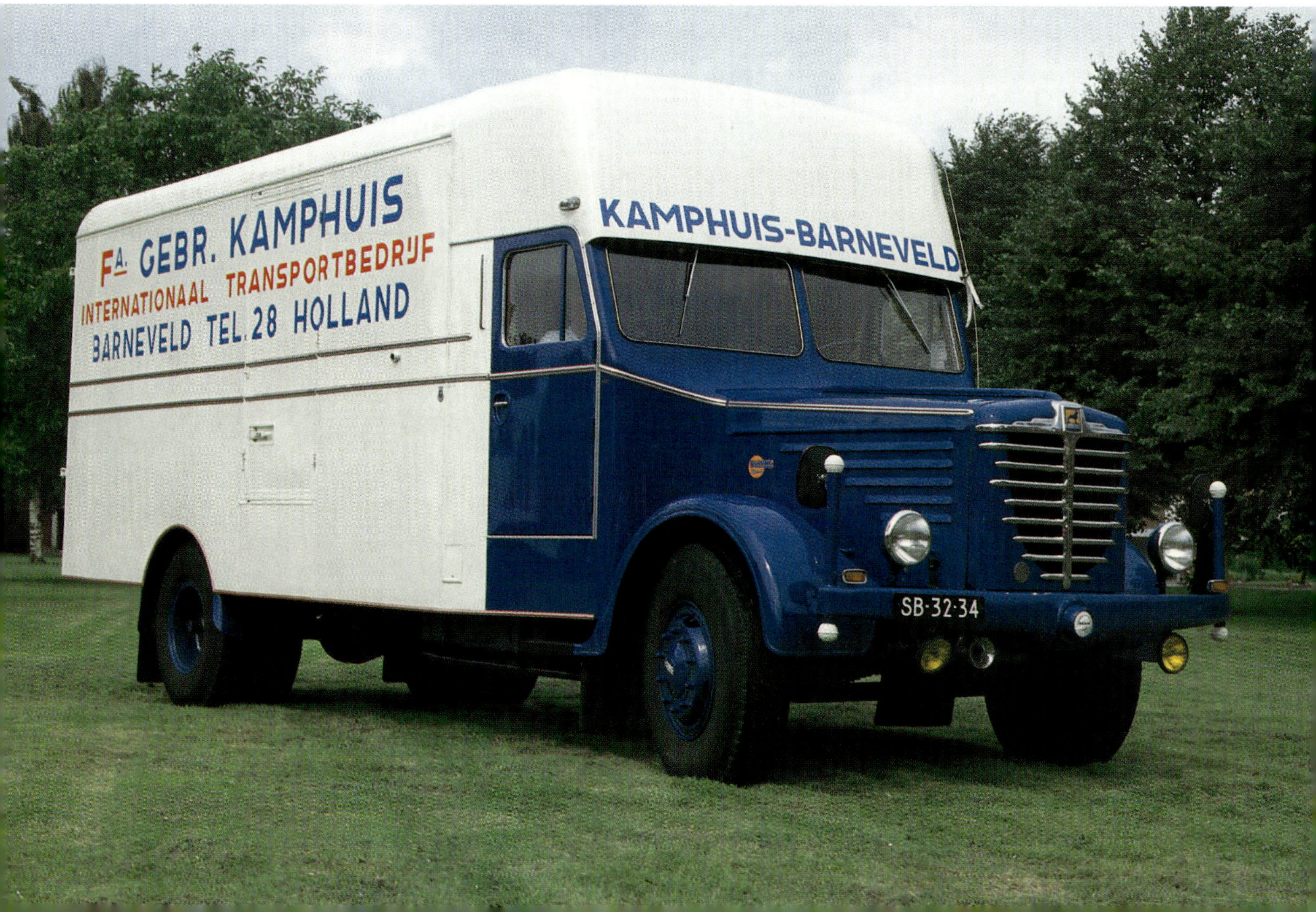
Fa. GEBR. KAMPHUIS
INTERNATIONAAL TRANSPORTBEDRIJF
BARNEVELD TEL. 28 HOLLAND
KAMPHUIS-BARNEVELD
SB-32-34

Links: Martien J. J. Leegwater, ein Spediteur in Zwijndrecht in den Niederlanden ist Eigentümer dieses beeindruckenden schweren Mack-Nr.-10-Dreiachs-Kofferwagens, dessen Fahrgestell 1943 für die US-Army gefertigt wurde. 1946 gelangte der noch mit einem Pritschenaufbau mit Plane und Spriegel versehene Wagen nach Holland und wurde für internationale Transporte eingesetzt. Zu Beginn der 70er Jahre setzte man den mit einem gewaltigen Sechszylinder-Triebwerk mit 16200 cm³ Hubraum und der bei 2000 U/min erzielbaren Motorleistung von 123 PS ausgerüsteten Dreiachser aufs Altenteil; er wurde aber nicht verkauft. Ab 1978 restaurierte man das knapp 22 t wiegende Fahrzeug in den jetzigen neuwertigen Zustand mit einem als Wohnmobil ausgebauten Kofferaufbau.

Links unten: Die niederländische Spedition Kamphuis in Barneveld ist Eigentümerin dieses mit einem 120-PS-Sechszylinder-Dieselaggregat ausgerüsteten Büssing-6000-A-Thermos-Kastenwagens von 1952, der sich seit langem im Familienbesitz befand und früher als Spezialfahrzeug für Kühlguttransporte eingesetzt wurde. Nach seiner Verabschiedung in den Ruhestand wurde der Büssing unter die Fittiche des engagierten Werkstattleiters Arnold van der Visch genommen und in fünfjähriger, aufwendiger Arbeit komplett restauriert, wobei aber alle Originalteile erhalten werden konnten. Ein Aufwand, der sich gelohnt hat.

Rechts oben und rechts: 1950 stellte die Aachener Möbelhandlung Kochs ihr vermutlich erstes neues Fahrzeug nach Kriegsende in Dienst. Es handelte sich um ein Haubenfahrzeug des Fabrikats Mercedes-Benz L 3500, das durch ein 90 PS starkes, sechszylindriges Antriebsaggregat fortbewegt wurde und von der Firma Ackermann in Wuppertal-Vohwinkel karossiert worden war. Mitte der 50er Jahre erhielt der Mercedes, wohl infolge eines schweren Unfalls, einen komplett neuen Kastenaufbau von derselben Firma verpasst und blieb bis 1976 als zuverlässiges Arbeitstier bei seinem Erstbesitzer im Dienst. Bis zum Beginn der 90er Jahre war der Wagen – zum Schluss mit blauer Farbe überstrichen – abgestellt, bis sich Walter Kochs, der Juniorchef des Unternehmens, der sich von seinem lebenslangen Wegbegleiter nicht trennen wollte, sich des Veteranen annahm und ihn mit Hilfe eines kompetenten Eschweiler Karosseriebaumeisters in einen neuwertigen Ursprungszustand zurückversetzte. Anfang 1997 waren diese Arbeiten, an denen auch kritische Betrachter wohl kaum etwas auszusetzen haben werden, abgeschlossen.

Zu Beginn des Jahres 1960 begann bei den MAN-Werken die Serienfertigung des Frontlenker-Modells 770 L 1 F, das mit dem wassergekühlten Sechszylinder-Direkteinspritz-Dieselaggregat des Typs D 2146 M 1 mit 9659 cm³ Hubraum und 172 PS Leistung bestückt war. Von diesem bis zum Jahr 1965 gebauten und in eingeweihten Kreisen unter dem Spitznamen „Pausbacke" geläufigen Modell wurden Pritschenwagen mit unterschiedlichen Radständen und Sattelzugmaschinen angeboten. Dieser restaurierte 770 L 1 F mit Ackermann-Möbelkastenaufbau aus dem Jahr 1962 gehört dem holländischen Sammler Peter Visser in De Goorn, der mit seinem Fahrzeug häufig auf Fahrzeugtreffen zu sehen ist.

Dieser zum Fuhrpark der Stuttgarter Möbelspedition Oswald Auracher gehörende Mercedes-Benz-LP-322-Frontlenker mit Aufbau der Firma Staufen in Eislingen, wurde 1959 gebaut, 1993 total erneuert und befindet sich noch heute – und das ist wohl schon eine ziemliche Seltenheit, im heutigen Straßenverkehr einen Nutzfahrzeug-Oldtimer anzutreffen – im regulären Alltagseinsatz dieser Firma. Der 126 PS starke Möbelwagen wurde zwischenzeitlich von 10,5 t auf 7,5 t zulässiges Gesamtgewicht abgelastet, damit er auch mit dem Führerschein der Klasse 3 gefahren werden kann. Der bestens gepflegte Oldtimer erreicht eine Höchstgeschwindigkeit von etwa 80 km/h und ist häufig auf Fahrzeugtreffen zu bewundern.

Eine Gruppe von Herstellern schloss sich 1902 zur International Harvester Company zusammen, und stieg 1907 ins Lkw-Geschäft ein. Zunächst firmierte man als „IHC", ab 1910 als „International". Mit über 7000 jährlich erzeugten Einheiten gehörte das Unternehmen bereits kurz nach Ende des Ersten Weltkrieges zu den Marktführern der Branche in den USA. Von 1916 stammt dieser liebevoll und originalgetreu restaurierte Bierwagen eines holländischen Sammlers, der mit seinem auf einem Tiefladeanhänger verlasteten Fahrzeug 1999 auf einem Nutzfahrzeugtreffen auftauchte. Der elastikbereifte Lkw erzeugt mit seinem Vierzylinder-Vergasermotor 30 PS, deren Kraft über eine Kardanwelle auf die Hinterräder übertragen wird. Der Motor wird mittels Magnetzündung angelassen, zur Beleuchtung dienen Karbidlampen. Der Wagen ist bereits mit überdachtem Fahrerhaus und klappbarer Frontscheibe ausgerüstet.

Die im schweizerischen Olten ansässige Motorwagenfabrik Berna AG fertigte seit 1905 Lastkraftwagen, die besonders auf die alpenländischen Erfordernisse ausgerichtet waren. Schon bald nahm das Unternehmen hinter Saurer den zweiten Platz als Nutzfahrzeughersteller in der Zulassungsstatistik der Schweiz ein. Dieser 1916 gebaute, originalgetreu restaurierte Bierwagen der Brauerei Eichhof in Luzern ist ein Berna-BL-Modell und besitzt einen vierzylindrigen 28-PS-Vergasermotor, der seine Kraft über Kardanwelle an die Hinterräder abgibt. Der in seiner originalen Vollgummibereifung wieder hergestellte Wagen kann 30 km/h Höchstgeschwindigkeit erreichen und war früher mit Karbidlampen ausgerüstet. Er wird heute für Werbezwecke eingesetzt.

Die Brauerei Feldschlösschen in Rheinfelden/Schweiz verfügte bereits Mitte der 80er Jahre über eine Reihe hervorragender, in den eigenen Werkstätten restaurierter Museumslastwagen. Schon immer bestand der Fuhrpark aus Lastkraftwagen der Marke Berna, zu dem auch der 1927 gebaute Berna-Lkw des Typs E 4 G 5 gehörte. Der schöne Bierwagen mit Pritschenaufbau, für eine Nutzlast von 5 t ausgelegt, wird von einem 75-PS-Reihen-Sechszylinder-Dieselmotor angetrieben, der eine Höchstgeschwindigkeit von ca. 60 km/h zuließ. Da Radwechsel, aufgrund der vielen damals noch auf der Straße herumliegenden Hufnägel der Pferdefuhrwerke, häufig waren, wurde ein auf einer Felge aufgezogenes Reserverad seitlich am Fahrerhaus mitgeführt. Dieses Fahrzeug wurde für den Tranpsort von Fass- und Flaschenbier eingesetzt.

In den 50er und 60er Jahren war der Opel-Blitz 1,75 t in der Ausführung als Getränkewagen in der Bundesrepublik Deutschland sehr häufig anzutreffen. Dank seines spurtstarken und schnellen, vom Pkw Opel Kapitän her stammenden Sechszylinder-Vergasertriebwerks mit anfangs 58, später 62 PS Motorleistung war dieser Schnellastwagen auch im Stadtverkehr als besonders wendiges Fahrzeug zu gebrauchen. Dieser 1953 gebaute, zu einem zeittypischen Fahrzeug restaurierte Opel-Blitz-Lastwagen gehört einer Getränkefirma in Arnsberg, die das Fahrzeug zuvor von der örtlichen Freiwilligen Feuerwehr übernommen hatte, wo der Opel-Blitz zuletzt als Gerätewagen mit Plane und Spriegel verwendet worden war. Umbauten und Änderungen waren daher im Grunde genommen nur im Bereich des Pritschenaufbaus notwendig.

Einen prächtigen Anblick vermittelt dieser Mitte der 70er Jahre von der Schweizer Warteck-Brauerei in Basel mit einem Arbeitsaufwand von mehr als 2500 Stunden durch betriebseigene Handwerker komplett restaurierte und voll betriebsfähige Saurer-5-AE-Bierwagen, der seither für Sondereinsätze als Brauerei-Oldtimer zur Verfügung steht. Dieses 1924 gebaute Fahrzeug ist für 5 t Nutzlast ausgelegt und wird von einem Vierzylinder-Vergasermotor mit 55 PS Leistung und einer Höchstgeschwindigkeit von bis zu 35 km/h vorwärts getrieben. Beachtenswert sind die beidseitig am Fahrerhaus angebrachten, beleuchtbaren Fahrtrichtungspfeile, die als Vorläufer der später eingeführten Pendelwinker anzusehen sind.

Einen großen Anteil bei der Getränkeversorgung der deutschen Bevölkerung hatten teilweise bis weit in die 70er Jahre hinein die mittelschweren Daimler-Benz-Lastkraftwagentypen L 3500 bzw. L 311. Dieser prächtige, in Haltern beheimatete L-311/42-Bierwagen stand sogar noch bis 1988 bei seinem Erstbesitzer im Einsatz und wurde anschließend in einen fabrikneuen Zustand zurückversetzt. Angetrieben wird der Mercedes von einem Sechszylinder-Diesel mit 100 PS.

Als Flugfeldtankfahrzeug auf dem Flughafen der Insel Sylt wurde bis zum Jahr 1994 dieser Mercedes-Benz-LP-323-Tankwagen mit Aufbau der Beckumer Karosseriefirma Ellinghaus aus dem Jahr 1962 eingesetzt, der von Achim Hufnagel in Mönchengladbach mustergültig wieder hergerichtet wurde. Dieser Frontlenker mit 7,4 t zulässigem Gesamtgewicht ist mit einem sechszylindrigen Motoraggregat mit 4580 cm³ Hubraum und 100 PS Leistung bestückt.

Von 1954 bis 1957 befand sich das Daimler-Benz-Lastwagenmodell Mercedes-Benz L 325 in der Fertigung. Rund 5900 Einheiten des mit einem Sechszylinder-125-PS-Diesel motorisierten Typs wurden insgesamt gebaut. Dieses 1955 erstellte und mit einem Tankaufbau versehene Fahrzeug wurde nach seiner Außerdienststellung wieder hergerichtet. Es gehörte Ende der 80er Jahre zur Sammlung der Duisburger Fahrzeugwerke Fromberger, hier zu sehen auf einem Treffen in Castrop-Rauxel.

Als Tanklöschfahrzeug für den Feuerwehreinsatz in Schweden in Dienst gestellt wurde der 1949 gebaute und mit einem 105-PS-Dieselmotor ausgerüstete Volvo-L-233 von Jack den Hartogh von der Spedition Hartogh & Zonen im niederländischen Hillegom. Auf vielen Umwegen gelangte das Fahrzeug zu seinem neuen Besitzer, der den roten Farbton des Tankwagens bei der Restaurierung beibehielt.

Dieser 1954 gebaute Krupp L 50 „Büffel" stand noch 1980 in Lünen als ehemaliger Straßensprengwagen mit Schörling-Aufbau – nunmehr im Dienst als Wasserzubringerfahrzeug mit 5500 l Tankinhalt und hinter dem Fahrerhaus installiertem Wasserwerfer bei der örtlichen Freiwilligen Feuerwehr – seinen Mann. Bereits kurze Zeit später aber war die Zeit zur Aussonderung des mit einem Dreizylinder-Zweitakt-Dieselmotor mit 4350 cm^3 Hubraum und 110 PS ausgerüsteten, so gar nicht mehr in unsere Zeit der eckigen Frontlenkerfahrzeuge passenden Veterans gekommen. Ein privater Sammler polierte diesen ansonsten noch gut gepflegten Wagen äußerlich ein wenig auf und lackierte ihn in einen nicht seinem Ursprungszustand entsprechenden Tankwagen um.

Werner Ottersbach in Hennef ist seit 1997 Besitzer dieses Mercedes-Benz-L-311/42-Abschleppkranwagens, der 1955 erstmals als Pritschenwagen für eine Gemüsegroßhandlung in Jever zugelassen wurde. 1963 erwarb ihn ein Speditionsbetrieb, und 1966 erfolgte die Umrüstung zu einem Abschleppwagen durch seinen neuen Besitzer in Wilhelmshaven. Dort wurde er 28 Jahre lang für Einsatzdienste verwendet. Als Ottersbach den Wagen übernahm, befand er sich noch in einem relativ guten Erhaltungszustand, so dass nur kleinere Reparaturarbeiten, die Neulackierung und die Überholung der Bremsanlage fällig wurden. Der sehr gepflegte Mercedes ist mit einer sechszylindrigen 90-PS-Maschine bestückt.

Auf das stattliche Alter von 48 Jahren konnte zum Zeitpunkt der Aufnahme dieser im Sommer 2000 fotografierte und sehr gepflegt wirkende Magirus-Rundhauber-Abschleppwagen eines Siegener Besitzers bereits zurückblicken. Der Aufbau erfolgte auf einem Magirus-S-3500-Fahrgestell mit dem luftgekühlten Vierzylinder-Deutz-Wirbelkammer-Dieselmotor des Typs F 4 L 514 mit 90 PS. Dem erstklassigen Zustand des Fahrzeuges nach zu urteilen, war die Restaurierung offenbar gerade erst abgeschlossen.

Noch relativ lange hielten sich vereinzelt die schweren, aus den 60er Jahren stammenden Krupp-Cummins-Modelle als Abschlepp- oder Bergefahrzeuge, manchmal selbst bei größeren Unternehmen dieser Branche. Dieses traf auch auf den abgebildeten Krupp SF 380 zu, eine ehemalige Sattelzugmaschine aus dem Jahr 1967, die mit einem V-8-Zylinder-Direkteinspritz-Diesel mit 265 PS bestückt war und später zum Abschleppwagen umgerüstet wurde. Das gewichtige Fahrzeug konnte zu Beginn der 80er Jahre von einem Oldenburger Sammler übernommen werden, der den Kranwagen weitgehend im Originalzustand beließ.

Im Gegensatz dazu wurde dieses aus einer Krupp-Sattelzugmaschine des Typs SF 380 des Baujahrs 1968 entstandene Kranfahrzeug der in Baunatal in der Nähe von Kassel ansässigen Spedition Albert Regel komplett restauriert. Das Fahrzeug wurde seinerzeit von dem Unternehmen neu beschafft und vor etwas mehr als 20 Jahren aus dem Einsatzdienst gezogen. Der Abschleppkran besitzt eine 10-t-Krananlage sowie eine Seilwinde mit 4 t Zugkraft. Die motortechnischen Daten entsprechen dem Fahrzeug der vorigen Abbildung.

Dieser früher bei einer belgischen Feuerwehr als Löschfahrzeug mit 2000-l-Feuerlöschkreiselpumpe verwendete MAN des Typs 650 F aus dem Jahr 1966 wurde nach seiner Außerdienststellung von einem Nutzfahrzeugsammler unter Entfernung des Geräteaufbaus zu einem Plateauwagen mit heckseitigem Spill umgewandelt. Als Antriebsaggregat wurde ein wassergekühlter Sechszylinder-Direkteinspritz-Diesel des Typs D 0836 HM 70 mit 7030 cm³ Hubraum und 156 PS Leistung verwendet. Hier ist das als Transportwagen für Oldtimertraktoren dienende Fahrzeug bei einem Treffen im belgischen Bocholt zu sehen.

Ebenfalls als Plateauwagen verwendet wurde dieser in den Niederlanden beheimatete Opel-Blitz des Typs 2,5 t aus dem Jahr 1970, der über einen wassergekühlten Sechszylinder-Vergasermotor mit 2490 cm³ Hubraum und 80 PS bei 4500 U/min erzielbarer Leistung verfügt und in der von den Rüsselsheimer Opel-Werken ab 1965 lieferbaren, als Kurzhauber gestalteten Bauweise gehalten ist. Die erreichbare Höchstgeschwindigkeit liegt bei knapp 100 km/h.

Dieser 1921 von den Benz-Werken in Gaggenau gebaute Kanalsaugwagen des 1,5-t-Modells Benz 1 CN gehört zum Bestand des Werksmuseums von DaimlerChrysler in Stuttgart und kann mittlerweile auf das lange Lebensalter von 80 Jahren zurückblicken. Das Fahrzeug besitzt den Benz-S-100-Vierzylinder-Vergasermotor mit 4760 cm³ Hubraum und Kardanantrieb. Die Kraftübertragung erfolgt auf die Hinterräder. Als Bereifung war wahlweise Vollgummi oder Luft lieferbar. Welche Reifen das jetzt mit Luftbereifung versehene Fahrzeug zum Zeitpunkt seiner Indienststellung besaß, ist nicht bekannt. Die Höchstgeschwindigkeit der luftbereiften Version lag bei 42 km/h. Das Benz-Modell 1 CN wurde seinerzeit auch häufig als Basischassis für Überland-Feuerspritzen verwendet.

Die 1927 erstmals in Köln veranstaltete internationale Automobilausstellung nutzte Krupp dazu, neue Lkw-Modelle vorzustellen. Eines der Exponate war das Dreitonnenmodell L 3, das ein Vierzylinder-Vergaseraggregat mit 4080 cm³ Hubraum besaß, das bei 1500 U/min 50 PS leistete. Ein solches Fahrgestell diente als Trägerchassis für einen von der Stadtverwaltung Münster noch im selben Jahr beschafften Wassertank- und Straßensprengwagen. Dieser Krupp mit seinen markanten Pendelwinkern stand noch lange nach Kriegsende täglich im Einsatz und überlebte im städtischen Fuhrpark viele Jahre in einer trockenen Halle bis in die 80er Jahre. Im Jahr 1983 nahm dieses Fahrzeug sogar an einem Nutzfahrzeugtreffen teil, auf dessen Ausfahrt es hier zu sehen ist.

Noch im Jahr 1989 befand sich dieser sehr gepflegt wirkende Mercedes-Benz L 311/36 mit einem von der Firma Haller als Kanalsaug- und Straßensprengwagen versehenen Aufbau beim Stadtreinigungsamt Landsberg am Lech als Reservefahrzeug im Dienst. Das 1960 gebaute Fahrzeug der 3,5-t-Nutzlastklasse besaß das Sechszylinder-4580-cm³-Vorkammer-Dieseltriebwerk des Typs OM 312 von Daimler-Benz, das 100 PS leistete. Der damals weit verbreitete L 311 von Daimler-Benz wurde auch im Kommunalbereich häufig verwendet und mit den unterschiedlichsten Aufbauten versehen. Mit der Abbildung dieses damals noch im regulären Einsatz stehenden Fahrzeuges soll die Langlebigkeit und Robustheit der alten Modelle zum Ausdruck gebracht werden, die in Ausnahmefällen bis in die 90er Jahre (ganz vereinzelt sogar noch länger) ihren Mann stehen mussten und ihre Besitzer wohl nur selten im Stich ließen.

Der hier gezeigte Krupp „Büffel" L 55 wurde bis zum Jahr 1989 – an Markttagen auch samstags – in Wanne-Eickel als Straßensprengwagen eingesetzt. Der Krupp war in eingeweihten Kreisen damals schon so bekannt, dass er zahlreiche Nutzfahrzeugfans in das Ruhrgebiet lockte. Der im August 1955 in Dienst gestellte Sprengwagen blieb bis zu seiner Abstellung bei seinem Erstbesitzer und wurde dort gepflegt. 110 PS leistete der Dreizylinder-Zweitakt-Dieselmotor von Krupp, der diese Leistung bei 1950 U/min aus 4350 cm³ Hubraum erzeugte. Der 4500-l-Tankaufbau und die Sprengeinrichtung stammten von Kuka in Augsburg. Schon frühzeitig vor der Außerdienststellung hatte sich Helmut Hoffmann in Oberhausen diesen Veteran für seine Sammlung reservieren lassen. Er konnte den in den Originalfarben des Ablieferungszustandes lackierten Wagen nach aufwendigen Restaurierungsarbeiten zu Beginn des Jahres 1996 fertig stellen.

Ein auf dem Fahrgestell des mittelschweren Mercedes-Benz-Modells LM 311/36 im Jahr 1960 von der Augsburger Firma Keller & Knappich (Kuka) aufgebautes Müllsammelfahrzeug mit einem Fassungsvermögen von 5 m³ wurde von dem Overather Entsorgungsunternehmen Broicher & Grünacker Mitte der 80er Jahre als Traditionsfahrzeug komplett wieder hergerichtet. Der Autor konnte den schönen, voll betriebsfähigen Müllwagen anlässlich eines Fototermins am 25.5.1988 auf die „Platte" bannen.

Unten: Das Iserlohner Entsorgungsunternehmen Gustav Edelhoff besitzt eine umfangreiche Oldtimerfahrzeugsammlung, die aus verschiedenen Müll-, Kanalreinigungs- und Saugwagen besteht. Mit der 1980 erfolgten Übergabe einer dreirädrigen Krupp-Kehrmaschine an den Firmengründer wurde der Grundstein für diese in Deutschland wohl ziemlich einmalige Spezialsammlung gelegt. Bereits zu Beginn der 80er Jahre konnte das hier abgebildete, am 14.1.1954 von der Stadtverwaltung Münster erstmals zugelassene und dort am 15.6.1973 stillgelegte Mercedes-Benz-L-6600-M-Müllsammelfahrzeug käuflich erworben werden. Der mit einem Sechszylinder-Vorkammer-Diesel mit 145 PS ausgerüstete Wagen besitzt einen Kuka-Aufbau und hat ein zulässiges Gesamtgewicht von 14,6 t. Mit Hilfe der Auszubildenden des Unternehmens gelang es, den gewichtigen Oldtimer in vierjähriger Arbeit wieder in den Originalzustand – natürlich in der traditionell weißen Lackierung des Unternehmens – zurückzuversetzen. Das Restaurierungsergebnis kann sich durchaus sehen lassen.

Dieser zu einem Kanalsaugwagen von der Firma Schönmakers Umweltdienste GmbH & Co. KG in Kempen, Niederrhein, umgearbeitete Mercedes-Benz LK 312 aus dem Jahr 1957 weist – wie die Typenbezeichnung bereits verrät – auf ein früheres Kipperfahrgestell hin. Für diesen Funktionsbereich wurde das Fahrzeug im gleichen Jahr von einem Kieswerk erworben und dort bis 1984 vornehmlich im Baustellenverkehr eingesetzt. In den darauf folgenden drei Jahren wurde der Aufbau des mit einem 100 PS starken Sechszylinder-Diesel ausgerüsteten Kippers ausgetauscht und das Fahrzeug komplett zu diesem Saugwagen umgerüstet.

Ein 1961 auf einem Daimler-Benz-Fahrgestell des Modells Mercedes-Benz LKo 322 (der Zusatz „Ko" weist auf ein für Kommunalfahrzeuge vorgesehenes Fahrgestell hin) von der Firma Streicher, Bad Cannstatt, aufgebauter Kanalsaugwagen, wurde von Eduard Lönne, dem Besitzer des gleichnamigen Entsorgungsunternehmens in Lippstadt sauber restauriert. Dieses von 1959 bis 1963 in sehr großen Stückzahlen gebaute mittelschwere Kurzhaubenmodell besitzt das Sechszylinder-Vorkammer-Diesel-Motoraggregat des Typs OM 321 von Daimler-Benz, das über 5104 cm^3 Hubraum verfügt und 110 PS bei 3000 U/min erzeugen kann. Das zulässige Gesamtgewicht des Wagens beträgt etwas mehr als elf Tonnen, die mit einer Höchstgeschwindigkeit von 78 km/h bewegt werden können.

Zu den wichtigsten Produkten der Hannoverschen Maschinenbau AG, kurz Hanomag genannt, gehörte auch die Fertigung von Zugmaschinen. Die wohl berühmteste und bekannteste Zugmaschine war das Modell SS 100 Gigant, die erstmals im Jahr 1936 am Markt angeboten wurde und bis in die 50er Jahre als die Standardzugmaschine in Deutschland angesehen werden konnte. Ein nach dem Vorkammerprinzip arbeitender wassergekühlter Sechszylinder-Dieselmotor mit 8553 cm³ Hubraum entwickelte seine Kraft von 100 PS auf die Hinterräder des Fahrzeugs. Die schwere Zugmaschine war nicht nur im Alltagsbetrieb oftmals mit zwei Anhängern anzutreffen, sondern auch in der Militärausführung mit einer für sechs bis sieben Personen ausgelegten Doppelkabine, wo sie sehr häufig als Flugzeugschlepper auf Luftwaffen-Fliegerhors-ten eingesetzt wurde. Diese 1938 gebaute SS-100-Zugmaschine mit Normalfahrerhaus und Ballastkasten wurde von Erich Siems in Fredersdorf im Kreis Bad Segeberg vor einigen Jahren mustergültig restauriert.

Nach Kriegsende baute Hanomag noch bis zum Jahr 1952 diese schweren, nun unter der Bezeichnung ST 100 – die ursprüngliche Bezeichnung „SS" hielt das Unternehmen offenbar für zu sehr von den Ereignissen der Vergangenheit belastet – laufenden, technisch kaum veränderten Zugmaschinen, die damals im Straßenverkehr der in der Wiederaufbauphase befindlichen Bundesrepublik unentbehrlich waren. Emil Bölling konnte zu Beginn des Jahres 1981 eine sich noch in gutem Allgemeinzustand befindliche, fahrbereite Zugmaschine mit kurzem Ballastkasten aus dem Jahr 1947 von einem Lünener Lkw-Händler erwerben. Einige Zeit später präsentierte sich das nunmehr restaurierte Fahrzeug in dem typisch gelben Firmen-Outfit dem Publikum auf Veranstaltungen.

Oben: Eine Kaelble-Zugmaschine des Typs K 415 Z erweckte Johann-Carsten Kipp durch umfassende Restaurierung wieder zu neuem Leben. Kipp hatte schon längere Zeit ein Auge auf dieses kleine Kaelble-Modell geworfen, als er Anfang 1988 sein Glück mit einer entsprechenden Suchanzeige im „Historischen Kraftverkehr" versuchte. Schon kurz darauf wurde er dank des Hinweises eines Hobby-Kollegen auf dem Hof eines Schaustellers in Eislingen fündig. Der kleine Kaelble befand sich aber in einem sehr desolaten Zustand; trotzdem wurde dieses damals bestimmt nicht mehr in jeder Ecke zu findende Fahrzeug erworben. Als die Zugmaschine in Einzelteile zerlegt worden war, stellte sich heraus, dass man, vom voll funktionsfähigen Motoraggregat einmal abgesehen, um einen kompletten Neuaufbau nicht herumkommen würde. Nachdem Fahrgestell und Bremsanlage überholt und die Lackierung des Chassis durchgeführt war, ging es an den Neuaufbau fast sämtlicher Teile des Fahrerhauses und an die Neubeblechung der Kabine. Auch die vorhandene Ballastpritsche, die von einem Unimog stammte, musste neu erstellt werden. Nach unzähligen Arbeitsstunden war das Werk Anfang des Jahres 1995 endlich vollendet und man kann feststellen, dass es sich gelohnt hat.

Rechte Seite oben: Der uns in diesem Buch bereits des öfteren begegnete Spediteur Helmut Radlmeier restaurierte 1995 diese gewichtige Faun-ZR-Zugmaschine aus dem Jahr 1944, die mit einem wassergekühlten Sechszylinder-Triebwerk mit 13538 cm³ Hubraum und 150 PS Leistung ausgerüstet ist. Radlmeier übernahm den schweren Faun von den Nürnberger Nutzfahrzeugfreunden, die das Fahrzeug schon 1988 aus Österreich zurückgeholt hatten. Finanziell sah man sich aber nicht in der Lage, den Faun zu restaurieren. Daher entschloss man sich, ihn an Radlmeier zu veräußern. Zusammen mit seinen Helfern konnte der das Fahrzeug in nur fünfmonatiger Arbeit fachgerecht und originalgetreu wieder herstellen.

Rechte Seite unten: Die Deutsche Bundesbahn war, ebenso wie ihre Vorgängerin, die Deutsche Reichsbahn, schon seit Jahren Stammkunde als Abnehmer für die schweren, in Backnang gefertigten Kaelble-Zugmaschinen, die vorwiegend für die bahneigenen, vielachsigen Culemeyer-Straßenroller im Haus-zu-Haus-Verkehr für Bahnkunden ohne Gleisanschluss verwendet wurden. Seit 1951 gab es das rund 16 t schwere Modell Kaelble K 631 Z, das mit dem Sechszylinder-Vorkammer-Dieselmotor des Typs GN 130 S, der 150 PS bei 1400 U/min aus 14330 cm³ Hubraum herausholte, mit bis zu 50 km/h Höchstgeschwindigkeit durch die Lande fuhr. Das abgebildete Fahrzeug mit der exakt lautenden Typbezeichnung K 631 ZR 53 wurde 1953 von der DB beschafft und bis 1964 eingesetzt. 1975 hatte dann ein Augsburger Schausteller Verwendung für dieses gewichtige Fahrzeug. Etwa 1982 wurde es dann auf einem Schrottplatz abgestellt. Kurt Puntschuh in Seeg erwarb die Zugmaschine 1987 und rettete sie vor der sicheren Verschrottung. In den folgenden fünf Jahren, in etwa 4000 Arbeitsstunden, wurde eine umfassende, dem Ablieferungszustand des Fahrzeugs entsprechende Totalrestaurierung durchgeführt.

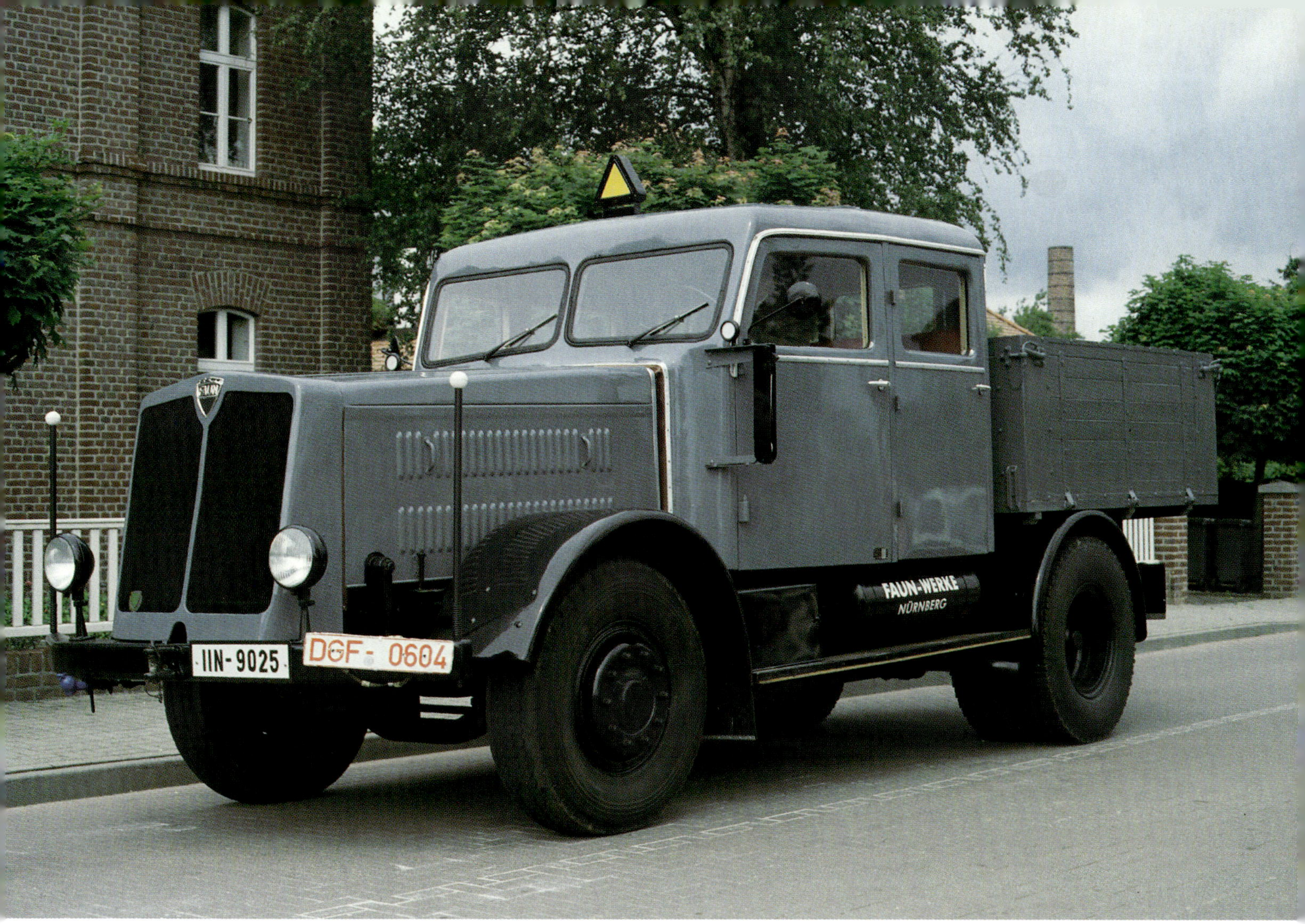
FAUN-WERKE
NÜRNBERG
IIN-9025
DGF-0604

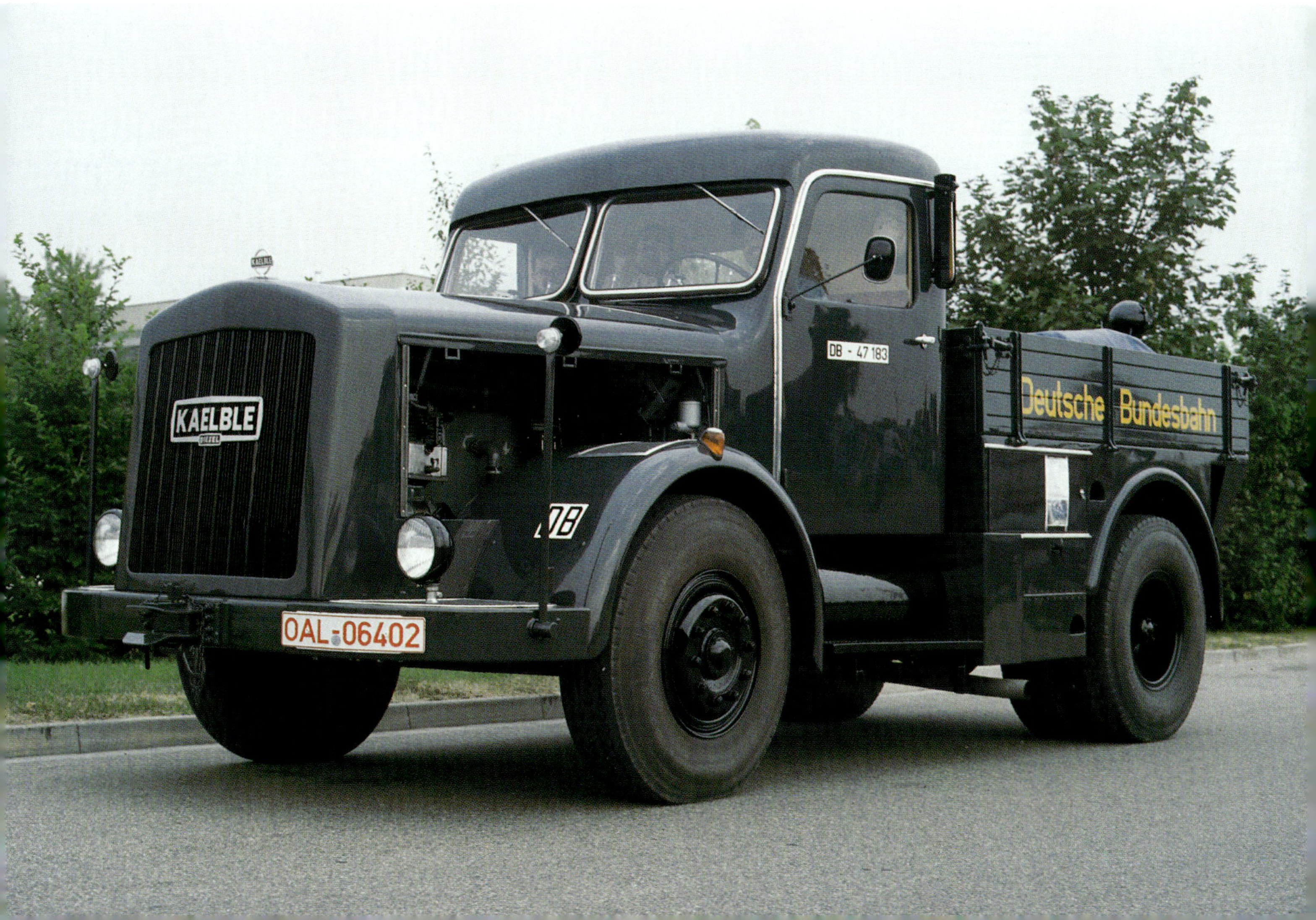
KAELBLE
DB - 47 183
Deutsche Bundesbahn
OAL-06402

Links oben: Ursprünglich wurde dieser Faun-Zugmaschinenprototyp des Modells MHZ 2030/40 für Panzertransporte auf Tiefladeanhängern mit 90 t Anhängelast für die Bundeswehr entwickelt, den Lothar Göhring in Essen wieder instand setzte. Unter der überlangen Motorhaube dieses 19,6 t schweren, am 15.6.1973 erstmals zugelassenen Fahrzeugs arbeitet ein zwölfzylindriger Deutz-Diesel mit Luftkühlung, 16848 cm³ Hubraum und 315 PS Leistung, die bei 2650 U/min erzeugt werden. Dieser schwere Koloss bewegt sich immerhin mit bis zu 68 km/h durch die Lande fahren. Nach dem Ausscheiden aus dem Wehrdienst 1989 war der Faun sechs Jahre lang bei einem Hagener Speditionsbetrieb als Rohrtransporter eingesetzt gewesen. Als Lothar Göhring das Ungetüm im Mai 1994 übernahm, war es technisch noch in einem so guten Zustand, dass, von der kompletten Neulackierung einmal abgesehen, nur die Erneuerung des Aufbaus als größere Arbeit zu Buch schlug. Diese Abbildung zeigt den toprestaurierten Faun beim ersten Fahrzeugtreffen von Franz Lipperts im Sommer 1997.

Links unten: Die speziell für Transporte im Nahbereich konzipierte Kaelble-Zugmaschine des Typs K 415 Z wurde von 1954 bis 1961 in Backnang gefertigt. Das Fahrzeug besaß den Vierzylinder-Reihen-Viertakt-Dieselmotor des Typs GN 115 v mit 7063 cm³ Hubraum und 95 PS Leistung. Die zwar kleine, trotzdem aber sehr zugkräftige Maschine konnte in der Normalausführung, die für eine Maximalgeschwindigkeit von 50 km/h ausgelegt war, im ersten Gang bis zu 220 t in der Ebene in Bewegung setzen. Das Modell war infolge der überzeugenden Leistungsdaten und des ausgewogenen Designs sehr beliebt. Bis zur Produktionseinstellung wurden immerhin 291 Einheiten gefertigt. Das hier vorgestellte, 1955 gebaute Exemplar, das sich bis 1979 im Besitz eines Göppinger Speditionsunternehmens befand, wird nun von Kai-U. Kämpf in Hallerndorf erhalten. 1971 fuhr man mit dem Fahrzeug offenbar etwas zu forsch in die Kurve, so dass es umstürzte. Nach Außerdienststellung versuchte sein Erstbesitzer bereits eine Teilrestaurierung, die aber nicht abgeschlossen wurde. 1995 verkaufte man deshalb das Fahrzeug an den jetzigen Besitzer, der die Arbeiten beendete. Neben einer neuen Bereifung wurde dem Fahrzeug ein aus einem MAN-Lastwagen stammendes „schnelles" Getriebe eingebaut, womit nun immerhin eine Höchstgeschwindigkeit von 80 km/h möglich ist, um es auch bei längeren Fahrten einsetzen zu können.

Oben: Eine Oldtimer-Zugmaschine, die noch täglich eingesetzt wird, besitzt die Klever Spedition Wilhelm Sweeren, die dieses Fahrzeug im Januar 1997 in unrestauriertem Zustand als Ersatz für einen zur Ausmusterung anstehenden Unimog erwarb. Gleichzeitig wurde damit dem besonderen Wunsch des Sohnes des Geschäftsführers des Betriebes, Reimund Neukirchen, nach einem auch im Alltagsbetrieb im örtlichen Sammelgutverkehr einsetzbaren, für die spezifischen Belange des Unternehmens geeigneten Oldtimerfahrzeug Rechnung getragen. Es handelte sich um ein Kaelble-Modell des Typs K 650 Z mit Schnellgang und geräumiger Doppelkabine, das zuvor von der Deutschen Bundespost ausgesondert worden war. Acht Monate intensiver Arbeit benötigte die firmeneigene Werkstatt, um aus der leidlich erhaltenen Zugmaschine wieder ein neuwertiges Schmuckstück entstehen zu lassen. Die auf der Hinterachse angebrachte Ballastpritsche wurde mit 1,5 Tonnen Beton belastet. Seither legt der immer nur von einem Fahrer bewegte Kaelble im Stadtbereich von Kleve täglich knapp 100 Kilometer zurück, und infolge fehlender Steigungen in diesem Raum bereiten auch vollbeladene Dreiachsanhänger dem sechszylindrigen 8102-cm³-Triebwerk mit 150 PS keine Probleme.

Einen besonders kurzen Radstand besitzt dieser restaurierte Saurer-Omnibus des Typs LCBA 2 in der Ausführung als Alpenwagen mit Faltschiebedach des Schweizer Postbusdienstes PTT aus dem Jahr 1939. Die gelben PTT-Haubenbusse – natürlich mit der in der Schweiz typischen Rechtslenkung – waren weltbekannt. Dieser kleine, nur 5,45 m lange Bus, der zusammen mit einigen anderen Omnibus-Oldtimern für Sonderdienste bereitgehalten wird, kann 12 Fahrgäste mit einer Geschwindigkeit von knapp 50 km/h befördern und besitzt ein Vierzylinder-Dieseltriebwerk mit 2840 cm³ Hubraum und 50 PS Leistung. Eigentümer dieses Fahrzeuges war 1985 Otto Rieser, der engagierte Garagenchef der PTT-Garage in Hütten/Schweiz, der sich in sehr rühriger Weise um seine Schützlinge kümmerte.

Ebenfalls ein sehr handlicher, in leichter Stromlinienbauweise karossierter Schweizer Reisebus ist dieses gleichfalls 1939 von Saurer auf einem 1-CR-1-D-H-Chassis aufgebaute Fahrzeug, das der Dillier AG in Sarnen gehört. Dieser sehr formschön karossierte kleine Frontlenker bietet Platz für 22 Fahrgäste und ist mit einem Vierzylinder-Dieselmotor mit 65 PS ausgerüstet.

Ein früher beim Schweizer Postdienst bei der PTT-Garage Geiger in Adelboden beheimateter, speziell für eine durch enge, zerklüftete Felsen führende, bis zu 28 % Steigung aufweisende Postkursstrecke in den Alpen entworfen und gebaut, ist dieser mittlerweile bei den Saurer-Werken in Arbon restaurierte Frontlenker-Postkurswagen des Typs 1 CP/2 H, auch Halbschnauzer genannt, der für 15 Fahrgäste eingerichtet war. Die Sonderanfertigung des nur 6,09 m langen Busses erfolgte deshalb, weil der Verkehr mit normalen, entsprechend längeren und auch breiteren Haubenbussen auf diesem schwierigen Abschnitt nicht möglich war. Der Wagen, mit seinen originellen, freistehend auf der Stoßstange befestigten Scheinwerfern und dem Faltdach, ist mit dem Vierzylinder-55-PS-Dieseltriebwerk des Typs CRD bestückt, das bei dem einschließlich Zuladung 5610 kg wiegenden Bus eine Höchstgeschwindigkeit von 45 km/h zulässt. Das Fünfganggetriebe übermittelt seine Kraft auf die Hinterräder.

Für den Betrieb der 1924 eröffneten ersten schweizerischen Omnibuslinie für den Vorortverkehr besaßen die Verkehrsbetriebe der Stadt Bern insgesamt elf Saurer-Omnibusse des Modells A, die von Vierzylinder-45-PS-Vergasermotoren des Typs AD angetrieben wurden. Die Leistung des langsam laufenden, langhubigen Triebwerks wurde bei nur 1000 U/min erreicht. Diese Busse waren für 25 Sitz- und 12 Stehplätze eingerichtet. Einer dieser Wagen, die Nr. 5, befand sich über 30 Jahre lang, bis zum Winter 1954/55 im Netz der Städtischen Verkehrsbetriebe Bern im Einsatz, ehe die Stilllegung und Reservierung für das Verkehrsmuseum in Luzern erfolgte. Anlässlich eines Jubiläums der Verkehrsbetriebe Bern wurde der Oldtimer komplett restauriert und steht seither für Sondereinsätze bei seinem Erstbesitzer bereit.

Ein 1946 gebauter Saurer-Omnibus des Typs 4 C1 D wird von dem Reiseunternehmen Flückinger in Rickenbach-Olten/Schweiz für Sonderfahrten erhalten. Dieser total aufgearbeitete Bus ist mit dem 1938 entwickelten Sechszylinder-Saurer-CT-1-D-Dieselaggregat ausgerüstet, das bei einem Hubraum von 7983 cm³ 100 PS bei 1900 U/min leisten kann. Der von einem örtlichen Karosseriebetrieb gestaltete 6,8 t schwere Omnibus verfügt über 30 Sitzplätze, selbstverständlich auch über ein Faltdach und kann eine Höchstgeschwindigkeit von 70 km/h erreichen.

Unten: Der Kraftfahrzeugbrief dieses mittelschweren Omnibusklassikers der beginnenden 50er Jahre – eines Daimler-Benz-Busses des Typs Mercedes-Benz-O-3500 mit Mannheimer Werksaufbau und Dachrandverglasung aus dem Jahr 1953 – weist als Erstbesitzer den Kraftwagenbetrieb Wetterau in Florstadt aus. 1962 übernahm eine Fahrschule in Bad Nauheim den Omnibus, wo er bis Ende der 70er Jahre genutzt wurde. Karl-Ulrich Turck in Halver konnte den Bus am Ende der Dienstzeit übernehmen, restaurierte ihn zwei Jahre lang und ließ ihn mit Genehmigung zur Personenbeförderung im Sommer 1982 wieder für den Straßenverkehr zu. Mit seinem Sechszylinder-Dieselmotor OM 312 mit 100 PS und 4580 cm³ Hubraum erreicht der bestens instand gehaltene Omnibus noch eine Spitzengeschwindigkeit von knapp 90 km/h. Beachtenswert ist das zurückgeklappte Anhängerdreieck als Zeichen dafür, daß im Bedarfsfalle auch mit einem einachsigen, zeittypischen Gepäckanhänger gefahren wird. Der O 3500 hat seit der erneuten Inbetriebnahme schon sehr viele Fernfahrten, unter anderem auch in die Schweiz, unternommen.

Bei der PTT-Garage Kunz in Hochdorf in der Schweiz stand im Sommer 1986 ein 1948 an die PTT in Bern gelieferter, mittlerweile komplett restaurierter Saurer-Reisebus des Modells 4 C TCD-L für Sonderdienste bereit. Dieser vom Karosseriebetrieb Eggli karossierte Bus ist für die Beförderung von 30 Fahrgästen eingerichtet und verfügt über ein Sechszylinder-Dieselaggregat, das 135 PS bei 2000 U/min leisten kann.

Unten: Dieser Omnibus vom Typ Mercedes-Benz O 3500 aus dem Jahr 1951 gehörte zu den mehr als 6000 Fahrzeugen, die Daimler-Benz zwischen 1949 und 1955 von diesem mittelschweren Erfolgsmodell produzierte. Der Aufbau erfolgte auf ein tiefer gelegtes Niederrahmenfahrgestell, das auch für Möbelwagen Verwendung fand. Allein 2664 dieser Haubenbusse wurden – wie auch das abgebildete Fahrzeug – im Daimler-Benz-Werk Mannheim mit einem Werksaufbau versehen und an die Kunden ausgeliefert. Die Busse besaßen sieben Sitzreihen und boten damit 29 Fahrgästen Platz, die mit einer Höchstgeschwindigkeit von etwa 85 km/h befördert werden konnten. Das klassisch-bewährte Konzept dieses Haubenomnibusses der mittleren Klasse fand offenbar bei vielen Käufern Anklang, die den mit selbst tragenden Karosserien konstruierten moderneren Frontlenkern doch noch Misstrauen entgegenbrachten. Den hier gezeigten Reisebus, der mit der bewährten sechszylindrigen 90-PS-Maschine OM 312 ausgerüstet ist, konnte der jetzige Besitzer, die Firma Hermann Edzards in Esens im Jahr 1988 in Namur, Belgien, erwerben. Das Fahrzeug wurde bis 1991, zum 50-jährigen Betriebsjubiläum, vollständig restauriert. Hier befindet sich dieser prächtig anzusehende Bus mit seiner Dachrandverglasung, dem Dachgepäckträger und seinem zeittypischen, einachsigen Gepäckanhänger auf der Anreise zu einem Fahrzeugtreffen.

Etwa 16400 Lkw-Fahrgestelle produzierte Opel von dem ab 1938 erhältlichen 1,5-t-Blitz-Modell 2,5-32 bis 1942. Der 1,5-Tonner war mit einem Sechszylinder-Vergasermotor mit 2473 cm³ Hubraum bestückt, der 55 PS leistete. Rund 10000 Fahrzeuge davon wurden an die Deutsche Wehrmacht geliefert und dienten dort als leichte Mannschaftstransporter oder als Sonderkraftwagen. Dazu gehörten auch die Sanitätskraftwagen, kurz Sankra genannt. Auf diesem Opel-Chassis basierte auch der für die Aufnahme von vier Tragen eingerichtete DRK-Einheitskrankenwagen, der überwiegend von der Firma Miesen, Bonn, aufgebaut und dank seines lebendigen Vergasermotors gute Fahrleistungen erbrachte und universell einsetzbar war. Der Innenraum war durch eine Doppelflügeltür am Heck zugänglich. Auch nach dem Krieg wurde dieses Opel-Blitz-Modell – nunmehr als Zweitragen-Krankenkraftwagen – weiter gefertigt und für zivile Krankentransporte eingesetzt. Hier ein restaurierter Blitz in der Ausführung als Sankra der Kriegszeit, ein 1950 gefertigtes Exemplar.

Unten: Aus der von 1965 bis 1967 in der Produktion befindlichen letzten Bauserie des von Daimler-Benz gefertigten Transporters stammt dieser zum Bestand des DaimlerChrysler-Werksmuseums gehörende Mercedes-Benz-L-408-Rettungswagen mit erhöhtem Dachaufbau, der zuletzt vom DRK-Kreisverband Stuttgart eingesetzt worden war. Dieses Unfall-Rettungsfahrzeug, das in ähnlicher Form auch als Notfall-Arztwagen verwendet wurde, war der Vorläufer des heutigen Notarztwagens. Diese Fahrzeuge waren seinerzeit weit verbreitet und befanden sich vereinzelt bis in die 80er Jahre hinein im Einsatz. Der L 408 dieser Ausführung war wegen der besseren Beschleunigungswerte mit einem Vierzylinder-Vergasermotor bestückt, der aus 1897 cm³ Hubraum 80 PS erzeugen konnte.

Das Deutsche Rote Kreuz (DRK) setzte für Katastropheneinsätze und sonstige Notfälle, aber auch bei Großveranstaltungen, sogenannte Küchenkraftwagen ein, die für die Versorgung größerer Menschenmassen zuständig waren. Zur Verwendung kamen mittelschwere Lastwagen, vorzugsweise der Hersteller Daimler-Benz, Magirus-Deutz und Borgward, die einheitlich mit Nato-Kofferaufbauten versehen waren.

Das oben gezeigte Fahrzeug, ein Mercedes-Benz L 311/42 aus dem Jahr 1958, war für das DRK-Präsidium beschafft worden und wurde von seinem jetzigen Besitzer originalgetreu restauriert. Das Fahrzeug besitzt ein Sechszylinder-100-PS-Dieseltriebwerk mit 4580 cm³ Hubraum.

Die untere Abbildung zeigt ein ähnliches, auf einem Borgward B 4500 erstelltes Fahrzeug, das vom Kreisverband Bremen e.V. des DRK beschafft worden war und zum Schluss als Betreuungszug des Katastrophenschutzes, erkennbar an dem „8000er"-Zulassungszeichen, eingesetzt wurde. Der B 4500 war ein 4,5-Tonner mit Sechszylinder-Wirbelkammer-Dieselmotor mit 4997 cm³ Hubraum und 110 PS Leistung, die bei 2800 U/min abgegeben wurden.

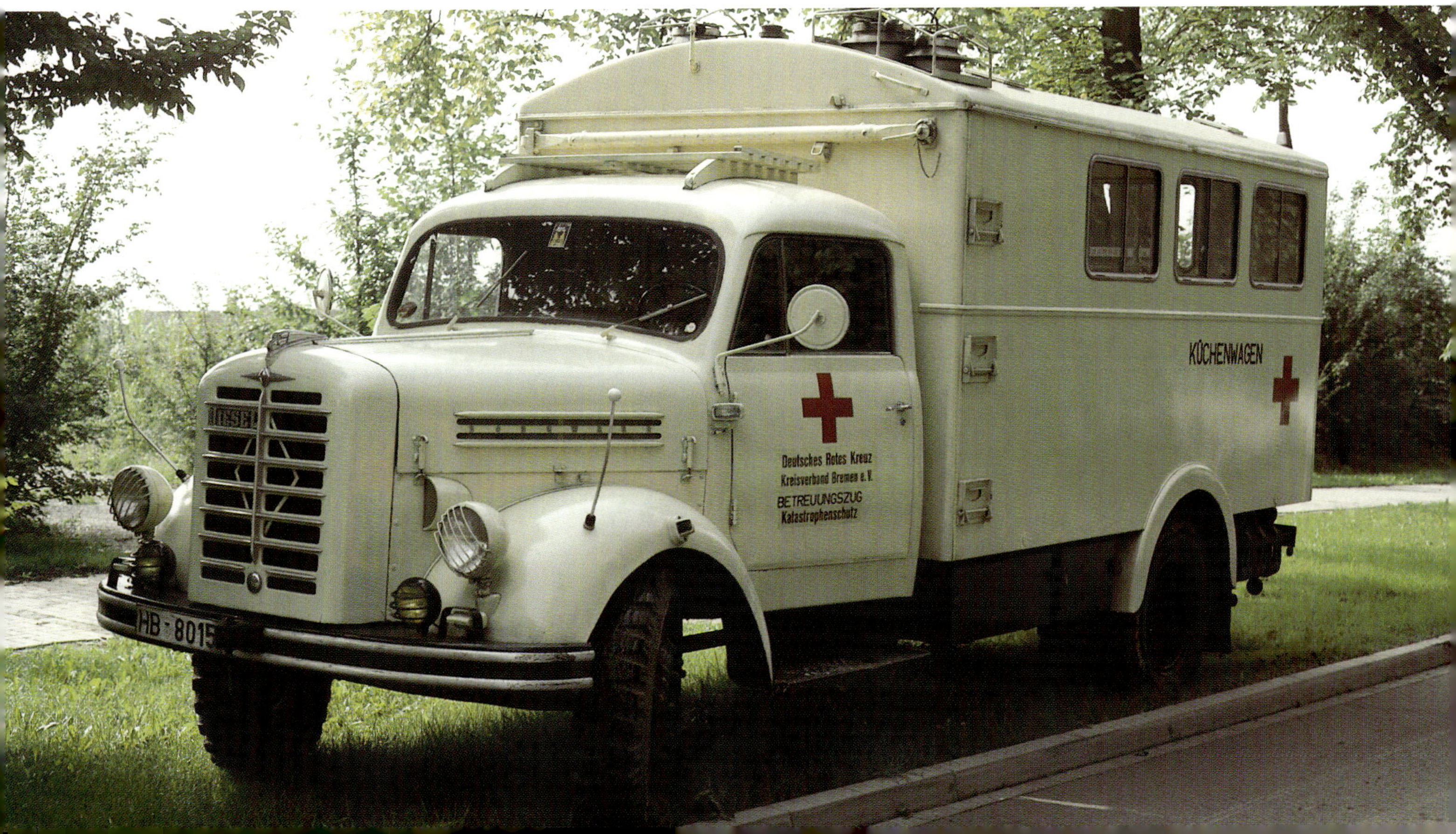

Als Gruppen-, Streifen- oder Mannschaftskraftwagen der Polizei für 12 Mann Besatzung wurde dieser 1938 gebaute 1,5-Tonner von Opel-Blitz eingesetzt. Das durch einen Sechszylinder-Vergasermotor mit 55 PS Leistung angetriebene Fahrzeug war ausreichend schnell und wendig, um seine Aufgaben im Polizeidienst, u. a. bei der Beförderung kleinerer so genannter „Überfallkommandos", als Schnellpatrouillenwagen ausführen zu können. Dieses mit Segeltuchfaltverdeck und Cellonscheiben ausgerüstete Fahrzeug kam bei allen schnelles Eingreifen erforderlich machenden Ereignissen, seien es Schlägereien, Einbrüche, Raub- oder Banküberfälle, aber auch bei der Sicherung von Aufmärschen aller Art zum Einsatz. Anfänglich war das Fahrzeug mit Pressluftfanfaren ausgerüstet; Blaulicht und Martinshorn wurden erst später eingebaut. Diesen Blitz hat ein Sammler im Raum Aachen in den 70er Jahren restauriert.

Sowohl die Länderpolizeibehörden als auch die Bereitschaftspolizei hielten für mögliche Fälle, dass aus irgendwelchen Gründen die öffentlichen Fernsprech-, Funk-, Fernschreib- oder Funkfernschreibverbindungen gestört werden könnten, Fernmeldezüge in Bereitschaft, damit die Polizei in die Lage versetzt wurde, ihren Nachrichtenverkehr selbstständig abzuwickeln. Dieser 1953 gebaute, prächtig anzuschauende und inzwischen als Museumsfahrzeug erhaltene Fernmeldekraftwagen der Fernmeldeabteilung der Hessischen Landespolizei wurde 1988 noch als Einsatzfahrzeug auf seiner Einsatzstelle in Mainz-Finthen fotografiert. Der Aufbau erfolgte auf ein Mercedes-Benz-L-3500/42-Fahrgestell mit 90-PS-Diesel durch die Karosseriefirma Voll in Würzburg.

1988 bei einem niederländischen Oldtimertreffen in Amersfoort zu sehen war dieser schwere, 1948 gebaute britische Leyland-Lkw des Modells „Hippo", der einen Aufbau als dreiachsigen Absetzkipper besaß. Dieses ungemein wuchtig wirkende Fahrzeug verfügt über 20 t zulässiges Gesamtgewicht und wird von einem Sechszylinder-Dieselmotor mit 210 PS angetrieben. Die 1907 in Leyland/Lancashire gegründete Leyland Motor Ltd. war zeitweise im englischen Lastwagenbau sehr erfolgreich und konnte schon sehr früh mit fortschrittlichen Frontlenkermodellen aufwarten.

Ein Daimler-Benz-Modell des von 1956 bis 1959 gebauten 7,5-t-Typs LK 329, des Nachfolgers des bekannten L-325-Haubenwagens, diente als Basis für diesen von der Firma Schönmackers Umweltdienste, Kempen, restaurierten Absetzkipper aus dem Jahr 1958. Der L 329 war mit dem Sechszylinder-Vorkammer-Dieselmotor des Modells OM 326 bestückt, der aus einem Hubraum von 10809 cm^3 eine Leistung von 172 PS bei 2200 U/min erzeugen konnte. Dieses acht Meter lange Fahrzeug, das mit 82 km/h seine größtmögliche Geschwindigkeit erreicht, ist mit einer 7-m^3-Kippmulde ausgerüstet.

Bevor ich auf das abgebildete Fahrzeug, einen deutschen Militärlastwagen aus dem Zweiten Weltkrieg, eingehe, seien mir vorab einige erklärende Worte zu dieser Fahrzeuggruppe gestattet. Trotz anfänglicher Bedenken habe ich mich entschlossen, einige restaurierte Fahrzeuge hier im Buch abzubilden. Militärlastwagen gehören selbstverständlich auch zur Technikgeschichte, mit der sich unsere Väter und Großväter damals, genauso wie die heutige jüngere Generation (der Autor eingeschlossen) bei der Bundeswehr – auseinander zu setzen hatten. Darum sollen diese Fahrzeuge nicht – zumindest nicht in diesem Buch – zu einem Tabuthema gehören und unter das berühmte Tischtuch der Zeitgeschichte gekehrt werden. Nun zu dem erstklassig aufgearbeiteten Opel-Blitz-3-Tonner, der in drei Aufnahmen vorgestellt wird. Das Fahrzeug, ein Allradwagen des Typs 6700 A mit wassergekühltem Sechszylinder-68-PS-Vergasermotor in dunkelgelbem Anstrich, gehörte zum Zeitpunkt der Aufnahme einem Halter in Leverkusen, der das Fahrzeug bereits in den 70er Jahren restauriert hatte. Vorn links seitlich am Kühler ist der Notek-Tarnscheinwerfer sichtbar. Die Allradversion des von der Truppe begehrten, weil zuverlässigen Opel-Modells, wurde von 1940 – 1944 produziert und bis zur Zerstörung der Werksanlagen am 6.8.1944 durch Luftangriff in über 25000 Exemplaren hergestellt, eine Zahl, die kein anderer allradgetriebener Lkw im Deutschen Reich erreichte. Das Fahrgestell des Allrad-Blitzes wurde überwiegend mit der hochbordigen Einheitspritsche ausgeliefert, in kleineren Stückzahlen aber auch mit anderen Aufbauten als Feldküche, Sankra und mit Einheitskofferaufbauten versehen.

Rechts Dieser im Jahr 1943 gebaute Opel-Blitz-3-t des Typs 3,6-36, in dem damals wehrmachtsüblichen Dreifarben-Tarnanstrich restauriert, ist ebenfalls mit dem 68-PS-Triebwerk ausgerüstet, besitzt aber keinen Allradantrieb. Den Kühlerschutz mit der verstärkten Stoßstange und den großen Peilstäben hatte man zumindest nicht serienmäßig eingeführt. Seitlich an der Einheitspritsche sind aus Stahlblech gefertigte sogenannte Sandbleche angebracht, die unter Einsatzbedingungen beim Passieren schlechter Wegstrecken, bzw. zum Freikommen nach dem Festfahren für das Fahrzeug von großer Wichtigkeit sein konnten.

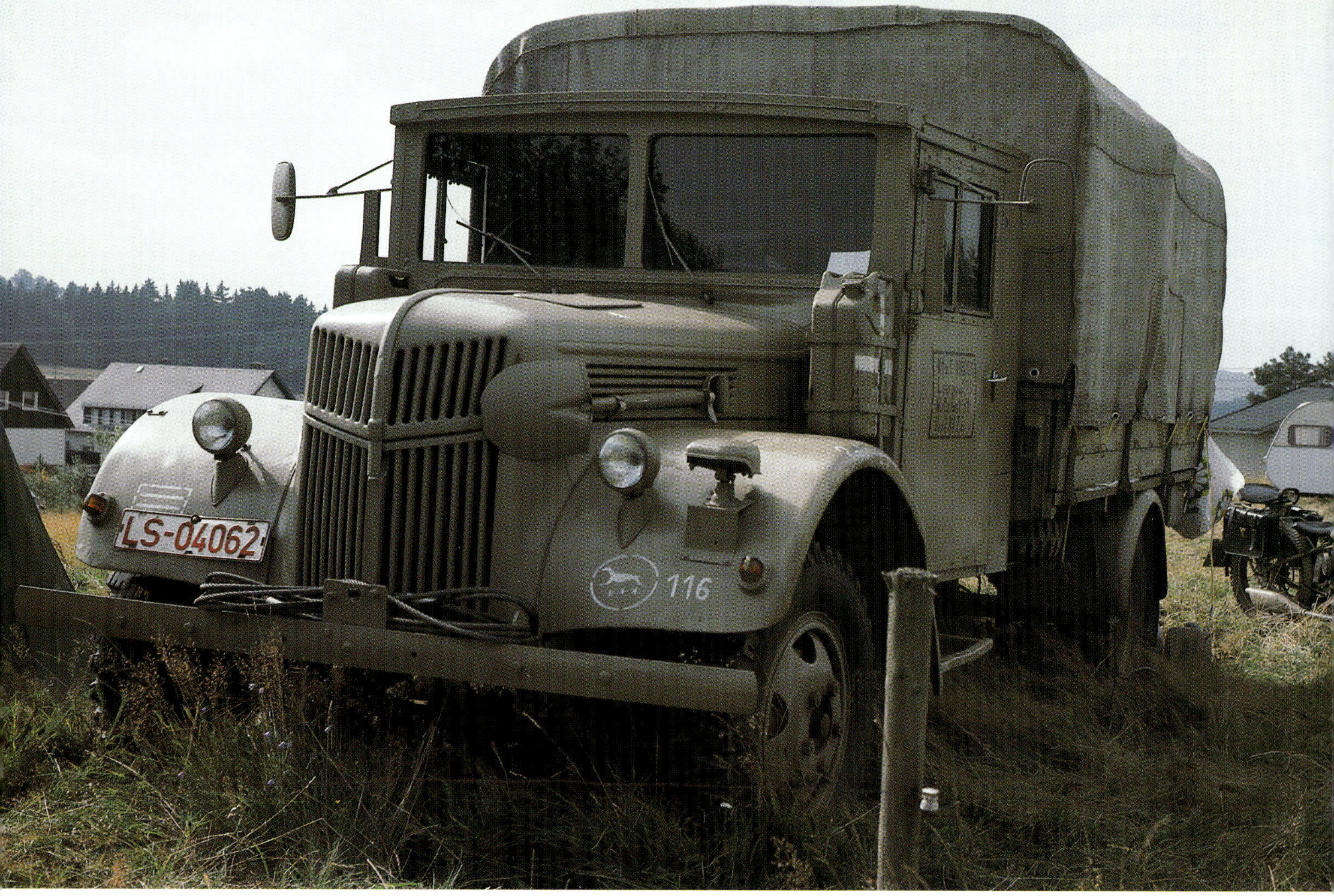
LS-04062
116

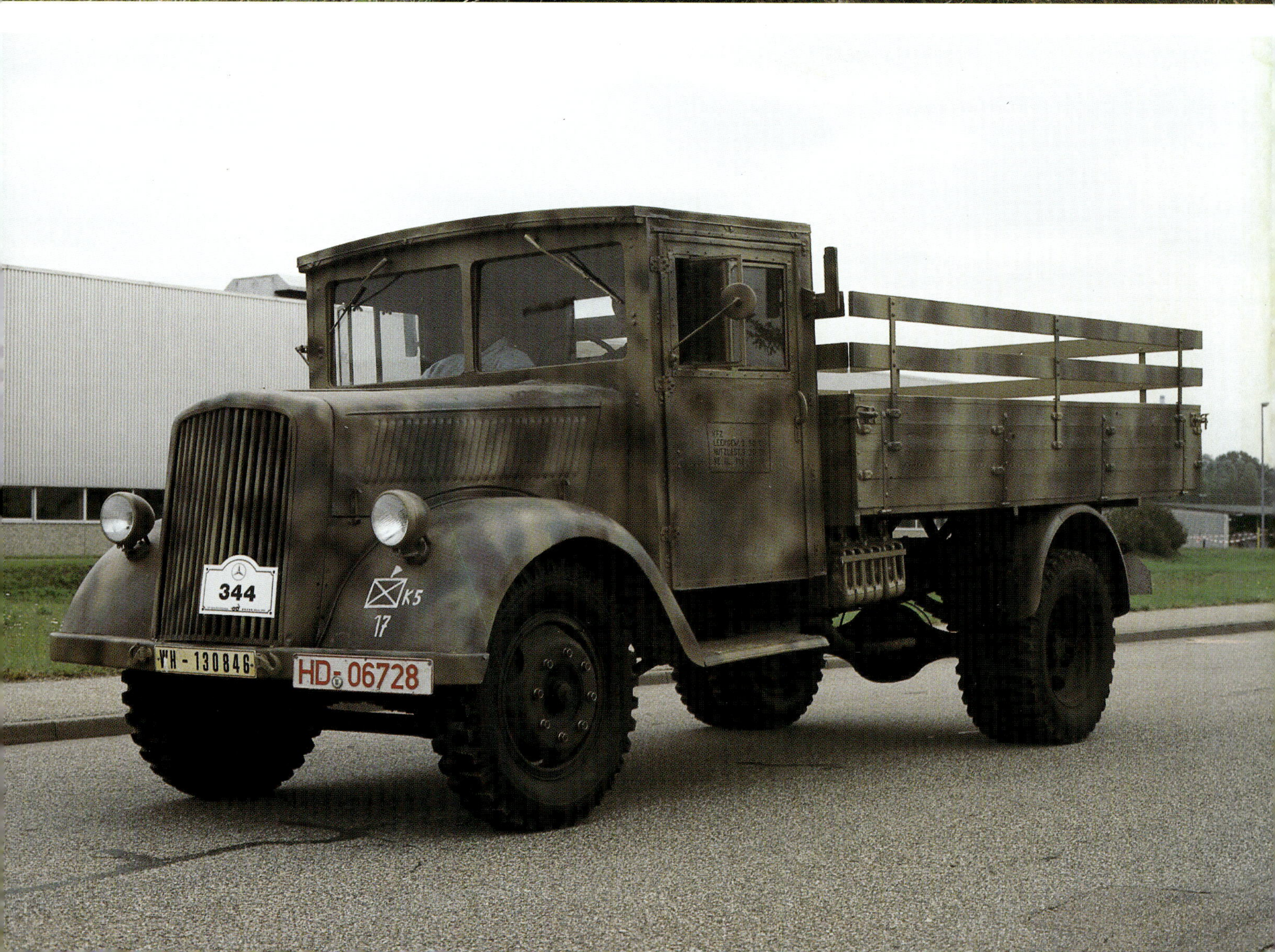
344
WH-130846
HD 06728
K5
17

Linke Seite oben: Mit über 24000 bis 1945 gefertigten Einheiten gehörte der von den Kölner Ford-Werken hergestellte 3-t-Lastkraftwagen des Typs V 3000 S zu den bei der Wehrmacht ebenfalls recht häufig in Gebrauch befindlichen Modellen. Die Produktion dieses nach amerikanischem Vorbild gestalteten, mit einem 95 PS leistenden V-8-Zylinder-Vergasermotor mit 3922 cm³ Hubraum ausgerüsteten Lastwagenmodells begann im Jahr 1941. Das Fahrerhaus wurde während der ersten Jahre aus Stahlblech mit ungeteilter Frontscheibe gefertigt, später aber, etwa ab Mitte 1944, gelangte das aus Holz und Presspan gefertigte Einheitsfahrerhaus mit geteilter Frontscheibe zur Verwendung. Die Höchstgeschwindigkeit des Lastwagens lag – gute und ebene Straßenverhältnisse vorausgesetzt – bei 85 km/h, der Kraftstoffverbrauch bei 27 l auf 100 Kilometer. Das abgebildete, 1944 gebaute Fahrzeug eines Sammlers im Sauerland wurde in der letzteren Ausführung restauriert und trägt das Divisionsabzeichen der 116. Panzerdivision.

Linke Seite unten: Der Opel-Blitz-Dreitonner war der mit Abstand meistbeschaffte deutsche Lastkraftwagen der Deutschen Wehrmacht im Zweiten Weltkrieg und für seine Robustheit und Zuverlässigkeit bekannt. Mehr als 82000 Exemplare verließen damals die Transportbänder des Opel-Lastwagenwerkes, und auch nach Kriegsende, im zivilen Alltagsbetrieb, belebte der Opel-Blitz über viele Jahre das Geschehen auf den Straßen. Der abgebildete, zu einem Militärlastwagen mit behelfsmäßigem Kriegsfahrerhaus restaurierte L 701 (das ist bekanntlich ein Fahrzeug aus der Daimler-Benz-Lizenzfertigung) aus dem Jahr 1944 lief zuletzt bis 1975 als Lastkraftwagen mit Plane und Spriegel bei der Freiwilligen Feuerwehr Gernsheim und stand seitdem mit defekter Bremsanlage in einer Scheune abgestellt. 1982 wurde der noch in einem sehr guten Zustand befindliche Lkw vom Autor in seinem Versteck entdeckt und mittels eines vom Feld geholten Traktors zum Fotografieren herausgezogen. 1993 wechselte das Fahrzeug seinen Besitzer und ein Sammler in Angelbachtal übernahm den Wagen, um ihn in zweijähriger Arbeit zu einem Militär-Lkw in der damals üblichen dreifarbigen Tarnlackierung authentisch zu restaurieren.

Unten: Der von der Steyr-Daimler-Puch AG in Steyr/Österreich gebaute leichte 1,5-t-Steyr-Lastwagen des Baumusters 1500 A, war wegen seines Allrad-Antriebs, des luftgekühlten V-8-Motors mit 3517 cm³ Hubraum und 85 PS Leistung und seiner Robustheit bei der Truppe sehr beliebt. Überwiegend wurden auf den insgesamt 19000 gefertigten Fahrgestellen Mannschaftskraftwagen (Kfz. 70) gefertigt; nur in geringer Stückzahl baute man Lastkraftwagen. Ein solches Exemplar ist der abgebildete, von Eugen Krings in Düsseldorf vorbildlich restaurierte, im Dezember 1944 werksseitig ausgelieferte Wagen. Bereits kurze Zeit danach geriet das Fahrzeug im bayerischen Raum unter den Beschuss der damals überall gegenwärtigen alliierten Tiefflieger. Die Projektile zerstörten u. a. den Ölkühler, und der kleine Militär-Lkw wurde irgendwann danach in einer Scheune abgestellt. Als er etwa 1988 – nach rund 45 Jahren – von einem Sammler ohne Türen und ohne Aufbau wiederentdeckt wurde, stellte man fest, dass das Fahrzeug noch keine 1000 Kilometer auf dem Tacho hatte. Eugen Krings konnte den Lkw etwa Mitte der 90er Jahre erwerben und machte wieder ein ansehnliches Fahrzeug daraus.

Dieser 1930 von den Borgwardwerken, Bremen, unter der Marke „Goliath" gebaute kleine Frontlenkerlastwagen hinterlässt einen für seine Zeit sehr fortschrittlichen Eindruck. Er wurde von einem Zweizylinder-18-PS-ILO-Motor mit Luftkühlung angetrieben und konnte 750 kg Nutzlast befördern. Im Jahr 1995 entdeckte Heinz Vogel in Richterich diesen überaus seltenen Goliath des Modells „Atlas" im thüringischen Schmalkalden bei einem Mühlenbetrieb, von dem der mit einer Fronttür ausgerüstete Wagen dem Vernehmen nach selbst damals noch für Fahrten im Nahverkehr eingesetzt wurde. Vogel beließ den Transporter im unrestaurierten Originalzustand und befördert ihn zu Treffen auf einem Transportanhänger.

Den bekannten französischen Personenkraftwagen des Modells Peugeot 203 als Basis hat dieser kleine in der Pick-up-Bauart gestaltete Lieferwagen, der in einem Duisburger Gartenbaubetrieb restauriert und zu Beginn der 90er Jahre auch gelegentlich noch eingesetzt wurde. Der kleine Pritschenwagen, den der Autor im Sommer 1991 zufällig auf der Straße ganz in der Nähe seines Wohnhauses entdeckte, wurde 1954 gebaut und besitzt ein Vierzylinder-Vergasertriebwerk mit 1290 cm^3 Hubraum, aus dem 42 PS bei 4500 U/min herausgeholt werden konnten. Die Höchstgeschwindigkeit lag bei etwa 105 km/h.

Rechts: Bereits Mitte der 80er Jahre besaß Norbert Düker in Marl wohl eines der ältesten noch angemeldeten Tempo-Dreiräder im Bundesgebiet. Es ist ein 1936 gebautes Fahrzeug des Typs E 200, das über einen ILO-Einzylinder-Zweitaktmotor mit 198 cm³ Hubraum und 7,5 PS Leistung verfügt und mit einem Dreiganggetriebe ausgerüstet ist. Düker übernahm das Wägelchen von seinem Erstbesitzer und restaurierte es so gründlich, dass es sich danach fast in einem besseren Zustand befand, als zu der Zeit, als es das Fertigungsband des Herstellers in Hamburg-Harburg verließ. Langsam ist der kleine Tempo auch nicht gerade, denn mit warmem Motor und entsprechend langem Anlauf sind immerhin 55 km/h Spitzengeschwindigkeit drin. Auf Oldtimertreffen findet das Dreirad oftmals derart viel Beachtung, dass chromblitzende Sportwagen zur Nebensache werden.

Rechts Mitte: Goliath-Dreiräder waren aus der Wiederaufbauphase Nachkriegsdeutschlands nicht wegzudenken. Das bekannteste von ihnen war das seit 1949 lieferbare Modell GD 750, eines mit einem Zweizylinder-Zweitaktmotor erhältlichen Fahrzeuges, dem 750 kg Nutzlast zugemutet werden konnten, die sein 13 bzw. 14,5 PS starkes Triebwerk mit einer Höchstgeschwindigkeit von bis zu 60 km/h fortbewegte. Der Dreiradtransporter, der sich bis 1955 in der Fertigung befand, war in verschiedenen Ausführungen erhältlich. Verbreitet waren Pritschen- Koffer- und Kastenaufbauten. Dieser 1952 gebaute Pritschenwagen besitzt ein 500-cm³-Triebwerk und gehört einem Kölner Besitzer.

Rechts: Schon vor dem Krieg baute Borgward Dreiradwagen, die konventionell mit hinteren Ladeflächen und Antrieb auf die Hinterräder gestaltet waren. 1936 wurde dieses F-200-Dreirad eines Göttinger Besitzers gebaut, der mit dem kleinen Fahrzeug im Mai 2000 zu einem örtlichen Nutzfahrzeug- und Traktorentreffen in der Nähe von Kassel erschien. Es besitzt ein Einzylinder-Zweitakt-Triebwerk mit 198 cm³ Hubraum und 7,5 PS Leistung.

Das seit 1928 existierende Tempo-Werk GmbH, Vidal & Sohn in Hamburg-Harburg war schon in den 30er Jahren mit der Fertigung von Dreiradfahrzeugen befasst und konnte als erstes in friedensmäßiger Ausstattung lieferbares Modell den Typ Hanseat im Jahr 1948 vorstellen. Ein wassergekühlter Zweizylinder-ILO-Zweitaktmotor bildete das ab dem Jahr 1950 14 PS leistende Antriebsaggregat dieses für maximal 0,8 t Nutzlast ausgelegten Fahrzeugs, das es für viele unterschiedliche Verwendungszwecke gab. Neben der Ausführung als Kasten- bzw. Kombiwagen gab es den Hanseat auch als Verkaufswagen, z. B. für den Milch- oder Gemüsemann und als Pritschenfahrzeug, vereinzelt sogar mit hydraulischer Kippbrücke. Hier ist ein 1951 gebautes, restauriertes Fahrzeug eines Aachener Sammlers mit einer zwei Meter breiten Großraumpritsche mit Plane und Spriegel zu sehen.

Als Nachfolgetyp des bekannten Goliath GD 750 löste 1955 das äußerlich modifizierte Goli-Dreirad das bisherige Modell ab. Dieses Dreirad hatte ein vollkommen neugestaltetes Fahrerhaus mit verrundeten Kanten erhalten, das auch nach den heutigen, im Anspruch gestiegenen Maßstäben immer noch als stilistisch gut gelungen bezeichnet werden kann. Das Goli-Dreirad blieb bis 1961, dem Jahr der Produktionseinstellung bei der Borgward-Gruppe, in der Fertigung. Aus diesem Jahr stammt dieses restaurierte Fahrzeug eines Bochumer Sammlers, das mit dem Zweizylinder-Zweitakt-Motor GM 500 W mit 461 cm^3 Hubraum und 15 PS Leistung bei 4000 U/min bestückt ist und 1800 kg zulässiges Gesamtgewicht auf die Waage bringt.

Als Konkurrenzmodell zum erfolgreichen Vierradtransporter von VW erschien auf der IAA 1953 der 0,75-Tonner „Wiking" von Tempo, der mit einem Zweizylinder-Heinkel-Zweitaktmotor mit 452 cm³ Hubraum und 17 PS Leistung bestückt war. Das Modell, das eine Höchstgeschwindigkeit von knapp 80 km/h erreichte, war als Kasten-, Koffer- und selbstverständlich auch als Pritschenwagen erhältlich. 1955 löste ein mit komplett neuem Fahrerhaus gestaltetes Nachfolgemodell die bisherige Ausführung ab. Hier ein Wiking-Kofferwagen, zu sehen auf einem Kleinlastertreffen in der Nähe von Willich.

1949 wurde von der nunmehr in Ingolstadt ansässigen Auto-Union ein Schnelllastwagen für 0,75 t Nutzlast unter der Modellbezeichnung F 89 L vorgestellt, der anfänglich von einem 700-cm³-Zweizylinder-Zweitaktmotor mit 20 PS angetrieben wurde. Ab 1955 gab es den verbesserten Nachfolger 3 = 6 (F 800/3), unter dessen schräger Frontpartie der mit einem aus der Pkw-Fertigung abgeleiteten Dreizylinder-Zweitakt-Motor mit 896 cm³ Hubraum und 32 PS Leistung, die bei 4000 U/min fällig waren, arbeitete. Der mit 800 kg Nutzlast beladene Transporter konnte mit immerhin rund 90 km/h eine beachtliche Höchstgeschwindigkeit erzielen. Dieser sauber restaurierte Achtsitzer-Bus stammt aus dem Jahr 1956.

KOSMOS
Unvergleichliche Dokumentationen

- Der neue Band zur Kultmarke
- Über 50 Jahre – von 1948 bis zu den aktuellsten Fahrzeugen 2004 – spannt sich der Bogen
- Über 260 größtenteils unveröffentlichte Fotos mit detaillierten Bildtexten sowie viele weitere Informationen rund um den Unimog

Ralf Maile
Unimog – Meister der Vielseitigkeit
144 Seiten, ca. 282 Abbildungen
€/D 19,95
€/A 20,60; sFr 33,70
ISBN 3-440-09902-4

- Die einhundertjährige Geschichte der Sanitäts- und Krankenfahrzeuge in Deutschland
- Von der Pferdekutsche bis hin zu den neuesten Rettungs- und Notarztwagen

Udo Paulitz
100 Jahre Sanitäts- und Krankenfahrzeuge
144 Seiten, ca. 265 Abbildungen
€/D 24,90
€/A 25,60; sFr 42,–
ISBN 3-440-09293-3

- Ein Bildband mit fast 250 Foto-Raritäten der seltensten Fahrzeuge aus den Jahren 1930 bis 1970
- Von offenen Automobilspritzen und Drehleitern bis hin zu Sonderfahrzeugen und Einzelstücken

Udo Paulitz
Alte Feuerwehren
254 Seiten, 249 Farbfotos
€/D 24,90
€/A 25,60; sFr 42,–
ISBN 3-440-09832-X

Doppelband
früher zusammen €/D 69,54
jetzt nur €/D 24,90

Preisänderungen vorbehalten

www.kosmos.de